上海科技人才发展研究报告

2016

Research Report on the Development of Shanghai Science and Technology Talents

主　编　王建平

副主编　杨耀武　顾承卫

内容提要

本书以建设上海全球科技人才枢纽为主线，以上海科技人才政策为研究重点，以主题报告、战略研究、专题分析等形式，在广泛调研的基础上，对上海科技人才发展的现状前瞻，"十二五"科技人才发展规划执行情况，促进科技人才国际化政策创新，张江人才管理改革试验区发展，引进海外科技人才政策实施情况，科技人才创新创业文化软环境建设以及上海对科技成果转化中的人才激励等重要课题进行了较深入的研究分析，并提出若干对策建议，为上海全球人才枢纽建设建言献策。本书还对国外集聚优秀科技人才的共性特征，以及部分科技创新发达国家的科技人才队伍发展经验做了较详细的介绍和分析，为上海的人才工作提供参考。

本书可以为政府人才管理相关部门的决策提供借鉴，也可以供做人才研究的高校和科研院所的师生及研究人员参考。

图书在版编目(CIP)数据

上海科技人才发展研究报告. 2016 / 王建平主编.
—上海：上海交通大学出版社，2016
ISBN 978-7-313-15924-3

Ⅰ. ①上… Ⅱ. ①王… Ⅲ. ①技术人才—发展战略—研究报告—上海—2016 Ⅳ. ①G316

中国版本图书馆 CIP 数据核字(2016)第 234543 号

上海科技人才发展研究报告(2016)

主　　编：王建平
出版发行：上海交通大学出版社　　地　　址：上海市番禺路 951 号
邮政编码：200030　　电　　话：021-64071208
出 版 人：郑益慧
印　　制：常熟市文化印刷有限公司　　经　　销：全国新华书店
开　　本：710 mm×1000 mm　1/16　　印　　张：18.25
字　　数：282 千字
版　　次：2016 年 10 月第 1 版　　印　　次：2016 年 10 月第 1 次印刷
书　　号：ISBN 978-7-313-15924-3
定　　价：58.00 元

前 言

为完成国家赋予上海的建设有全球影响力的科技创新中心的战略任务和要求，上海需要汇聚世界范围内的优秀科技创新人才。因此，上海建设全球科技人才枢纽，成为在全球科技人才网络中发挥中心功能、关键作用、重要影响的核心节点城市，是上海全球科技创新中心建设的基础和保证，也是上海全球科技创新中心建设的题中应有之义。

本书系上海市软科学研究计划项目《上海全球科技人才枢纽建设及政策创新研究》(课题编号 14692111900)的总结性成果之一，是一部研究上海全球科技人才枢纽建设的学术著作。此书历时两年完成(2015—2016 年)，由 13 篇研究报告构成，围绕研究主线，分别从主题报告、战略研究、专题分析、参考借鉴四个角度对上海科技人才发展问题展开分析和阐述，提出了研究者的若干思考和结论。

本研究始终是在上海市科学技术委员会相关处室的指导下进行的，研究队伍以上海科技管理干部学院的科研、教学人员为主体，同时汇聚了上海科技系统十余位相关领域的专家学者。本研究还得到了中国人事科学研究院、中国科学技术发展战略研究院、上海社会科学院等单位同行专家的帮助和支持。感谢上述人员为本研究贡献的智慧和付出的辛勤劳动。

在研究过程中，课题组发放和回收了大量调研问卷，并去多家单位进行实地调研。对于配合调研的单位和人员，课题组在此一并表示衷心的感谢。

最后，还要特别感谢上海交通大学出版社的编辑杨迎春博士，她为本书的修改、校订及面世付出了很多心血。

由于2015年5月上海“科创中心22条”颁布后,2015年7月上海《关于深化人才工作体制机制改革促进人才创新创业的实施意见》(简称人才新政20条)正式发布,配套政策密集出台,形势发展很快,新情况、新问题不断涌现,导致研究者对新形势的把握不一定十分精准;再加上研究者水平能力的限制,本书存在的一些缺陷和不足,恳请读者批评指正。

2016年7月

目　录

第一部分　主题报告

第二部分　战略研究

第三部分　专题分析

第四部分 参考借鉴

第一部分

主题报告

上海全球科技人才枢纽建设及政策创新研究[①]

上海正建设具有全球影响力的科技创新中心，科技人才高地已不能完全满足需要。科技人才枢纽与科技人才高地既相辅相成，又有所区别。全球科技人才枢纽具有集聚、配置科技人才资源和辐射科技人才红利的功能，它的建设是全球科创中心建设的先导性战略。探究全球科技人才枢纽的定位、内涵、构成要素和特征，建立评价指标体系，明确建设路径，从全球科技人才枢纽建设角度出发，寻求政策创新，为全球科创中心建设提供人力资源保障，是一个人才聚焦、人才使用的有效新思路。

一、上海建设全球科技人才枢纽的形势需求

（一）全球科技人才竞争的前沿热点

当今科技人才资源在综合国力竞争中越来越具有决定性意义。为顺应经济全球化和人才流动国际化之势，世界各国开始变革人才管理模式、加强人才枢纽建设，如纽约提出建设“新千年员工城市”全球人才目的地；伦敦、新加坡等提出打造全球人才枢纽站等。

全球科技人才枢纽实践是以全球科创中心实践为载体的。当今世界上具有全球影响力的科技创新中心并不多，公认的有美国的硅谷、128 公路地

① 作者：吴贵明；王建平；杨耀武；顾玲琍；顾承卫；钟洪亮

区,以色列特拉维夫和赫兹利亚地区附近,以及英国剑桥工业园区和德国柏林附近一些区域。如今世界科技创新中心正向东亚转移[1]。科创中心必定是科技企业中心,科研人员成果的社会价值在此能得以实现,从而获得最好的物质回报。高科技创业成功,能形成强大的激励作用。于是,科研人员与科技创业发达地区形成双向刺激、良性循环。

如今,全球科创中心的竞争已绝不停留于个人,更本质的竞争是创新生态系统的竞争以激发个人创意和完善创新链。因此,科技创业者更看重所在地区创业的氛围、人才的聚集、融资的便利。同时,在全球化和互联网下,科技人才居住一处但同时在两三个国家工作的情况越来越普遍。"科研人员迁移是从一个国家永久地移居到另一个国家的观念太过时了。"①科研人员流动以柔性为主,本质上是人力资本的流动。国际科技人才流动时的马太效应现象同样不能忽视。

(二) 中国创新驱动战略的需求

"纵观人类发展历史,创新始终是一个国家、一个民族发展的重要力量,也始终是推动人类社会进步的重要力量。不创新不行,创新慢了也不行。"②世界科技和产业变革潮流恰与我国发展动力转换和经济转型升级同频共振,为我国开启了一个重要的战略窗口期。能否"弯道超车",乘势而上,攸关国家兴衰,决定着我国在未来世界新格局中的位置。

在国家顶层设计上,创新驱动发展战略已被确立为国家重大战略,并明确了新时期向创新型国家和世界科技创新强国目标迈进的时间表和路线图。要达到创新型国家这一目标,科技创新是手段,全国 8 100 万科技人员是主要力量。在"科技三会"上,习近平总书记强调要"面向世界科技前沿、面向经济主战场、面向国家重大需求,加快各领域科技创新,掌握全球科技竞争先机。"他还多次强调,"创新驱动实质上是人才驱动。"因此,能否集聚具有国际竞争力的人才、对全球产生影响力、释放科技人员创新创业热情,成为创新驱动发展战略成功的关键点和基本点。

---

① 利物浦大学的阿克斯对欧洲玛丽·居里奖学金获得者进行调查的结论。

② 习近平总书记 2016 年 5 月 30 日在全国科技创新大会、中国科学院第十八次院士大会和中国工程院第十三次院士大会、中国科学技术协会第九次全国代表大会上的讲话。

(三) 上海科创中心建设的第一动力

推进科技创新、实施创新驱动发展战略走在全国前头、走到世界前列，加快建设具有全球影响力的科技创新中心，是新时期党中央交给上海的重大战略任务。《关于加快建设具有全球影响力的科技创新中心的意见》(沪委发[2015]7 号)明确了科创中心的思路目标与重要举措。建设具有全球影响力的科创中心，起决定性作用的是科技创新人才队伍。

韩正书记指出，“大力实施创新驱动发展战略，加快建设具有全球影响力的科技创新中心，核心是集聚和用好各类人才。”从长远看，上海最重要的资源是人才资源，最大的优势是人才优势，只有充分发挥人才优势，才会形成创新优势、科技优势、产业优势；只有真正发挥人才的引领作用，才能有效促进创新资源集聚和融合，推动以科技创新为核心的全面创新；只有建立更为灵活的人才管理机制，用好用活人才，才能为建设具有全球影响力的科创中心奠定良好基础。因此，上海应该也必须成为科技人才的重要节点，既聚集又辐射，参与并在某些领域主导科技人才的国内外配置，形成上海科技人才的良性新陈代谢，保证全球科创中心的活力与实力。

(四) 全球科技人才枢纽的内涵外延

1. 全球科技人才枢纽内涵

人才枢纽的实质是人力资本高度融通，形成人力资本流动配置的中心环节。人力资本融通，既表现为人力资本载体的自然人的聚集、辐射与配置，也可表现为人力资本转化的知识、技术的聚集、辐射与配置。狭义上讲，人才枢纽指的是前者，即人才的聚集、辐射与配置。

全球科技人才枢纽是在科技人才自由流动、科学技术及其转化平台优良、知识技术传播畅通的基础上建构起来的国际科技人才网络中，因强大的影响力、聚焦力、辐射力形成的对国际科技人才流动配置、集聚、辐射等具有中心功能、关键作用、重要影响的核心节点。它具有集聚、配置科技人才资源和辐射科技人才红利的功能，形成枢纽中心与国际国内紧密度、依赖度和嵌入度更高的科技人才生态循环系统。

2. 全球科技人才枢纽与科技人才高地的关系

全球科技人才枢纽与科技人才高地既相辅相成，又有区别。相辅相成表现在：一方面，全球科技人才枢纽要有科技人才高地建设的基础，拥有在国际上有影响力、号召力的领军人物，枢纽中心的科技人才才有实力、有可能嵌入全球科技人才网络；另一方面，谁抢先形成枢纽和合作平台，谁就抢占了先机，易于形成优势相对突出的人才高地。

区别主要表现在：首先，科技人才高地是在某些具体产业或产业集群，科技人才集聚，人才流向较单一，以流入为主；建设政策导向也主要是吸引高层次科技人才；而科技人才枢纽人才流向多元，成为网络状；建设政策导向不仅要关注吸引集聚，还要引导辐射。其次，全球科技人才枢纽对于全球科创中心实现，还具有科技人才高地不可替代的关键作用。一是，科技人才技能与知识的时效性决定人才聚集效应也具有一定时效性。全球科技人才枢纽中科技人才的良性新陈代谢，有效避免了时效性问题。二是，全球科技人才枢纽可以通过科技人才的国内外配置机制，实现科技人才全球开放，形成科技人才的互动与竞争，避免科技人才高地人才集聚后的倦怠性问题。

3. 全球科技人才枢纽构成要素

全球科技人才枢纽要服务于全球科技创新中心，必须具备以下构成要素。

从人员组成上看，全球科技人才枢纽要有六方面人才。一是在某领域有国际影响力的本土科技人才；二是来自世界各地的科技人才；三是与国际科技领域有广泛联系的科技人才；四是与国际科技领域广泛联系的科技服务人才；五是与国内其他省市科技领域有广泛联系的科技人才；六是与国内其他省市科技领域有广泛联系的科技服务人才。

从构建要件上看，全球科技人才枢纽要有五类机构组织。一是科技领军企业；二是世界一流科研机构和大学；三是有国际品牌的科技人才展示交流平台；四是跨国公司在沪研发机构；五是国内企业在沪研发总部。

从建设体系上看，全球科技人才枢纽要有六方面的保障：一是宽松优惠的人才流动政策，保证国内外科技人才的自由流动；二是宽容敢创的文化氛围，让创新精神植入价值体系，创新行为成为自然行动，创新尝试得到鼓励包容；三是高效国际化的制度体系，使科技管理符合科技创新规律、符合科技人才成长规律,符合国际惯例;四是创新有为的政府,能够与时俱进,以人为本,充分挖掘管理红利;五是优质贴近的配套服务,制定有利于科技人才创新创业的金融、税收等配套政策措施,健全消除科技人才工作生活后顾之忧的政策措施等;六是优良便捷的生活环境,保障国际、国内科技人才生活的品质,降低国际、国内科技人才生活的成本。

4. 全球科技人才枢纽的特征

一是国际化。科技人才素质、科技人才结构、科技人才流动、科技人才管理等均具有国际性特征。

二是集聚性。世界范围内的科技人才资源及其科技创新活动在地域上集合,产生科技人才创新效能以及吸引力,从而形成不断壮大的科技人才集聚效应。

三是辐射性。全球科技人才枢纽建设的过程,既是资源整合、人才集聚的过程,也是枢纽辐射功能日趋完善并深刻发挥作用的过程。

四是协同性。全球科技人才枢纽作为全球科技人才汇集的中心节点,囊括了各种类型、不同区域、不同文化、不同专业、不同信仰等的科技人才。打造全球科技人才枢纽,就是构建枢纽平台中科技人才协同创新机制,以期产生相互作用关系和共振放大效应。

五是嵌入化。打造全球科技人才枢纽的过程,就是实现科技人才资源集聚与辐射的多边关系性嵌入和结构性嵌入的过程,是全球性科技人才枢纽在内生力量和外源力量共同作用下进入螺旋式生长的过程。

六是网络化。从全球科技人才流动来看,人才枢纽的形成就是不同区域、不同国籍人才向第三地集聚的过程,并且会按照人才参与的数量、类型、流向而形成各种不同层级、不同能级的全球性集聚中心节点,从而构成了一个极为复杂、多元、多样网络化的科技人才系统。

二、上海建设全球科技人才枢纽的SWOT分析

SWOT是一种战略分析方法,用来确定企业本身的竞争优势(strengths),竞争劣势(weaknesses),机会(opportunities)和威胁(threats)。本部分将从机遇、挑战、优势、劣势四个方面对上海建设全球科技人才枢纽

进行分析。

(一) 上海建设全球科技人才枢纽的机遇

1. 国际机会

1) 国际形势和战略转变为上海提供人才机遇

一是金融危机带来引才机遇。始于2008年底的国际金融危机对诸多国家的实体经济造成重创,许多世界一流机构裁员不断[2],发达国家逐渐提高了移民门槛,国外众多人才重新回到了人力资源市场。这为上海吸引全球人才提供了机遇。

二是国际向东看、东亚战略提供了人才机遇。国际关系和形势的变化,决定了各国的发展战略变化,在国际向东看、东亚战略下,必定有大量的可利用资源也向东亚地区转移,这也为上海建设全球科技人才枢纽提供了良好的战略机遇。

2) 海外现有大量可利用的我国留学人才及华人华侨

据2016年3月16日教育部网站公布,2015年度我国出国留学人员总数为52.37万人,各类留学回国人员总数为40.91万人。2015年度与2014年度的统计数据相比,出国留学人数增加了6.39万人,增长了13.9%;留学回国人数增加了4.43万人,增长了12.1%。随着年度回国人数与出国人数的增长,两者之间的差距呈逐渐缩小趋势,年度出国/回国人数比例从2006年的3.15∶1下降到了2015年的1.28∶1。此外,海外华人华侨、留学生与祖国人民血脉相承,他们时刻关注祖国,为祖国的富强而自豪,也希望时机成熟后,通过各种方式和手段为国服务。尽管当前国内提供的待遇不能与国外相比,但共同的语言和文化传统却能在精神上满足这些游子的心愿。

2. 国内机会

1) 在华跨国企业增多,促成海外人才汇聚

当前我国政局稳定,经济发展迅速,广阔的市场前景吸引了众多国际知名跨国公司来华投资。商务部外资司司长唐文弘在2016年1月14日接受记者采访时表示,2015年全球500强跨国公司继续在华投资新设企业或追加投资,此外,跨国公司在华投资设立的地区总部、研发机构等高端功能性

机构继续聚集，截至目前，外商投资在华设立的研发机构超过 2 400 家。跨国公司内汇聚了众多的海内外人才，并与当地机构进行合作，为上海的引才用才提供了难得的机遇。

2）国内网络招聘及猎头公司的发展

随着“互联网＋”的蓬勃兴起，网络招聘已经成为现代招聘的重要渠道，极大地方便了传统招聘模式难以应对的海外人才招聘工作。同时，从国际上看，猎头现已成为获取高端人才的重要渠道之一。

（二）上海建设全球科技人才枢纽的挑战

1. 国际威胁

1）全球化使人才竞争加剧

全球化发展不断拓宽发达国家网罗人才的地域范围，而中国目前正处在人才竞争的中心。中国已成为美国最大的高科技人才供应国。我国尤其是上海的人才流失也日益成为改革和发展的一块心病，特别是学有专长、术有专攻的高、精、尖专家学者的流失，必将成为制约上海创新发展的瓶颈。

2）引进海外人才存在高成本风险

海外人才的引进大都需要较高的人力、物力、财力，高投入能否带来高收益、高产出，是引才主体必须考虑的引才风险和用才风险。如果海外人才引进后不能发挥预期效果或再流失，会给引才方带来较大的经济和其他方面损失。

2. 国内威胁

1）其他城市引才力度加大

为了引进海外高层次人才，我国各城市纷纷出台了系列计划和配套政策，各地引才的投入力度一浪高过一浪。与国内国际化较高的城市相比，上海在引才的投入方面并不具备明显的竞争优势，在项目资金、土地、住房等要素方面的投入力度相对较小，这将影响上海吸引和留住人才。

2）海归引进水土不服

海外人才引进后面临文化差异，全球引进配置的海外人才能否克服文化差异，适应本土环境，发挥其价值，成了摆在上海面前的一个重要问题。

3）本土人才积极性受到影响

海外人才引进对本土人才积极性造成了一定影响。本土人才与海外人才之间的矛盾会对上海配置全球人才带来潜在威胁，其一是引进的海外人才与本土人才之间的矛盾，其二是新引进的海外人才与曾经引进的海外人才之间的矛盾。引进投入加大使原有人才产生失落感和不公平感，往往会导致人才的流失。这样不仅造成了投入的浪费，也影响了人才队伍的稳定和作用的发挥。

(三) 上海建设全球科技人才枢纽的优势

1. 国家宏观层面配置全球人才的优势

1）人才全球化战略背景优势

在全球化深入发展的背景下，中央提出了“人才全球化”、“人才强国”战略，在人才全球培养、人才全球性争夺方面作出了部署。2013年，国务院批复同意《上海张江国家自主创新示范区发展规划纲要(2013—2020年)》，明确指出国际化人才试验区是指与国际接轨的人才管理试验区，是实行特殊人才政策措施的区域，在全球化人才的建设上可以发挥先行先试效应，为上海建设全球科技人才的枢纽提供条件。

2）国家引才政策体系化优势

我国的海外引才已上升为国家战略，海外引才政策逐步向体系化发展。国家从2000年发布的《关于鼓励海外高层次留学人才回国工作的意见》到2008年的“千人计划”工程，再到2011年《关于支持留学人员回国创业的意见》《留学人员回国工作“十二五”规划》等政策，在支持海外人才回国工作、创业、生活等方面都制定了相应政策，形成了体系化的引才政策优势。

2. 上海配置全球人才的优势

1）全球科技创新中心建设加快全球引才优势

《关于加快建设具有全球影响力的科技创新中心的意见》和配套出台的《关于深化人才工作体制机制改进人才创新创业的实施意见》提出要实施更加积极的人才政策，建立更加灵活的人才管理制度，优化人才创新创业环境，充分发挥市场在人才资源配置中的决定性作用，激发人才创新创造活力，让各类人才近者悦而尽才、远者望风而慕。上海市委、市政府对国际一流人才求贤若渴，尊重国际人才流动规律和人才成长规律，在人才政策上大胆突破，力求“聚”、“放”、“活”。

2）上海海外人才政策的支持优势

早在1992年，上海就在全国率先颁布一系列政策，鼓励海外高层次人才来上海发展。上海从2003年开始一直致力于人才集聚工程，从构建人才高地战略到构建国际人才高地战略，从吸引海外人才到集聚高层次海外人才，稳健地推进本市外国专家人才的引进工作。新出台的上海“人才新政20条”对典型的、直接作用于科技人才流动的移民政策和留学生政策，做了很大的政策突破。其一大“亮点”便是探索引进海外人才从居留到永久居留的转化衔接；解决超过就业年龄的顶尖专家无法入境就业的问题；试点外国留学生毕业后直接在上海创新创业。国际人才流入正在加速，据统计，2015年7至10月，上海外籍高层次人才申请永久居留数量比上半年增加315%。

3）上海拥有宜居宜业人才环境优势

上海作为我国城市化水平最高和经济最发达的城市，具备强大的经济发展综合实力。上海科研和教育机构相对密集，大型公共科研基础设施建设启动较早，建设较完备，对于国内外优秀人才具有较强的吸引力。上海在具有传统制造业方面的产业优势前提下，目前在航空航天、造船、汽车等高端制造业领域也具备不小的产业发展优势，节能环保、新一代信息技术、生物医药、高端装备、新能源汽车等战略性新兴产业制造业的发展势头良好，为人才的工作和创业带来一定的优势。

上海对海外人才的吸引力，不仅来自创业创新方面，还有服务软环境。上海规划建成与“四个中心”和现代化国际大都市相适应的高水平公共卫生体系和医疗服务体系，打造健康城市，发展健康医疗。上海还为“千人计划”人才设立了服务专窗，为他们提供高效便捷的服务。上海已初步形成具有国际竞争力的人才发展环境优势。

（四）上海建设全球科技人才枢纽的劣势

1. 国家宏观层面配置全球人才的劣势

1）跨国人才流动机制尚未形成

尽管我国加快了人才国际化的进程，但还没有嵌入全球人才流动网络，人才流动机制尚未形成，引进海外高科技人才偏重于海外留学人员，难以吸引影响世界潮流发展的一流人才、战略科学家、跨国企业家及其群体，还不足以以才聚才、吸引更多国际人才纷至沓来。

2）缺乏海外人才信息服务平台

完善的海外人才信息服务是国家海外人才引进战略中不可或缺的组成部分。目前国内完善的、专业化、网络化的海外人才信息服务平台还没有完全形成。开发利用海外人才资源方面还存在信息不通、渠道不畅的问题，也缺乏完整、共享的海外专家数据库，加上人才信息库更新缓慢，致使许多用人单位难以提高引才工作的效率和质量。

2. 上海配置全球人才的劣势

1）上海引进海外人才整体还缺乏竞争优势

目前，与全球先进的科技创新城市相比，上海还没有形成明显的竞争优势。如在知识产权保护，国际人才的居留时间，对国际人才的上门服务、出入境等便利便捷服务，国外专家的薪酬支付，个人所得税等方面，都无法跟国际保持相应同等水平，这些都影响国际人才的吸引与保留。

此外，人才的生活、创业成本较高，也给留住人才增加了难度。公共服务水平相对滞后、市场发育不够成熟、重大战略性科学技术和工程技术项目偏少等问题也在不同程度上制约了国际人才的输入。

2）引进的政策多而走出去的政策少

科技创新中心人才枢纽的建设，仅仅靠人才引进是远远不够的，更需要培养出具有国际化水平、国际化影响力、国际化前瞻力的本土科技人才。目前，上海比较缺乏鼓励更多国内人才接受国际化培养、培训和国际化学习的政策，这在一定程度上限制了国内人才提升国际化视野，制约了本土人才的国际化程度和速度。

3）国际猎头、国际化中介机构发展落后

上海的国际化人才猎头公司或国际化人力资源专业服务中介机构数量还极其有限，且对国际化人力资源服务业也缺少相应的鼓励政策。上海过去政策过多专注于产业，产业研发中心特征明显，而人力资源服务，特别是对国际人才服务的企业、专业化的人才服务中介机构还明显不足。

三、上海建设全球科技人才枢纽的战略取向

（一）上海全球科技人才枢纽建设的功能定位

1. 上海建设全球科技人才枢纽的目标

到2020年，在全球科技创新中心基本框架建成时，上海全球科技人才枢纽也初步建成，基本形成科技人才枢纽的辐射能力，带动区域科技人才创新发展。到2030年，具有全球影响力的科技创新中心的核心功能形成时，上海全球科技人才枢纽的核心功能也将发挥作用，具有较强的创新人才要素集聚和配置能力，形成全球科技人才创新网络的重要节点，有力支撑全球科技创新中心建设。

2. 上海建设全球科技人才枢纽的定位

全球科技人才枢纽建设服务于全球科技创新中心目标的实现。上海建设全球科技创新中心是将上海建成全球创新资源配置中枢、国际创新知识生产源地、世界创新经济战略高地和国际科技创新竞合平台。这就要求上海全球科技人才枢纽能集聚高端、领军科技人才，并以此影响全球科技人才以及带动创新资源的流向；能培养大批高端化、国际化的科技人才，有制度释放科技人才的创新激情，同时能吸引大量国内外科技人才将其人力资本贡献于上海；能保证最前沿科技成果的载体——科技人才的国际化流动和高水平提升。由于创新资源的高度流动性和创新活动的集聚性，原有的科技人才高地不能完全适应上海全球科技创新中心建设，因而实现全球科创中心目标必须加强全球科技人才枢纽的建设。

3. 全球科技人才枢纽的三种形态

（1）上海作为国内外科技人才交流的核心地。上海科技人才作为中国的主要代表与国际科技人才进行交流，上海成为重要的国内外全球科技人才和全球科技资源的交流、交易城市。

（2）上海作为国内外科技人才交流的中转站。上海建成具有国际影响力的科技交流平台，且上海成为全球城市。国际科技人才进入中国，首选上海，渐渐适应中国人文地理之后有可能继续流入中国其他城市。由此，上海

成为国内外科技人才交流的国际中转站和适应缓冲区。

(3) 上海作为国内外科技人才的辐射中心。上海积淀大量优秀科技人才和科技成果,有能力将科技人才和科技资源向国际输送。同时,“十三五”时期,上海规划跳出 6 400 平方千米地域范围的局限,争取在国家发展战略全局中发挥更加重要的战略性、功能性作用。由此,上海应更加突出高端引领和创新力提升,责无旁贷地成为国内科技人才和科技资源的辐射中心,同时力争成为国际科技人才和科技资源的辐射中心。

上海最终建成的全球科技人才枢纽应是这三种形态的混合呈现,以实现对国内外科技人才集聚、配置并辐射其人才红利,保证全球科创中心的建成。

(二) 上海全球科技人才枢纽建设的评价指标

全球科技人才枢纽建设可从下列五个维度构建评价体系。

一是科技人才的流动性维度,主要考察全球科技人才枢纽能否保证全球科技人才的自由流动。具体指标可包括,较完善的国际科技人才市场,流动水平、流动频率、流动密度,等等。

二是科技人才的交流面维度,主要考察全球科技人才枢纽是否为复杂、多元、多样网络化科技人才系统中的重要节点,全球科技人才在此能否充分开展交流。具体指标可包括,科技创新共性技术研发,成果展示、转让和交易,科技创新成果产业转化平台,教育培训的国际化,科技人才国际语言运用能力,等等。

三是科技人才的影响力维度,主要考察全球科技人才枢纽是否有能力配置全球科技资源,能否对某领域科技起引领示范作用。具体指标包括,科技原创性,文献引用率,国际代表性成果,科技领军人才情况,国际科技论坛话语权,等等。

四是科技人才的趋向度维度,主要考察区域科技人才生态环境和科技人才治理模式,全球科技人才枢纽能否使全球科技人才趋之、慕之。具体指标包括,包容开放的科技人才政策,与国际接轨的“类海外”的科技人才管理制度,专业技术人员职业资格的国际互认,知识产权的有效保护,创新文化氛围,创新服务支撑体系,科技中介服务体系,城市管理,生活成本,迁移成本,等等。

五是科技人才增值度维度,主要考察全球科技人才枢纽是否具备一流的、有利于创新的机构、企业或其他载体，保证科技人才国际化、高端化的成长，以及创新价值的增值。具体指标包括，向国际开放的科技创新实验室，国际研发联盟，跨国公司在沪研发机构，具有领先研发能力的专业性研发公司，科技基础设施体系，等等。

全球科技人才枢纽建设具体评价指标如表 1-1 所示。

表 1-1　全球科技人才枢纽评价指标

一级指标	二级指标
科技人才自由流动	流动水平
	流动频繁程度
	流动密集程度
全球科技人才网络	网络宽度
	网络深度
网络枢纽节点	不同层面、不同能级的集聚点
	科技人力资源辐射
核心配置	科技人才集聚的规模效应
	科技人才的学习效应
	科技人才的竞争效应
	科技人才的组合效应
	科技人才的节点效应
科技人才竞争优势	具有竞争优势的科技人才个体
	具有竞争优势的科技人才组合
事业增值平台	总部经济
	一流高校、科研院所
	创新创业基地
	科技人才载体
科技人才生态环境	城市宜居
	工作宜业
	开放的心态和视野

(续表)

一级指标	二级指标
科技人才治理模式	科技人才政策创新
	政府科技管理

(三)上海全球科技人才枢纽建设的体系架构

从空间结构看,全球科技人才资源通过枢纽平台的一揽子政策,在市场机制的作用下不断耦合配置,并在特定空间范围(如城市、高校、研发中心、研究团队甚至虚拟空间)内实现人才资源的有效配置。

从聚类性质看,一方面是大量世界范围内科技人才资源的相对集合,具有持续规模化效应特质;另一方面是某一胜任特征类型或某一行业组织所需的科技人才资源的集合,而且后者已具有国际性枢纽平台按类聚集的共同特质。

从时间范围看,全球科技人才按照特定的工作周期、项目要求等相互联系又保持相对独立,高弹性、高灵活性与高适配性地开展工作资源的整合。

从枢纽平台的辐射能力看,通过科技人才资源集聚使更多生产要素向枢纽中心所在地聚集,在促进所在地的产业集聚度与资源整合度提升的过程中,最终实现所在地及其周边地区的规模经济效应。

从科技人才的辐射能力看,随着某一类科技人才发生规模集聚,与之相关联的产业链所需的其他类型人才集聚动力也随之产生,形成多重层次的资源汇聚,这不仅增强了各类人才之间的交流互动,产生示范辐射作用,也促进了显性知识与隐性知识在枢纽平台中的低成本传播。

从枢纽辐射范围看,全球科技人才枢纽的出现,不仅强化了所在地的人才优势,同时强化了国内外与相关联地区、领域的联系度和密切度。与此同时,其他区域的科技人才也可以依托枢纽平台联通世界、走向世界。

从内部协同看,全球科技人才枢纽意味着打造某领域全球科技人才资源共享平台,更有效地激发领域内科技创新的动力和活力,优化资源和要素的内部配置。

从外部协同看,全球性的人才枢纽平台能够在有效的沟通和交流下实现显性知识和隐性知识的转移与共享，促进学科的交叉与融合，从而实现基础研究、应用研究、技术开发和产业化的无缝化有机结合，实现最大限度的资源集聚、共享与辐射。

总之，上海全球科技人才枢纽将建设成“以平台为载体，以网络为特征，以链条为标识”的体系，即明确企业、科研院所、高校、社会组织等各类创新主体功能定位，明确上海发展战略、支柱产业、新兴产业，建立科技园区、国家实验室等平台，建设各类创新主体协同互动和创新要素顺畅流动、高效配置的生态系统。随着全球科技人才枢纽平台的增多，网络系统的边际逐渐拓展，不同枢纽中心节点之间的互联互通机制更为成熟、互动结构更为稳健，科技人才在职业搜寻、工作迁移、信息捕获、工作协同以及风险管控等方面实现最优化状态。这种网络化的人才流动系统一旦形成，就会显著提升专业化人才枢纽中心节点的综合竞争力，不同企业、区域、国家间发挥各自优势错位发展，全球性协同创新的机制水到渠成，人才聚焦辐射的效果也就实现了从量变到质变的飞跃，科技研发的全球链随之形成。

（四）上海全球科技人才枢纽建设的路径选择

上海全球科技人才枢纽建设，首先是科技人才枢纽中心节点的本地化嵌入。通过一系列具有吸引力的科技人才吸纳、保留政策，提升科技人才与组织以及所生活社区的嵌入度，强化全球科技人才的本地化效应，不断增强其对整个枢纽中心节点的适配度和贡献度。其次是科技人才枢纽中心节点的区域性嵌入。全球科技人才枢纽中心节点辐射周边的过程，加深了与周边区域经济社会的黏合度、紧密度和适合度，枢纽中心节点的影响力和辐射力也随之增强。第三是科技人才枢纽中心节点的国际化嵌入。以科技人才和科技资源的比较优势为楔点嵌入全球网络，不同枢纽中心节点形成的全球网络系统有效融合，从而成为更具影响力、吸引力和控制力的关键节点，并不断扩大集聚力和辐射力，从而增强特定枢纽中心节点对全球枢纽网络系统的贡献度和影响力，进而推进全球科技人才枢纽中心节点进入新的螺旋式生长过程。

上海可循序渐进，分三个阶段，按照“集聚型→混合型→辐射型”的路径，力争用25年左右的时间建成对国际科技人才流动配置、集聚辐射等具有中心功能、关键作用、重要影响的全球科技人才枢纽。

集聚型建设阶段(至2020年)。这一阶段为建设初期,科技人才集聚多于科技人才辐射,以集聚为主。这一阶段要抓住"十三五"建设契机,加快人才制度创新,落实好"上海人才新政20条",构建遵循国际惯例、与全球人才枢纽相适应、具有中国特色及上海特点的现代人才治理模式。绘制全球顶尖技术分布图,以国际视野发现优秀科技人才,以开放包容的气度引入、使用优秀人才。

混合型建设阶段(2020—2030年)。这一阶段为建设中期,集聚科技人才与科技人才辐射并重。这阶段要大幅提升整体科技人才国际化素质,搭建知名的国际交流平台,制定实施科技人才推广发展战略,嵌合融入全球科技人才网络。

辐射型建设阶段(2030—2040年)。这一阶段为建设后期,科技人才辐射多于科技人才集聚,以辐射为主。这阶段要涌现出一批在某科技领域的世界优秀科技人才、世界级引擎企业、世界一流学科、专业及科研机构,产出一批前沿科学研究成果和关键核心技术,真正实现对国际科技人才资源的有效配置。

四、上海建设全球科技人才枢纽的政策创新

(一) 实施更加开放的人才政策

1. 进一步促进引进海外人才政策创新

1) 大胆开展技术移民政策试点

首先,探索建立管理机构。建议国家有关部门制定并出台《移民法》,争取国家支持设立移民部门。整合人力资源和社会保障部门外国人就业管理和外国专家管理部门的外国专家管理职能,构建统一的外籍人力资源管理机构。其次,提高审批效率。实施"三证合一"措施,完善审批标准,建立电子政务系统,开展实施有关申请受理、市场检测、综合评估、审核与批准工作的一站式服务。再次,提供公共服务及其他管理服务。突出权益保障的视角,深化技术移民辅导。协同相关行政机关与社区办理移民安置、管理合法

移民。加强区级政府人才引进工作，形成市区两级网络和服务体系。完善提供“一站式”生活支援服务以及文化交流、社会整合等方面的服务，为外籍人才提供免费的汉语训练、开办外籍妇女活动中心等，使外籍人士尽快融入上海。加强研究，讨论、制订发展规划，切实解决技术移民发展过程中的新情况、新问题。第四，建立鼓励外籍人才融入城市的技术移民制度和建立杰出外国人才优先审批制度。参照美国 EB1、新加坡 PEP 的做法，由人才引进主管部门制定杰出外国人才的资格、条件、审核标准和程序。杰出外国人才引进可不受职业清单约束，同时根据国家有关规定，享有提高入境与居留便利、暂免征收个人所得税、个性化的福利待遇等其他优惠待遇。应积极引进和着力培育高端复合型人才，即“创业型创新人才”。最后，上海应当从赢得未来的角度，注重引进有潜力的青年科技人才，将争夺科技领域的外国留学生、博士后放在一个战略位置，以主动的策略、多元的方式和充沛的资源，吸引、改变全球外国留学生流动的方向，为未来储备能量。

2）赋予用人单位择才用才自主权

中共中央《关于深化人才发展体制机制改革的意见》明确指出，给予用人单位应有的权限，保障和落实用人主体自主权。用人主体要充分发挥在人才培养、吸引和使用中的主导作用，全面落实国有企业、高校、科研院所等企事业单位和社会组织的用人自主权。这必然包括海外人才引才用才的自主权。

我国可以借鉴国外雇主担保制度，制定并出台高位阶的《移民法》，真正将引才用才的决定权还原给用人单位。雇主担保制度在美国等许多国家的技术移民制度中自始至终扮演着至关重要的角色。美国早在 1924 年《移民与国籍法案》中就规定了技术移民类别和雇主代替移民进行申请的相关内容。进入 21 世纪后，澳大利亚、新西兰等也开始逐渐引入雇主担保制度，发挥雇主在移民挑选过程中的作用。通过采用雇主担保制度，引进雇主认为最具有价值的技术移民，这使引进技术移民的方式更加主动、有针对性。同时，雇主只有达到国家对雇主提出的关于聘用技术移民以及管理海外工人能力的要求和标准后才能取得担保资格。各国的雇主担保制度都对雇主的权利和义务作出了明确规定，具有强制力和约束性。雇主除了被要求履行担保责任之外，还被要求遵守有关就业及移民的法律，这有利于确保雇主能够合规地引进技术移民,也有利于同时保护技术移民和国内技术人才的就业权利和条件。各国对违反相关规定的雇主,也明确规定实施惩罚,同时也加强对不法行为的监察,防止雇主滥用担保权利,有力地确保了该制度的有效实施。

2. 进一步促进上海科技人才"走出去"的政策建议

1) 有计划推动科技人才大规模出国(境)培训

坚持设立出国留学和进修访问的公派制度,加大出国时间的弹性。构筑上海出国(境)培训的海外工作平台,扩大出国留学基金盘子,调整培训人员结构,适当增加战略性新兴产业研发和管理人员出国(境)培训的比重,全方位地推进人才国际化培训工作。加强与全球著名大学的合作,建立上海境外培训基地。

2) 优化培训质量

组织出国留学、出国培训,是培养本土的国际化人才最直接、最有效的途径和方式,但要切实保证培训的质量。一是从培训立项的源头抓起,确保培训与业务和工作实践的针对性;二是加强培训后的考核工作,督促建立相应的保障措施。

3) 促使企业成为人才"走出去"的主体

大力鼓励和支持上海科技型企业大胆走向国际市场,参与国际竞争,在参与经济全球化的过程中实现人才的国际化。在国外创办国际高技术合作研究机构,在共同研究中,促进人才国际化水平提升。

3. 促进上海外国留学生政策创新

为了适应高速发展的留学生教育,针对工作中实际存在的问题,上海应进一步加大政策创新,完善政策环境,加速提升上海留学生教育的国际化水平。

首先,做好外国留学教育发展规划,加大对留学生教育工作的扶持力度。制定并落实中长期的外国留学生教育发展战略,明确总体目标和切实可行的阶段性目标、步骤及主要保障措施等,进一步扩大外国留学生规模。在政府提高专项奖学金的同时,鼓励和支持大企业设立奖学金,保障外国留学生在沪学习的基本生活。

其次,构建外国留学生教育质量评估体系,保证教学质量,优化生活学习环境。依托高校建设“上海市外国留学生服务中心”、“上海市外国留学生中国文化体验基地”和“上海市外国留学生社会实践基地”等，快速提高留学生教育质量。生活管理上要进行一些突破，如打破外国留学生集中居住在留学生楼的传统做法，可允许他们和中国学生混合居住，或者允许他们在校外租房居住，这样便于他们学习汉语和体验中国文化。

再次，加大政策创新力度，努力创造条件促使优秀外国留学生毕业后留沪创新创业，为上海的发展贡献他们的才学。

（二）转变提升科技人才国际化素质能力的运行思路

1. 建立具有国际化视野的人才培育机制

1）培养人才的全球战略思维和市场意识

国际化人才的培养要强调培养人才的全球战略思维，从全球经济格局出发，寻找自己的真正位置与产业发展新路。以国际市场应用为目的培养具备国际市场意识的科技人才，还要建立新全球观的产学研结合的教学模式。

2）提高人才的跨文化交流沟通能力

国际化人才不仅要精通本专业的知识和技能，还要有跨文化的沟通能力；既具备对文化差异的敏感，又具备对文化差异的包容。除此之外，国际化人才还应当具备国际化视野和独立的国际活动能力。随着上海企业的自身发展和壮大以及在沪跨国企业的增多，行业协会和研究学会也理应通过举办多层次多主题的跨国学术、技术交流活动等，在科技人才国际化方面扮演更多的角色，发挥更重要的作用。

3）提升高校的国际化办学能力

上海高校必须加快推进高等教育国际化的进程，面向世界、融入世界。积极探索与国外著名大学、国际性大公司合作的国际化联合培养新模式，充分运用国际优质教育资源；大力引进高端外籍教师，邀请国际知名专家、学者进行学术交流，由国际化的教师和国际化的学生共同构成国际化的校园。

2. 形成务实高效的国际化人才使用机制

发达国家人力资源管理在更大程度上做到了以人为本，适于人才发展和个人创造力发挥。注重营造宽松的人才发展软环境：简单的人际关系、尊重个性的氛围以及追求公正、诚实、正直的价值观。对国际化人才要敢于重用、充分理解、充分信任、热情关怀、放手使用,充分发挥其在创新创业上的引领、示范和带头作用。

按照习近平总书记提出的“充分尊重、积极支持、放手使用”三个重要原则,发挥海外科技人才、特别是海外高层次科技人才的作用。上海要进一步聚焦国家战略、聚焦重大产业项目、聚焦创新基地,实施重大科技攻关计划和重大工程项目,为高端人才创新创业搭建平台与载体;要聚焦发展总部经济,集聚一批国际组织、世界 500 强企业总部、跨国公司总部和研发机构,建设一批世界一流和高水平的高等院校和科研院所,让国际化人才创业有机会、干事有舞台、发展有空间,实现和提升价值。

3. 对标国际规则制定政策制度

上海科技人才枢纽要积极融入全球人才交流网络,因而必须对标国际规则来制定科技人才的政策制度。一是借鉴国外先进经验,建立灵活畅通的人才交流管理体制,落实与国际接轨的专业资格互认模式。二是在人才评价方面,根据人才不同类别,分别实行学术评价、市场评价和社会评价,提高人才评价的国际通用性。三是在人才激励方面,完善市场评价要素贡献并按贡献分配的机制,促进科技成果资本化、产业化,实施股权期权激励,让人才合理合法享有创新收益,同时探索高层次人才协议工资制等分配办法。四是改善制度环境,特别是人才知识产权制度,习近平明确提出要“完善知识产权运用和保护机制”①,“切实保护知识产权,保障外国人才合法权益”②,吸引和保障国际人才的流通。

4. 营造人才国际交流良好环境

上海要积极融入全球人才交流网络,一是要完善制度保障。要遵循人才成长规律,借鉴国外先进经验,建立灵活畅通的学术人才交流管理体制,落实与国际接轨的专业资格互认模式。二是要审视国际人才流动的新动向、新特点,超前谋划。在充分发挥政府人才管理的主导性力量基础上,全面完善民间团体和社会力量在海外学术人才沟通与联系上的灵活性,形成

---

① 2014 年 5 月 23—24 日,习近平在上海考察时的讲话。
② 2014 年 5 月 22 日,习近平在同外国专家座谈时的讲话。

多措并举、优势互补、合力引智的良性局面。三是要营造有利于国际化人才流动的软硬件环境。积极开拓网络、移动互联媒体等新兴数字化传媒的便捷通道，拓宽高学术性人才交流的渠道和实现自身价值的空间；建设国际上最强的领域性研究中心或机构，吸引大批国际一流学者自发前来长期工作。

（三）完善海外科技人才引进制度

1. 基于引才需求科学规划海外科技人才配置

充分运用大数据技术手段，根据引才实际需求科学规划海外科技人才配置。当前，上海配置全球科技人才的需求主要体现在促进创新创业、强化科学研究、促进产业提升、提高全球影响力等方面。在选聘海外科技人才时，应当运用大数据，面向世界科技前沿、面向上海重大需求、面向国民经济主战场，充分论证，做好技术预见，明确上海创新发展的主攻方向，紧扣发展，坚持需求为导向，科学规划海外人才配置，精准引进。从单纯引进海外人才转变为引进新兴学科和重点产业方面的外籍专家，最大限度地服务于上海的发展实际和战略总体规划；着重吸引科技成果转化所需要的精通科研、法律和商业的复合型专业人才，特别加强引进对知识产权质量和价值具有管控能力的人才，有效开发大量创新成果的商业价值。

2. 基于引才资源科学绘制海外科技人才地图

充分利用数据云和互联网技术，建立海外科技人才的信息管理系统，建立和完善全球科技人才信息库，编制全球科技人才地图，总体把握海外科技人才的分布、动态和流向等信息资源，有针对性地开放人才资源，有针对性地与海外优秀人才合作、交流。

3. 基于引才特性科学使用海外人才资本

聚集人才的最终目的是获取人才红利，是获得人才的知识、经验、技能等在本地的释放。因此，聚集人才的根本是人力资本的流入。人力资本的流动既可以表现为人力资本载体的自然人的迁移，也可以表现为人力资本转化的知识、技术、专利、项目、方法等的扩散与传播。前者可称为人力资本的显性流动，后者可称为人力资本的隐性流动。移民政策和留学生政策的突破主要解决的是自然人迁移门槛与迁移成本降低的问题，解决思路的出发点与落脚点是人力资本显性流动。随着互联网技术的不断发展，“不为我所有,但为我所用”的人力资源柔性管理成为国际人才流动趋势,应该树立柔性管理理念,创新海外科技人才的引才用才机制。

从人力资本隐性流动角度,创新海外科技人才引才机制。在移民政策、留学生政策的突破及加大引进海外科技人才力度的同时,也不妨从促进人力资本隐性流动理念出发,拓宽具有竞争力的国际人才集聚政策制定思路,比如,促进技术在我国企业或在我国的跨国公司实现转化;建设国际一流的高等院校和一流学科,或开放非国家机密的重点项目,以项目整合创新人才资源,吸引海外科学家前来合作或优秀博士进站。人力资本显性流入必然实现人力资本隐性流入,而人力资本隐性流入也必然牵引人力资本显性流入。

从全球科技人才枢纽建设角度,创新海外科技人才用才机制。国际人才聚集是基于构建人才高地的思路,但如今,研究科学人才流动的学者指出,比起“人才流入”和“人才流失”的说法,他们更喜欢“人才流通”。因此,应形成“全球科技人才枢纽”概念,全球科技人才枢纽可以凭借核心节点地位,在全球科技人才网络中既聚集又辐射,保证海外科技人才显性与隐性人力资本都得到流动,“变人才所有权为使用权”,实现全球科技人才资源的共享。

4. 基于引才难度拓宽引进海外人才模式

新的战略时期,上海应改变依托政府行政引才的单一方式,拓宽引进海外人才的模式,采取包括直接引进、依托项目、名誉聘用和短期培训等引才模式;同时鼓励创新引才渠道,通过区域间共享外国专家资源、国际合作办学、与世界知名跨国公司合作、发挥侨联优势等渠道更广泛地吸纳海外人才。

5. 基于引才成本合理规避海外引才风险

上海建设全球科技人才枢纽,应依据不同发展阶段,立足科技创新创业实际,合适至上。当今国际人才市场鱼龙混杂,若不加区分,势必影响人才引进和配置的效益。应该运用大数据评价、跟踪、标识海外人才,依据人才价值建立海外人才梯度。以需要、适用为佳,不单纯追求引才数量,避免引进国内大量人才都已具备的普通技能、战略价值较低的一般人员,规避引才风险。

(四)建设国际人才试验区

1. 把握国际人才试验区精髓

2010年国家颁布实施《国家中长期人才发展规划纲要(2010—2020年)》,提出鼓励地方建立与国际接轨的人才管理体制改革"试验区"。人才特区与经济特区一样,其精髓在于地方的自主创新,特点在于政策和体制机制的先行先试。建设国际人才特区,就是要在特定区域实行特殊政策、特殊机制、特事特办,率先在经济社会发展全局中确立人才优先发展的战略布局,构建与国际接轨、与社会主义市场经济体制相适应、有利于科学发展的人才体制机制。

目前,上海在张江高科技园区建设国际人才特区。上海可以学习江苏省人才特区在市场特区、就业特区、人才激励特区、人才流动特区、行业特区、学科特区等方面的突破。在人才特区内,对科技领军人才、高端科技人才的居住证、居转户、直接进户等方面采取更宽松、灵活的办法;在住房资助、医疗服务、子女教育等方面重点倾斜;对在人才特区内创办科技型企业的领军人才、高端科技人才,各级政府可以运用政府中小型企业发展基金、创业投资引导基金、高技术成果转化资金,加大扶持力度;对有特殊需求的优秀人才,采取个案处理等特殊办法予以解决。

国际人才特区探索成功的特殊政策、创新的体制机制,应发挥其引领带动和示范辐射作用。未来,高端人才服务由"特"到"不特",拔尖领军人才大量聚集,自主创新能力提升,不断促进新兴产业发展,形成新的科学发展优势,实现具有全球影响力的科创中心建设。

2. 发挥国际人才试验区作用

对硅谷有专门研究的马丁·凯瑞将硅谷的"人—境系统"因素归结为创业文化、专利保护、金融服务、中介组织以及政府作用,这些方面需要构成一种相互依赖、相互支撑的社会网络系统。上海国际人才特区表现出强烈的"强政府推动"特点,人才特区和外部社会之间的网络联系还很薄弱,这必将影响创新创业所需要的互信互惠合作网络的生成,制约人才特区的自主成长能力。因此,政府必须加快推进人才服务,特别是高端人才服务市场化建设;推进政府所属人才服务机构管理体制改革,健全专业化、信息化、产业化、国际化的人才市场服务体系,建立国际化的人才信息库,促进人才资源的有效配置;积极引进国际知名的人才服务机构,大力发展科技创新服务业。

3. 完善国际人才试验区功能,发展高端人才服务业

学习群体、企业群体、社区居民和高端人才等创新要素在人才特区逐渐聚集,学习、娱乐、生活环境融为一体,成员之间频繁接触,有利于丰富特区的社会网络和建立起信任机制,让各个要素互动以形成有机体,加强成员之间交流合作以激发园区创造力。

已有的著名科创中心为人才服务的做法,值得上海人才服务业学习与思考。20 世纪 70 年代英国第一个科技园里,沃夫森产业联络办公室成立,协调和服务各院系研究人员建立同产业界的合作,提供技术、财务、法律咨询、市场牵线搭桥、代拟具体的合作条款等全方位服务,促成了相当数量的科技企业的衍生,形成了科技园区的第二次创业浪潮。1984 年,圣三一中心成立,为科技园区的公司提供了全会务场所、用餐设施等更多便利条件,同时帮助新创建的企业发展高新技术、开拓市场、提供税务和财政等方面各种信息和咨询服务,并帮助寻找合作伙伴,进一步促进校企合作。在硅谷设立的国际商务支持中心,配备全套先进的商务基础设施,通过虚拟办公室提供 24 小时服务,及时反馈美国市场信息,力图实现本土公司与美国企业界之间联系的即时化和同步化。1991 年,新加坡的纬壹科技园集学习、娱乐、生活于一体,共建设 6 个公共平台,实现了工作环境、学习环境和娱乐环境的有机融合,创造了激发人才灵感的理想社区。

根据上海科创中心建设的需求,上海高端人才服务还可以提供知识产权保护,为科技型企业创新产品研发、贸易、融资提供科技保险业务等。

(五) 营造更加良好包容的文化生态

1. 推动人才工作法治化

当前,我国引才用才普遍还是以政府主导为主,偏重追求数量的规模效应,一定程度上存在地区间、部门间政策的分割。2016 年 3 月,中共中央印发的《关于深化人才发展体制机制改革的意见》提出,人才改革的方向,是要把人才开发运用的主体放到企事业单位,把用好用活人才的权力赋予市场

主体，最大限度地约束和减少行政干预。这就需要以法确立人才、用人单位的主体地位，明确他们的权利与义务，保障他们的合法权益。有了法律依据，人才工作就不仅仅是由政府推动，而是由全社会依法推进。

人才工作的法治化，就是运用法治思维和法治方式，不断优化人才集聚机制、培养机制、流动机制、评价机制、激励机制等，减少部门文件、通知、行政规章替代法律法规以及政策碎片化、同质化的现象，按照人才成长的规律从立法到执法、司法保障人才的合法权益，从而保障从用政府行政权力转向按照市场发展的规律推进人才工作。

实现了从依靠政策投入等传统的引才方式转向营造更加开放的、法治的人才环境，营造一个能发挥海外人才价值、安全公平的法治环境，人才创新创业就可以不找政府找法律。同时，通过法治建设有利于统筹相关部门的职能，制约因部门利益出现的政策割裂、执行随意的问题。

2. 完善人才服务体系

美国之所以成为世界上最强的人才大国，其中一个重要原因是人才自由流动的市场机制，而全世界最有实力的人才中介公司及猎头公司近80%集中在美国，支持了人才的自由流动。与美国相比，我国的人才市场服务体系建设任重道远。

首先，要健全市场化、社会化的人才管理服务体系，《关于深化人才发展体制机制改革的意见》已给出明确路径："构建统一、开放的人才市场体系，完善人才供求、价格和竞争机制。深化人才公共服务机构改革。大力发展专业性、行业性人才市场，鼓励发展高端人才猎头等专业化服务机构，放宽人才服务业准入限制。积极培育各类专业社会组织和人才中介服务机构，有序承接政府转移的人才培养、评价、流动、激励等职能。充分运用云计算和大数据等技术，为用人主体和人才提供高效便捷服务。扩大社会组织人才公共服务覆盖面。完善人才诚信体系，建立失信惩戒机制。"

其次，要积极引进国际知名的服务机构，充分利用其资源、渠道，学习其管理、技术，培育带动国内服务人才，缩短我国建设市场化、社会化、数据化、专业化、国际化人才服务体系的进程。

再次，要针对海外高科技人才，发展市场化、专业化的研究开发、技术转移、检验检测认证、知识产权、科技咨询、科技金融、科技保险、科学技术普及等专业科技服务和综合科技服务，加快发展技术交易、经纪、投融资服务、技术评估等一批专业化科技中介服务机构，打造具有国际竞争力的科技服务业集群，为创新驱动形成具有国际竞争力的人才优势而服务。

3. 形成开放包容的文化

首先，凝练上海创新创业精神。继承“两弹一星”奋发图强、为国争光的创业精神，“公正、献身、创新、求实、协作”的“863 精神”，同时挖掘、整理、提炼当代上海创新创业实践的精神取向。可以结合社会主义核心价值观在上海科技系统的贯彻落实，开展上海创新创业文化专题讨论和建议征集，形成上海创新创业文化理念、价值取向、行为规范、文化标识等，以达到凝聚人、引导人、激励人、塑造人的行动目标。

其次，营造宽松的人才发展软环境。敞开胸怀，努力促进国际化成员组成的高等院校、科研机构和企业的集聚，搭建科技、文化交流平台，鼓励更加开放的多元文化碰撞、交流、融合，提升城市文化的多样性和包容度，营造“鼓励成功，宽容失败”的创业文化氛围，培养“勇于创新、志在领先”的企业家精神，使上海真正成为适宜各类人才创新创业、生活居住的国际大都市。

再次，营造便利的人才生活环境。完善提供“一站式”生活支援服务以及文化交流、社会整合等方面的服务；探索建立海外医疗保险结算平台，完善境外保险机构与我国保险中介机构、医疗机构、医保经办机构间的对接机制；探索建立高端人才的高端医疗保险；开办国际中小学和外籍妇女活动中心；公共场所设置规范的外语标识和标记，等等。从个人和家庭两方面，营造便利的生活环境，实现海外人才的安居乐业。

第二部分

战略研究

上海“十二五”科技人才发展规划评估

全球科技创新中心建设与上海科技人才发展前瞻研究

上海促进科技人才国际化政策创新研究

上海张江国际人才管理改革试验区发展研究

上海"十二五"科技人才发展规划评估[①]

上海建设具有全球影响力的科技创新中心,人才是第一要素。本研究从《中国科技统计年鉴》《上海统计年鉴》《上海科技年鉴》《上海科技统计年鉴》以及相关政府部门网站等权威机构发布的公开资料中采集数据,与"十二五"规划目标进行对比分析,对规划目标的实现情况展开调研,评估《上海"十二五"科技人才发展规划》的实施情况,以期为上海制定"十三五"科技人才发展规划提供参考[②]。

一、"十二五"科技人才发展规划目标实现情况

(一)"十二五"科技人才发展规划目标基本实现

"十二五"期间,上海的科技人才发展取得了显著成效,为实现科技引领创新,创新驱动转型,建设更具活力的创新型城市和现代化国际大都市提供了科技人才保证。根据《上海"十二五"科技人才发展规划》,到 2015 年,上海科技人才发展的总体目标是:基本建成一支规模匹配、结构优化、分布合理的高素质科技人才队伍,有效提升科技人才的创新创造力和国际竞争力,初步建成支撑创新型城市和国际大都市发展的科技人才高地,为推进实施进入世界人才

① 作者:杨小玲;龚晨;刘小玲;陈霖;刘华林

② 根据权威部门公开数据发布情况,2015 年数据在本书付印时尚未公布,故本文采用数据截至 2014 年。

强国行列的国家战略发挥先导作用。从各项主要指标的完成情况看，至2014年，“十二五”科技人才发展规划中的基本指标已按进度完成(见表2-1)。

与“十一五”末(2010年)相比，截至2013年，“十二五”科技人才发展规划6项基本指标均已达到或超过“十一五”末水平。从已掌握的2014年数据看，2014年基本保持了这一水平并略有提高。

与“十二五”规划确定的2015年实现目标相比，截至2014年，每万名劳动力中R&D(R&D指research and development，即研究与开发，简称研发。)人员、每百万人口发明专利授权量和R&D人员人均经费4项指标已经达到“十二五”规划确定的2015年实现目标。其中，按户籍人口计算的每百万人口发明专利授权量在2012年已超过2015年目标的32%，提前完成目标任务；大中型工业企业科技活动人员占全社会科技活动人员比例指标也已十分接近“十二五”目标。

由上述统计数据反映出，到“十二五”末期，上海的科技人才规模不断壮大，R&D人员总量不断增长，大中型工业企业科技活动人员占全社会科技活动人员的比例稳步发展；科技人才效能持续提升，科技创新产出方面，发明专利授权量增长迅速，国际科技论文发表量基本稳定；科技人才保障明显改善，R&D人员人均经费迅速攀升。

(二)“十二五”科技人才发展规划具体目标实现情况较为理想

1. 高层次科技人才创新创造集聚区正在逐步形成

《上海“十二五”科技人才发展规划》就形成高层次的科技人才创新创造集聚区提出了每万名劳动力中R&D人员、大中型工业企业科技活动人员占全社会科技活动人员比例、国际科技论文收录数、每百万人口发明专利授权量、每万人口发明专利拥有量等指标，并制定了目标。从统计数据看，上述指标基本属于增长态势，相当接近“十二五”目标，个别目标已经达到或超过，表明高层次的科技人才创新创造集聚区正在逐步形成。

1) 每万名劳动力中R&D人员数超越规划目标

从《上海“十二五”科技人才发展规划》中有关指标的统计数据看，2011年，每万名劳动力中R&D人员达到134.47人年，比2010年增加了10.75人年，增幅约为9%；2012年到2013年，每万名劳动力中R&D人员持续攀升；2013年与2010年相比，增幅约为19%，2014年有所回落，但仍达到了“十二五”目标(见图2-1)。

表 2-1 上海“十二五”科技人才发展基本指标完成情况

序号	主要指标	单位	2015 年目标任务	2010 年统计数据	2011 年统计数据	2012 年统计数据	2013 年统计数据	2014 年统计数据
1	每万名劳动力中 R&D 人员	人年	123	123.72	134.47	137.48	146	123
2	高层次创新型科技人才总数	人	5 600	3 100	3 900	4 800	5 500	—
3	大中型工业企业科技活动人员占全社会科技活动人员比例	百分比	40%	35.74%	39.22%	39.19%	36.73%	36.81%
4	每百万人口发明专利授权量①	件	600/600	487/299	645/390	796/478②	743/441	807/479
5	国际科技论文收录数	万篇	4	2.96	2.77	2.86	3.42	3.49
6	R&D 人员人均经费	万元/人年	45	35.68	45.75	44.29	46.85	51.25

注：“—”表示无统计数据。高层次创新型科技人才数据由科技人才管理部门测算，自 2014 年起不再测算。

① 每百万人口发明专利授权量数据的前一数值采用户籍人口数；后一数值采用常住人口数。

② 按户籍人口/常住人口计算。至 2010 年底，上海户籍人口为 1 412.32 万人，常住人口为 2 302.66 万人；至 2011 年底，上海户籍人口为 1 419.36 万人，常住人口为 2 347.46 万人，其中外来人口 935.36 万人；至 2012 年底，上海常住人口为 2 380.43 万人，其中外来人口 960.24 万人，上海户籍人口 1 426.93 万人。

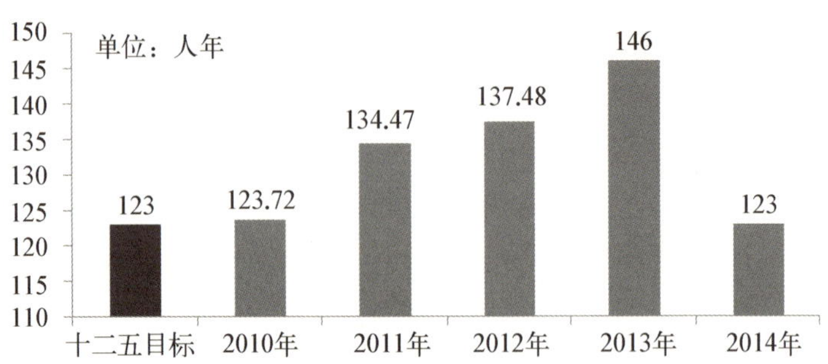

图 2-1　每万名劳动力中 R&D 人员

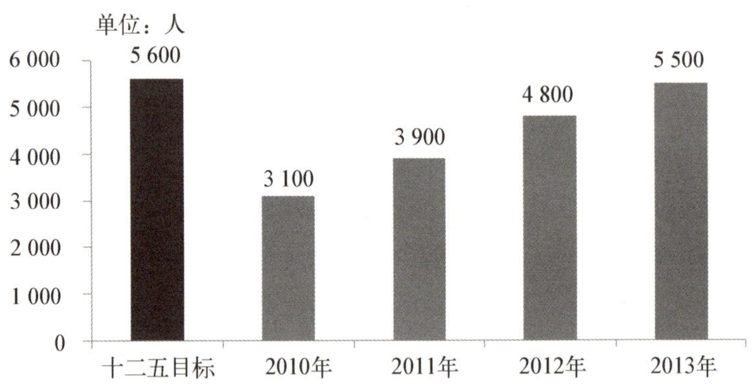

图 2-2　高层次创新型科技人才总数

2）高层次创新型科技人才总数持续攀升

“十二五”期间，高层次创新型科技人才总数不断攀升，从 2010 年的 3 100 人跃升至 2013 年的 5 500 人，增幅超过了 77%，完成了“十二五”目标(5 600 人)的 98%(见图 2-2)。

3）大中型工业企业科技活动人员增幅明显

2011 年大中型工业企业科技活动人员占全社会科技活动人员比例达到 39.22%，2012 年维持在 39.19%，均比 2010 年提高了 9%以上，十分接近“十二五”目标 40%的要求(见图 2-3)，科技人才结构进一步优化。2013 年和 2014 年，该比例回落到 36%左右水平。

4）国际科技论文收录数稳中有升

2011 年国际科技论文收录数为 2.77 万篇，比 2010 年略有回落，2013 年回升至 3.42 万篇，超越“十一五”末水平，逐渐接近“十二五”目标(见图 2-4)。

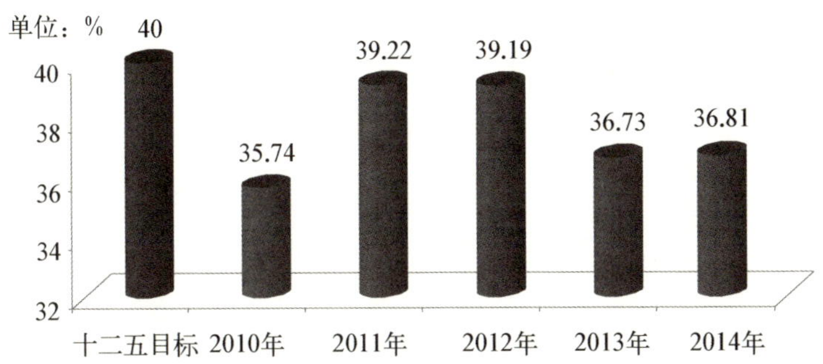

图 2-3 大中型工业企业科技活动人员占全社会科技活动人员比例

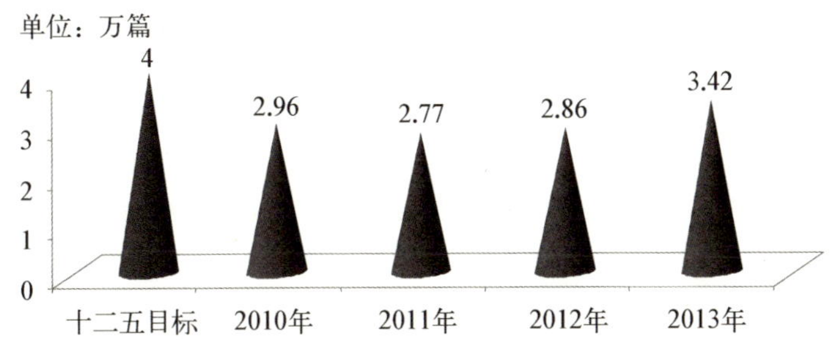

图 2-4 国际科技论文收录数

5）每百万人口发明专利授权量提前达标

与2010年相比，“十二五”头两年的每百万人口发明专利授权量有了大幅度提高。2011年按户籍人口统计为645件，按常住人口统计为390件，分别比2010年增加32%和30%以上；2012年猛增到了796件（按户籍人口统计）和478件（按常住人口统计），分别比上年递增23%与22%以上。2013年、2014年与2012年相比虽涨幅不大或略有回落，但与“十二五”末相比，仍有大幅度增加。如果按照户籍人口统计，“十二五”的第一年，每百万人口发明专利授权量就已经达到目标要求（见图2-5）。

6）每万人口发明专利拥有量稳步提升

2010年，每万人口发明专利拥有量为10.4件，2014年增加到23.7件，增幅约为99%。尽管与每万人口发明专利拥有量30件的“十二五”目标还有一定距离，但增长势头良好（见图2-6）。

2. 高效能的科技人才创业发展实践区建设有待完善

建设高效能的科技人才创业发展实践区方面，《上海“十二五”科技人才

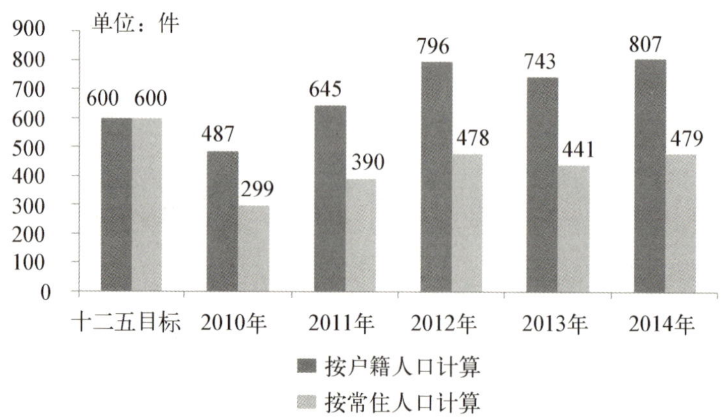

图 2-5　每百万人口发明专利授权量

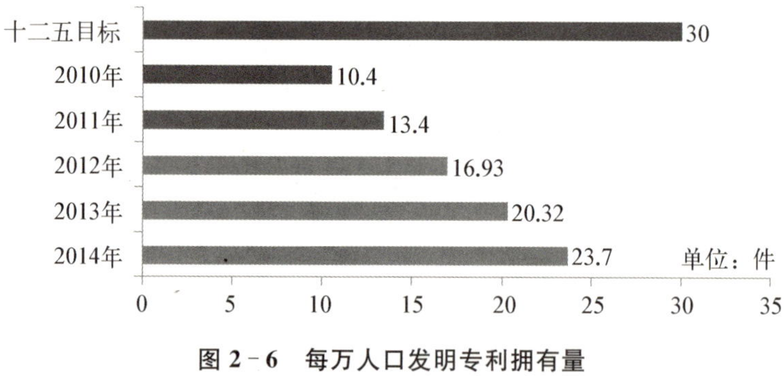

图 2-6　每万人口发明专利拥有量

发展规划》提出了全社会 R&D 投入占 GDP(Gross Domestic Product，即国内生产总值)比重、企业 R&D 投入占全社会 R&D 投入比重、高技术产业增加值占工业增加值比重和 R&D 人员人均经费等目标。从完成情况来看，上海在 R&D 投入方面力度较大，全社会 R&D 投入占 GDP 比重和 R&D 人员人均经费均已基本达标，但高投入带来的产出并不明显，高技术产业增加值占工业增加值比重并未同步增长。上海要在产业结构方面进一步高端化，在更高的层面、更大的空间促进、带动科技成果转化和产业化，使之成为科技人才价值实现的向往之地。

1）全社会 R&D 投入占 GDP 比重提前达标

与 2010 年相比，全社会 R&D 投入占 GDP 比重逐年稳步增加，2011 年为 3.11%，比 2010 年增加 11%；2012 年增至 3.37%，比上年递增 8%，超越了“十二

目标，上海深入实施人才计划，加大对高层次科技人才和企业科技创新人才培养与开发的投入力度，扩大优秀青年科技人才和优秀学科带头人队伍；创新人才吸引机制，引进一批重大科技创新、高新技术产业化、“四个中心”和现代化国际大都市建设紧缺急需的海外高层次创新人才。“十二五”期间，上海市国家级领军科技人才队伍进一步扩大，杰出青年科学家群体快速增长，引进海外高层次科技人才群体初具规模，企业技术创新人才培养已见成效，创新型科技人才团队建设正在有效推进中。

1. 贯彻落实各项科技人才计划

“十二五”期间，上海市加快贯彻落实人才战略，把科技人才作为创新驱动发展的重要战略资源，把科技队伍发展工作作为深化科技体制改革的重要任务，深入实施科技人才计划，加大对高层次科技人才和企业科技创新创业人才培养与开发的投入力度，提高对优秀青年科技人才和优秀技术带头人的资助培育强度；进一步完善人才吸引与发展机制，引进、扶持和培育一批重大科技创新、产业结构升级和重点战略性产业发展、智慧城市建设紧缺急需的高层次创新人才（见表 2－2）。

表 2－2　“十二五”期间上海主要科技人才计划实施情况

人才计划（单位：人）		2010 年	2011 年	2012 年	2013 年	2014 年	2015 年
青年科技启明星计划	A 类	87	90	50	50	50	50
	B 类	47	70	52	43	50	50
	跟踪	31	30	28	24	—	—
	总计	165	190	130	117	100	100
优秀学科带头人计划	优秀学术带头人	65	68	71	45	45	47
	优秀技术带头人	32	40	41	55	55	53
	总计	97	108	112	100	100	100
浦江人才计划	A 类（科研开发）	126	124	110	109	110	107
	B 类（科技创业）	20	26	40	36	40	42
	C 类（社会科学）	72	106	97	110	107	97
	D 类（社会急需）	16	24	26	33	34	39
	总计（含团队）	234	280	273	288	291	285

(续表)

人才计划(单位: 人)		2010 年	2011 年	2012 年	2013 年	2014 年	2015 年
千人计划	国家	183 (累计)	42	200①	73	128	145
	上海	—	160	150	132	132	119
领军人才地方队		126	127	128	124	111	116
曙光计划		56	57	47	58	56	55

1) 财政投入不断加大

为增强对海外高端人才的吸引力,浦江人才计划不断扩大资助规模,2011 年、2012 年资助经费总计投入均为 4 500 万元,较 2010 年增长 11.7%;2013 年、2014 年资助经费投入持续增长,2014 年总计投入达4 750 万元,扩大了 C 类社会科学人才、D 类特殊急需人才类的资助规模,资助人数不断增加。该计划自 2005 年启动以来,累计资助总额超过 4 亿元,共有 2 467 人次获得资助(含团队)。

至 2014 年底,上海青年科技启明星计划自 1991 年启动以来已累计资助青年科学家 2 243 人次,累计投入资助经费约 2.665 亿元,为上海的科技人才高地建设培育了大批杰出的青年科技人才;上海市优秀学科带头人计划 2014 年度投入经费合计 4 000 万元,自计划启动以来累计投入经费超过 2.9 亿元。

为帮助优秀青年科技人才加快成长,为上海创新驱动转型发展战略的实施奠定更好的人才基础,市科委自 2014 年起实施上海市青年科技英才扬帆计划(简称"扬帆计划"),为 32 周岁以下、具有硕士以上学位、尚未承担省部级及以上项目的优秀青年科技人才独立开展科研、发展创新思想提供起步资金。2014 年有 150 人入选计划,资助总额为 1 500 万元。

2) 上海领军人才"地方队"不断壮大

"十二五"期间,按照上海市人才工作总体部署,市委组织部、市人力资源和社会保障局每年在全市开展实施了上海领军人才选拔工作。经过专家

① 包括外籍专家 13 人,青年千人 78 人,溯及以往 5 人。

评审，市委组织部、市人力资源和社会保障局审核确定，每年均有125名左右的各领域优秀人才入选上海领军人才培养计划，四年共有490名优秀人才入选。入选人员来自科技领域以及上海市重点发展和培育的产业，包括生物医药、新材料、电子信息等多个高新技术领域的科技创业型人才，涉及战略性新兴产业及高新技术产业化九大重点领域、金融、财会、贸易、物流等现代服务业等，企业入选人数明显增加，充分体现了人才培养为经济和产业发展服务的导向。

3）海外高层次人才引进位于全国前列

自2008年国家“千人计划”实施以来，截至2014年底落户上海的海外高层次人才共有626人，入选专家回国（来华）前分别在美国、日本、英国、澳大利亚等不同国家及地区工作。其中，创新人才553人，占总数的88.3%；创业人才73人，占总数的11.7%。创新人才中，高校、科研院所、医院437人，占79%；企业116人，占21%。“十二五”以来上海“千人计划”产生创新类人才和创业类人才共442人。

4）曙光计划成果显著

“十二五”期间，曙光计划不断取得优异成效。2011年，有17位曙光学者共获得13项国家科技奖，有50位曙光学者（52人次）获上海市科学技术奖。由市委宣传部组织的上海社科新人评选中，曙光学者占了8位（总共11位）。在上海十大科技精英评选中，共有5位曙光学者入选，并且已有4位成为两院院士。2011年度国家自然科学基金曙光学者在各个指标上都创造了自建立以来最好的成绩。国家杰出青年科学基金项目11个，超过了上海地区高校半数以上；重点项目12项，占高校40%；获得资助14 924.7万元。自然科学基金的获得，表明曙光学者已成为高校中一支战斗力极强的队伍。

2012年，曙光学者继续发挥着重要作用，获国家科学技术奖12项，其中主持获奖6项；获高等学校科学研究优秀成果奖（自然科学）13项，其中主持获奖8项；获教育部第六届高等学校科学研究优秀成果奖（人文社会科学）11项；获卫生部中华医学奖10项，其中主持获奖4项；获上海市科学技术奖38项，其中主持获奖21项；获上海市决策咨询奖11项，邓小平理论优秀成果奖3项，哲学社会科学优秀成果奖40项；获上海市劳动模范、上海市巾帼创新奖提名奖、上海市三八红旗手标兵、上海市科技精英、上海市十佳医生、上海年度社科新人、上海市育才奖等多项荣誉。2012 年,曙光学者获国家自然科学基金项目 153 项,共18 687 万元的资助,较 2011 年度增长了 25.2%,是上海地区 2012 年资助总额的 8.81%。其中重大研究项目 1 项,创新研究群体项目 1 项,国家基础学科人才培养基金项目 1 项,国际重点合作项目 1 项,重点项目 16 项,杰出青年项目 6 项,优秀青年项目 6 项。中国国际工业博览会上,17 名曙光学者推出了 19 项可转移的科技成果。

在 2013 年颁布的 2012 年度国家科学技术奖中,曙光学者获自然科学奖二等奖 3 项、技术发明奖二等奖 1 项、科学技术进步奖二等奖 3 项。在教育部第六届高等学校科学研究优秀成果奖(人文社会科学)中,曙光学者获奖 12 项。在 2012 年度上海市科学技术奖中,曙光学者获 39 个奖项,占获奖总数的 13.83%。曙光学者中,入选国家首批创新人才推进计划 1 名;获中国青年女科学家奖 1 项;入选 2013 年度国家“973”重大科技项目首席科学家 3 人;获上海市五一劳动奖章、上海十大杰出青年、上海市十大职工科技创新英才提名奖、上海市科技精英、上海市自然科学牡丹奖、上海年度社科新人等奖励或荣誉多人。曙光学者主持和参与的 164 个项目获国家自然科学基金资助,经费 18 034 万元。其中,国家杰出青年科学基金项目 8 项,经费 1 600 万元;国家优秀青年科学基金项目 8 项,经费 800 万元;200 万元以上重点资助项目 18 项,经费 5 734 万元。

2014 年,曙光学者获国家科学技术奖 10 项;获教育部高校科学研究优秀成果奖(科学技术)18 项;获上海市科学技术奖 39 项,占获奖总数的 13.09%;获第九届上海市决策咨询研究成果奖 13 项;获上海市第十二届哲学社会科学优秀成果奖 41 项,占比 14.86%。31 位曙光学者被聘为国务院学位委员会学科评议组成员,4 位曙光学者获国家高层次人才特殊支持计划资助,6 位曙光学者获科技部国家创新人才推进计划资助,2 位曙光学者获 2014 年上海市五一劳动奖章。截至 2014 年底,曙光队伍共有两院院士 4 名、国家杰出青年科学基金获得者 92 名、长江特聘教授 56 名、国家自然基金创新团队 5 个、教育部创新团队 20 个。

5) 国家创新人才推进计划稳步推进

2015 年,上海市新入选国家创新人才推进计划 52 人(含团队),其中中青年科技创新领军人才 29 人、科技创新创业人才 15 人、重点领域创新团队

5 个、创新人才培养示范基地 3 个。自 2012 年科技部启动创新人才推进计划评选以来，除“科学家工作室”外，其他 4 类共进行了 3 次评选，上海共入选中青年科技创新领军人才 68 人、科技创新创业人才 31 人、重点领域创新团队 11 个、创新人才培养示范基地 11 个。创新人才推进计划包括设立科学家工作室、培养中青年科技创新领军人才、扶持科技创新创业人才、建设重点领域创新团队和创新人才培养示范基地 5 项任务。

2. 高层次的科技人才队伍初步形成

“十二五”规划实施 5 年间，上海市国家级领军科技人才队伍进一步扩大，一批具有世界水平的科学家进入国家重大计划项目首席科学家行列，上海拥有的国家杰出青年科学家和高水平创新团队的群体规模持续扩增（见表 2－3）。

表 2－3　上海高层次人才队伍情况

人才计划（单位：人）	2010 年	2011 年	2012 年	2013 年	2014 年	2015 年	历年累计
国家重大项目首席科学家	27	32	22	23	20	—①	205
国家杰出青年科学基金	21	30	24	27	28	24	436
国家自然科学基金创新群体（团队）	7	11	4	6	14	6	54

“十二五”期间，上海市科技人才计划持续扩大实施，有效推动高素质科技创新人才队伍不断扩大，国家级领军科技人才和杰出青年科技人才群体得到进一步扩充。

截至 2015 年底，上海已拥有两院院士 176 名，占全国院士总量的 10.8%；国家“千人计划”人才 774 名，上海领军人才 1 186 名，上海“千人计划”人才 676 名，首席技师“千人计划”人才 821 名。

至 2014 年，上海累计有 205 位科学家担任过国家“973”计划和国家重大科学研究计划项目的首席科学家，412 人（不含在外地获资助后来沪工作者）获国家杰出青年科学基金，占全国杰出青年科学基金获得者总人数的 12.92%。48 个团队入选国家创新群体。

① 公开资料中未检索到该数据。

(二) 科技人才培养工作不断推进

"十二五"期间,上海聚焦科技发展重点,聚焦科技创新基地建设,聚焦科技产业发展,依托青年科技启明星计划、优秀学术及技术带头人计划、浦江人才计划等工作,通过"人才+项目"的运行模式,把自由探索与创新战略任务紧密结合起来,加快培养一批有潜力的优秀青年科技创新人才,加倍培育企业优秀的工程技术创新人才。

1. 多层次的科技人才培养体系初见成效

1) 注重储备和发掘,健全青年科技人才培养计划体系

"十二五"期间,上海市进一步加强对青年科技人才、企业科技管理人才和基地服务人才的培养,初步形成层次分明、各有侧重、较为完整的科技人才培养体系,以系统集成方式推进科技人才培养。在继续推进原有人才资助项目基础上,重点推进新的青年科技人才培养计划,形成环环相扣、层层提升的完整科技人才培养体系,同时加强科技奖励,激励科技人才勇攀高峰。

一是推出青年科技英才扬帆计划,完善人才培训体系建设。扬帆计划与市科委先后实施的青年科技启明星计划、浦江人才计划(A 类和 B 类)、上海市优秀学术/技术带头人计划等人才计划,形成了覆盖不同阶段、不同层次科技人才的培养体系。

二是注重科技奖励评价,强化激励机制,多渠道完善青年人才发展环境;继续推进原有人才资助项目,加强人才联谊组织建设,做好青年人才各类奖项评选组织工作,适度扩大资助项目规模。如 2014 年组织第七届上海青年科技英才评选,全市共 182 位候选人参选,30 人获奖;组织中国青年女科学家候选人上海地区推荐工作,每年均有上海女科学家荣获中国青年女科学家奖。

2) 注重创业保障服务,加强企业科技管理人才和基地服务人员培养

一是紧扣企业创业和发展的实际需求,分层次开展针对企业高管和中层管理人员的科技管理培训。针对科技创新企业的创始人和高管,开设企业总裁经营管理能力培训班,从培养企业家的战略思维、市场布局、沟通协作、团队管理等角度出发,加强创业企业家的综合能力建设。针对科技企业中层管理人员开展技术管理课程培训,打造精品化培训。技术管理培训在借鉴以往成熟经验基础上深入挖掘新理念、新方法,整理成精品课程向企业

推广。针对小巨人企业高层管理人员等高层次创业人才开展专题金融培训班，围绕科技企业投融资法律实务及案例、科技金融相关政策解读、如何与投资人对接等科技金融问题进行培训，提高了高层次科技创业人才的科技金融能力。

二是将创业培训和创业服务前置，开展创业组织系列活动和基地管理人才培训，更加贴近创业需求。以初创业者能力培养为目标，分别开展创业好项目、创业周末、创业学堂公开课等多种形式的创业培训。以引导创业苗圃、孵化器、加速器为主体的创新创业服务链建设为重点，向前对接高校、科研院所等创新源头，免费向早期创业者提供场地和多项服务资源，形成服务链延伸、共享商务服务、技术平台支撑、天使投资等服务模式，并举办创业微课程培训活动。为提高基地人员服务能力，针对创业导师、辅导员、孵化器中服务管理人员等基地管理人才开展涉及知识产权、孵化器发展模式等主题培训，为全市科技企业孵化器事业快速健康发展提供了高水平人才保障；通过培训建立了一批覆盖全市、深入基层的政策宣传员队伍，逐步形成了“市科技创业中心、区、服务机构”的三级政策服务网络体系。

2. 博士后科研资助稳步开展

“十二五”期间，市科委、市人力资源和社会保障局根据《上海市博士后科研资助计划管理办法》组织上海市博士后科研流动站、科研工作站和创新实践基地在站博士后研究人员，围绕上海重点学科和产业领域，开展科研资助计划申报工作。经专家评审通过，给予上海市博士后科研资助计划面上项目（A类）和重点项目（B类）资助，四年总资助额共计2 000万元。同时，中国博士后科学基金会根据《中国博士后科学基金资助规定》开展中国博士后科学基金特别资助工作。通过上海市博士后工作办公室审核推荐，“十二五”以来上海共有290人获中国博士后科学基金特别资助，资助总额为4 005万元。

（三）科技人才服务工作日益完善

“十二五”以来，按照国家和上海中长期人才发展规划的要求，上海市围绕科技人才工作要点，从加强科技人才政策研究，加快建设科技人才工作平台等方面入手，不断优化有利于科技人才创新创业的良好环境。以“立足系统、突出高端、覆盖全市”为工作目标，加快打造科技人才工作平台，营造良好的创新创业环境。

1. 打造多层次的科技人才工作平台

以“人才综合服务平台”为抓手，完善科技人才工作平台建设。一是“千人专窗”主动服务，积极协助海外高层次引进人才尽快适应国内科技事业发展环境。通过持续走访、接访和各类活动，主动了解需求，为“千人专家”搭建与各方交流的平台；持续做好项目申报信息的推送和过程辅导，以及科技政策的解读和服务；通过提前布局让“千人专家”参与到科技项目的建议中，推荐优秀“千人专家”加入科技部、市科委专家库，增加其话语权。

二是整合资源，继续深化推进上海市高级科技人才联谊会平台建设。科技人才管理部门调动社会资源，共同打造优质的创新创业人才成长服务链，联手“联想之星”等优质社会资源，通过讲座、培训、研讨等方式进行创新创业服务活动，为上海的创新创业者们提供学习和拓展事业的平台。成立上海创业人才联盟，调动各类社会科技创新创业服务组织和力量，形成合力，推动上海创新创业氛围的营造；调动会员积极性，开展经常性的参观考察及沙龙交流活动；结合新能源汽车人才培养，组织系列参观、研讨活动；创新联谊会年会方式，通过邀请相关会员参与“‘十三五’科技规划”和“‘十三五’科技人才规划”等系列研讨，创新年会活动形式；注重会员心灵养护，增强核心会员凝聚力，组织会员参加“企业一亩田”绿色科技与生活主题活动。充分运用“科技英才汇”微信服务平台加强管理，加大宣传。利用微信、网站、微博等多种新媒体手段，实现联谊会线上的信息共享功能。

三是发挥联络员作用，以“综合服务平台”积极做好科技系统单位人才服务工作。科技人才管理部门强化与系统单位人才工作联络员的联系，开展各系统单位高层次人才信息采集维护等工作。相关部门加强科技系统人才工作联络员队伍建设，组织召开科技系统人才工作联络员工作会议，对科技系统人才工作进行部署安排；通过各系统单位高层次人才信息采集维护等工作，进一步加强工作联络员与高层次人才的联系服务；组织科技系统单位人才工作联络员工作培训，提升联络员队伍的业务能力，完善工作交流平台；集中为科技系统单位非上海生源应届毕业生办理落户事宜。

2. “千人计划”人才服务成效明显

为了向“千人计划”人才及其核心团队提供良好的工作环境，市科委依托上海市科技人才开发交流中心成立了“千人计划”科技事业发展服务专窗，于2011年10月31日正式启用，为入选国家和上海“千人计划”人才及其核心团队推送科技政策及科技计划项目的相关信息，提供项目申报、政策辅导、申报进程跟踪等服务，并根据需要派专人上门服务，成为“千人计划”入选者从事科技创新事业的得力助手，为上海转型发展提供有力支撑。

“千人计划”科技事业发展服务专窗围绕在沪的国家及上海“千人计划”人才及其核心团队的具体需求，按照“一口受理、全程代办”的服务标准，努力提升服务能级和水平，提供针对性的信息推送服务、科研项目申报的前置受理服务、申报进程的跟踪反馈服务、合作交流平台建设服务，实现服务的人性化、定制化。同时，“千人计划”根据专家的特别需求，提供一对一的科技事业专业服务；加强“千人专家”与市科技职能部门的联络沟通，增加“千人专家”的话语权；积极为“千人专家”搭建科技事业发展的平台，组织多名“千人专家”及其助手召开“科技创新与知识产权”座谈会，特邀“千人专家”和上海市优秀学术/技术带头人举办“中秋·国庆——海内外学者沙龙”活动，探讨合作交流事宜。

目前，本市人力资源服务业在全国处于领先地位，是上海现代服务业的重要组成部分。截至2014年底，持有人力资源服务许可证的机构有1 050家，比2010年增加307家。

三、“十二五”上海科技人才发展存在的主要问题

（一）科研评价体系不合理，高层次顶尖科技人才依然短缺

目前上海还缺乏优秀科技人才的评价与发现机制。现有的人才评价与发现机制往往从“科学引文数量”、“获奖数量和等级”、“专利数量”、“成果产业化后的直接经济收益”，甚至“学术职务”等定量和标准化指标来考核，对创新性强的小项目、非共识项目，以及学科交叉项目没有给予特别关注和支持；对高技术研究成果的评价，还是主要以发表论文数量和水平为主，没有

转变为以获得发明专利、鼓励科技人员在市场中实现其价值和取得相应回报为主。现有的评价指标只能从某个角度和一定程度上反映科研成果的质量,并不一定能体现成果的真正价值,特别是对专业性很强的、比较前沿的、基础性的研究成果的质量反映尤为不敏感、不确切,甚至不真实。这样的评价很容易埋没人才,其后果突出表现在不重视原始性创新,导致科研人员往往为减少选题失败而回避风险,出现急于求成的短期行为。

高层次科技人才是科技人才资本中的"优质"资本,而现行的人才评价体系容易导致创新思想受到遏制,使得优秀创新人才特别是处于创新思维最活跃时期的年轻人往往难以脱颖而出,真正的"尖子"人才难以"冒尖"。目前,与建设具有全球影响力的科技创新中心的要求相比,上海仍较缺乏世界级、国家级的顶尖科技人才,与北京等省市相比也有较大差距。例如,2015 年新增选的 131 名两院院士中,上海仅有 13 位科学家入选(占新当选院士的 10%),而北京则有 59 位科学家当选(占新当选院士的 45%),相差悬殊。

(二) 科技人才缺乏国际合作交流,同时又出现人才外流

当前上海科技人才引进与服务大都集中在国内,很少走出上海,走出国门的更少,导致高端人才引进的难度加大,影响高技术领域的科研进展。而与此同时,大量的科技人才成长起来之后,由于受到上海政策环境、成本以及外地优惠政策的吸引,部分人才流向周边省市,以求获得更好的支持和环境,导致上海人才和税源的外流,给上海科技和经济发展带来一定的损失。

(三) 各类科技人才计划缺乏有效衔接,且与国家的人才计划对接不够

上海现行的各项人才计划条块分割,形成计划之间的断层或重叠,缺乏培养的连续性,没有形成有效的合力,不能够充分了解科技人才的成长路径和发展模式,从而导致政策之间相互割裂,人才培养出现断层,影响政策的连续性和有效性。同时,在配套政策和产业成果转化方面,各类科技人才计划与国家的人才计划对接不够,容易造成人才流失,影响科研进度,从而影响相关产业的发展和科技进步。

（四）科技人才工作效能有待进一步提高

1. 服务手段和服务力量不足，人才服务资源整合系统尚未建立

科技人才是最热情、最高端、最富于时代动感的人才。然而，目前上海的服务手段大多停留在比较简单的人工服务阶段，大量的现代信息化工具未能充分利用起来，不能更好地适应现代化服务形势，造成服务效率低下，服务质量不高。虽然目前针对科技人才的服务工作已经有所展开，但还不能够完全满足需求。主要表现在：科技人才服务机构缺乏，科技人才服务专业人才缺乏，科技人才服务缺乏政府资金、政策的有力支撑。科技人才服务资源的整合基本靠自身的人脉关系，由于各个机构掌握的资源不均衡，没有形成一定的资源合作和共享机制，由此造成"撑死饱的，饿死饥的"的局面，导致资源浪费，既增加了工作难度和沟通成本，也不利于长期稳定地做好科技人才服务工作。

2. 科技中介服务力量不够，公益性科技服务缺乏

虽然科技中介服务在推动创新、科技成果转化、提供专业咨询、实现科技资源流动等方面发挥重要作用，但目前上海科技中介力量明显不够。主要表现在：服务功能、服务水平还很不够，真正能够适应市场要求、为创新与产业化提供有效支撑和服务的科技中介机构还很缺乏。同时，大量科研人员除了自身的科研，对丁社会科技发展中的热点、难点、重点问题参与度较少，没有充分利用在相关科技领域形成的技术积累解决民众和企业关心的实际问题，提供的公益性科技服务较少。

四、对"十三五"上海科技人才工作的建议

（一）建立科学的人才评价发现机制，促进高层次人才发展和"冒尖"

要使顶尖人才脱颖而出，必须建立科学的人才评价发现机制。要建立以岗位职责要求为基础，以品德、能力和业绩为导向的科学化、社会化的人才评价发现机制，完善人才评价标准，克服唯学历、唯论文倾向，对人才不求全责备，注重依据实践和贡献评价人才。上海必须通过科学合理的评价机

制为高等院校、科研院所、科技企业创造一个有利于让科技人才发挥其特长,展现个人创新实力的环境,从而起到激发科技人才创新意识、加速成长的目的。

(二) 推动科技人才国际合作交流,创造环境留住优秀人才

有关部门可以考虑建立海外联络机构,将上海的人才引进触角延伸到国外去,逐步在科研力量强大、科研人才密集的发达国家和地区建立海外人才联络机构,通过联系驻外使领馆、华人社团组织,为海外留学人员提供回国创新创业的政策咨询和联络服务。组建代表团到国外延揽海外人才,按照"走出去、请进来"的方式,每年举办相应的人才合作、科技博览会等人才活动,扩大上海在海外的影响力,为上海的发展物色更多更优秀的科技人才。

另外,解决人才外流问题上海可从两个方面入手。一方面,积极创造环境,留住科技人才。可以通过政策扶持、财政补贴、税收优惠等,解决高层次人才科研资金短缺和硬件设施不足的问题,大幅度改善现有人才的工作待遇和生活条件。要尊重人才的个性化发展,把一些特殊的人才放到最能发挥作用的岗位上,形成量才使用、人尽其才、才尽其用的局面。另一方面,建立科技人才合理流动机制,与人才流入地共享科技人才资源,共同受益。通过联合举办有关活动、签订人才流动协议等,合理引导科技人才"走出去",同时有效帮助科技人才在走出去的过程中高效率地实现产业化,为优秀科技人才"走回来"奠定良好基础。

(三) 加强各类人才计划之间的协调和衔接,进一步培养人才

上海的科技人才计划应与国家相关人才计划更好地对接。一是制定和落实国家人才计划地方配套政策,保证政策、资金、环境以及生活方面按照有关政策及时落实,为科研人员提供良好的科研环境;二是通过政府推动、企业支持的方式,为科研人员的科研成果转化创造条件,符合产业化条件的要积极给予支持,从而提高科研成果转化率,促进生产率的提高。

对于上海各类人才计划之间的协调衔接,一方面要整合各类人才计划,形成一个相互衔接、相互支撑、合理有效的人才计划体系。把不同类

型的科技人才纳入相应的人才计划当中，让科技人才在人才计划体系内得到连续的培养和评估，实时掌握人才计划的实施成效。另一方面，建立连续培养和评价机制，在人才发展的各个时期和阶段开展相应的培养和评价。只有通过当前阶段的评估，才能进入更高阶段的培养和评估；要加强对于科技人才的日常跟踪服务，全面掌握科技人才服务计划的实施成效；同时要分析研究科技人才的成长轨迹与特征，为更好地制定科技人才政策提供依据。

（四）提高科技中介等人才服务水平，更好地服务人才

1. 整合人才服务资源，利用现代科技手段提高服务效能

上海科技人才服务的资源整合问题可以从三个方面予以改进和完善：一是建立资源整合共享机制，通过政府扶持的方式，使各个科技人才培养与服务机构手中的资源互通有无、共用共享，实现效益最大化，并将科技人才服务工作常态化、持续化，形成稳定的工作机制。二是增加政府提供服务的广度和深度，针对科技人才的能力建设、事业发展提供一系列公益服务，通过引导和建立一系列科技人才公共服务平台，培养科技服务专业人才，为各领域科技人才提供政策咨询、项目申报、人才交流、学术研讨、产业对接等方面的服务，为科技人才更好地专注于科技研发提供良好的环境。三是加大政府购买服务的力度，政府应出台有关政策，通过资金和政策支持，鼓励各类科技人才服务机构针对重点科技人才队伍提供服务，并且形成有效的联合服务机制，使服务资源发挥最大的社会效益。

同时，为了更好地服务于科技人才，必须利用现代科技手段，提高服务效率和质量。通过对科技人才的服务信息系统进行扶持，实现服务信息化管理，从源头上提高科技人才服务工作的效率。

2. 提升科技中介服务，开展公益性科技服务

上海科技中介服务可通过三个方面予以改善和提升：一是科技行政管理部门要向“政务、事务、服务”相分离的方向改革，该放下去的“事务”、该放开由社会承担的“服务”应与“政务”完全脱离，给科技中介机构以尽可能大的自由空间。二是积极创造条件，扶持和培育一批服务专业化、发展规模化、运行规范化的科技中介机构，以起到良好的辐射带动作用，树立起品牌

和示范效应。三是加强以科技情报信息机构、成果管理机构、技术交易机构为基础的公共科技信息平台建设,要整合政府部门、科研单位、信息研究分析机构的信息资源,建立区域性公共信息网络,进一步向科技中介机构开放科技成果、行业专家信息,为其提供及时、准确、系统的信息服务。

对于公益性科技服务,可以建立一个以政府推动、社会公益组织和科技人员共同参与的体系,政府给予资金或政策支持,科技人员通过学校、社会公益组织等渠道为社会提供公益性科技服务,提高社会科技创新意识,共同带动上海创新创业氛围的营造。

全球科技创新中心建设与上海科技人才发展前瞻研究[①]

全球科技创新中心建设必须拥有满足其所需要的人才队伍支撑。上海建设全球科技创新中心既是上海科技人才发展的机遇，也是重大挑战。开展上海科技人才发展前瞻性研究，是推进上海科技人才发展、建设全球科技创新中心的先决性条件和战略支撑。

一、全球科技创新中心的人才结构特征

高度集聚且结构合理的人才资源是全球科技创新中心形成和发展的核心条件。与一般城市相比，全球科技创新中心的人才结构有其独特性。通过对一些案例的考察可以发现，人才结构的科技化、人才发展的国际化、人才队伍的年轻化是全球科技创新中心人才结构的三大主要特征。正是因为具备了科技化、国际化和年轻化的人才结构，全球科技创新中心才具有了源源不断地产出新的知识、技术和产品的核心动力，从而实现持续发展。

（一）科技化

人才结构的"科技化"，即科技创新人才在全球科技创新中心的人才队伍中占主体地位，是全球科技创新中心人才结构的最基本特征。科技创新人才主要包括基础类研究人才、应用类研究人才、开发类研究人才和科技管

① 作者：刘小玲；陈霖；谢百盛；顾玲琍；吴贵明

理类人才,他们是新知识的创造者、新技术的发明者、新学科的创建者,是科技创新突破的开拓者。

硅谷的人才结构就具有典型的科技化特征。目前,硅谷地区吸引了全球100多万高科技人员。被誉为硅谷"栖息地"的圣何塞市,其高科技人员就超过30万。硅谷地区的创业公司有近85%都从事高技术行业,近年来新增高科技就业岗位数量占全年新增就业岗位总数达90%,其中近50%的高科技初创企业集中在计算机系统设计和相关服务行业,而超过四分之一的企业从事互联网、电信和数据处理行业,并且这两个行业的企业新增高科技就业岗位占全年的62%[3]。2012年全球性职业社交平台领英(LinkedIn)公司公布的美国主要城市新增科技工作岗位排名显示,硅谷新增科技岗位数9 874个,居全美第一。

近年来,随着城市功能的转型,纽约人才结构也呈现明显的"科技化"趋势。2014年的《纽约市高技术产业增长报告》显示,2013年第三季度纽约市高技术产业新增就业岗位10万余个,新增岗位增长率达33%,是其他行业的4倍多。慕尼黑是欧洲最具竞争力的创新型城市,其企业研发人员与员工总人数的比值在欧洲排名第一,基本上平均每3位雇员中就有1位在科技知识密集型的岗位上工作。

(二) 国际化

全球科技创新中心的人才国际化主要体现在两方面:一是人口构成的国际化,外国移民在总人口构成中占较高比例;二是科技创新与创业人才的国际化,来自海外的科学家、工程师和创业者的比例较高。

一些著名的全球科技创新中心,其人口结构的国际化程度都非常高。《2015年硅谷指数》报告显示,2014年硅谷地区外国出生人口比例为36.8%,而加利福尼亚州和美国的这一比例则显著低于硅谷地区,分别仅为27%和13.1%;从2011年至2013年,硅谷地区的净外国移民数一直在增长,2011年不到1万人,而2013年已经增至约2万人,是近10年来的峰值。而与此相反,净国内移民数却几乎每年呈负增长,2001年最高达到5万人,这说明硅谷地区的人口流动特点是外国人不断流入,本地人不断流出,结果导致其人口结构的高度国际化。截至2015年底,美国纽约和洛杉矶的外国出生人口比例分别为 36.7%和 29.6%，法国巴黎和新加坡的外国出生人口比例也都接近 23%。

另一方面，全球科技创新中心高层次人才的国际化特征更加明显。例如，硅谷在科学、技术、工程和数学(Science, Technology, Engineering and Mathematics, STEM)领域的人才国际化程度非常高，而且这一特征还在持续强化。《2015 年硅谷指数》报告显示，2007 年，硅谷地区的科学和工程领域的就业人口中 61%是外国移民，2011 年这一比例上升到 64%，远高于同期美国 26%的平均水平。新加坡的科技人才也具有显著的国际化特征，2012 年《新加坡 R&D 国家调查》报告显示，1999—2012 年，其外籍科学家和工程师的比例持续增长，2011—2012 年的增长率达 11%。2012 年，新加坡共有科学家和工程师 30 109 人，其中外籍科学家和工程师达 8 729 人，占总人数的 29%。

(三) 年轻化

科技创新活动通常具有高度的探索性、创新性、复杂性、风险性和市场超前性等特点，而年轻人朝气蓬勃、思维活跃、接受能力强，勇于尝试、敢于创新，这正是从事科技创新活动必不可少的个性品质，因此，作为科技创新活动集聚的全球科技创新中心也往往成为年轻人高度集聚的区域。青年人才在全球科技创新中心的人才队伍中占有较高比例，是全球科技创新中心持续发展的主力军。

全球科技创新中心人才结构的年轻化主要体现在以下两个方面。

(1) 总人口结构的年轻化。例如，硅谷就是一个就业人口年龄比较年轻的地区。据统计，2012 年硅谷地区的人口中，25～44 岁人口所占比例为 30%，不仅高于美国平均水平(26%)，也高于加利福尼亚州的平均水平(28%)。据 2012 年《新加坡 R&D 国家调查》报告，2012 年新加坡的 30 109 名研究科学家和工程师中，35 岁以下人员所占比例高达 51.6%。

(2) 创业人才的年轻化。美国创业调查公司 Startup Genome 发布的《全球城市创业生态系统报告 2012》(Startup Ecosystem Report 2012)显示，作为全球“最佳”的创业生态系统，硅谷的创业者平均年龄是 34.1 岁，特拉维夫、纽约、洛杉矶、波士顿和班加罗尔的创业者平均年龄分别是 36.2 岁、32.6 岁、32.6 岁、36.8 岁和 37 岁。硅谷地区的一些著名企业，如惠普、雅虎、甲骨文、谷歌、苹果、脸书、eBay、推特、YouTube、特斯拉汽车等，其创业者的年龄均为21～34岁(见表2-4①)。

表2-4 硅谷著名企业创始人创业时的年龄

公司名称	创始人	创业时的年龄
惠　普	戴维·帕卡德	27
	威廉·休利特	26
雅　虎	杨致远	26
	大卫·费罗	28
甲骨文	拉里·埃里森	33
谷　歌	拉里·佩奇	25
	谢尔盖·布林	24
苹　果	史蒂夫·乔布斯	21
	斯蒂夫·沃兹尼亚克	26
脸　书	马克·扎克伯格	25
eBay	皮埃尔·奥米迪亚	28
推　特	杰克·多尔西	30
	比兹·斯通	32
	埃文·威廉姆斯	34
YouTube	陈士骏	27
	查德·赫利	28
	贾德·卡林姆	26
特斯拉汽车	伊隆·马斯克	32

二、建设科技创新中心，上海科技人才发展迎来历史机遇

当今世界，全球竞争正从经济竞争、产业竞争前移到科技进步和创新能力的竞争、人才的竞争。新一轮科技革命和产业变革正孕育兴起，我国经济

① 资料来源：相关公司官网。

发展进入新常态，要素的规模驱动力在逐步减弱，而实现质量效率型集约增长，则必须更多依靠人力资本质量和技术进步，让创新成为驱动发展的新引擎。加快建设具有全球影响力的科技创新中心，是上海未来发展的根本出路和希望所在。

建设具有全球影响力的科技创新中心的新时期，既是上海实现创新驱动发展的关键期，也是科技人才创新创业、价值实现的机遇期。2015 年两会期间，习近平总书记在上海代表团讲到，“创新是引领发展的第一动力。实施创新驱动发展战略，根本在于增强自主创新能力。人才是创新的根基，创新驱动实质上是人才驱动，谁拥有一流的创新人才，谁就拥有了科技创新的优势和主导权。”2015 年初韩正书记在市委一号课题动员会上指出，“大力实施创新驱动发展战略，加快建设具有全球影响力的科技创新中心，核心是集聚和用好各类人才。解决人才问题，关键要聚焦引进培养、使用评价、分配激励三个环节，出台管用、有效、实在和符合规律的措施，把人才高地建起来。”他还强调，上海要“靠事业成就人，靠机制吸引人，靠环境留住人，为创新创业人才施展才华提供更加广阔的舞台。”

（一）科技实力不断增强，各类人才协调发展

在加快发展具有全球影响力的创新中心战略下，上海正处在创新人才队伍不断壮大、结构层次不断优化、整体创新能力不断提升的大好时代，一系列积极推进科技创新人才发展的政策，不断优化的环境，吸引了大批优秀科技人才投身科技创新活动。人才队伍获得了明显的扩充，各类人才协调发展，呈现出多层次化的特点，上海正在成为我国创新型科技人才的重要集聚地和培养基地之一。

统计数据显示，至 2014 年，上海市拥有科技活动人员 45.1 万人，与 2010 年的 33.46 万人相比，年均增长率约为 7.75％。R&D 人员投入全时当量为 16.82 万人年，与 2010 年的 13.50 万人年相比，年均增长率达到 7.1％。在科技人力资源经费投入上，2013 年 R&D 人员人均 R&D 经费约为 46.8 万元，比 2010 年增长 31％。

上海一直重视青年科技人才的培养，各级各类计划和政策支持注意向青年倾斜，使大批青年科技人才脱颖而出，45 岁以下的青年人才在上海科技

人才队伍中的占比持续上升。2013 年调查结果显示,上海科技工作者 40 岁以下人员占比高达 75%,而他们正处于创新创业的黄金年龄期。

上海高层次科技人才群体的发展主要从高级岗位科技人才、领军科技人才以及被视为领军人才后备队的杰出青年三个方面情况来观察。据统计,2012 年,上海市科学研究与工程技术高级岗位人才规模分别约 3.7 万人和 10.4 万人,合计约 14 万人。这个规模约为 2008 年 8.5 万人的 1.6 倍。截至 2015 年底,上海拥有领军人才规模为 2 300 多人,其中,两院院士 176 人,国家"973 计划"和重大科学计划项目首席科学家累计 186 人,国家"万人计划"科技创新领军人才 6 人,国家中青年科技创新领军人才 21 人(含团队负责人和创新创业人才),上海地方领军人才培养计划累计已选拔了 959 人,通过国家"千人计划"和地方"千人计划"引进约 1 000 人。截至 2015 年底,上海拥有国家级杰出青年人才约 600 人,其中包括国家"万人计划"青年拔尖人才 24 人,获得国家杰出青年科学基金的累计达 384 人,通过国家"青年千人计划"累计引进183 人。科技后备人才队伍逐年壮大,2012 年,上海市毕业的研究生中获博士学位的有 4 913 人,是 2000 年的 3.8 倍。"十二五"期间的博士毕业生总量为2.2 万人,比"十一五"总量(10 933 人)翻了一番。

(二) 开放创新成为主流,集聚人才有了良好环境

随着上海整体经济水平的不断发展,各类科技产业的结构调整步伐也在加快。在加快发展具有全球影响力的创新中心战略大背景的推动下,上海各级政府和企业对科技创新的重视程度越来越高,支持和投入力度也不断增大,使上海的科技创新创业环境得到了大幅度的改善。

集聚人才离不开优良的环境,作为中国的经济发达地区,上海拥有相对优越和国际化的生活环境,经济的快速发展、宜居的城市环境、先进的科研条件、长期积累的科技基础,以及开放的用人政策和社会文化生态,对科研人才来说极具吸引力和发展前景。上海当前关注优势产业和科技发展布局,注重未来新兴产业和新兴学科的变化趋势,不断优化社会和企业中的创新环境及创新管理体系,正形成合理的整体战略。2015 年,上海全社会 R&D 经费投入占 GDP 的比重达 3.7%,约为 2010 年的 1.3 倍,已超过发达国家平均水平。根据上海市科技发展中长期规划目标测算,至 2020 年上海

全社会 R&D 年度经费预计为 1 180 多亿元，将比 2012 年扩大近 80%。而作为创新中心建设战略的助力之一，上海自贸区的开建带动了上海经济社会一揽子配套建设和制度创新，大力推进上海成为全球范围的资金流、物流、信息流和人才流的新枢纽之一，而这些都已成为上海进一步吸引高层次人才、建设具有国际竞争力的高水平科技创新人才队伍的有利条件。

同时，上海坚持以引导为主，政策扶持与产业配套相结合，逐步形成人才、基地、项目的一体化联动机制，推动产、学、研高度结合，提升上海的整体创新能力，为集聚创新科技人才形成优良环境。这些都为创新型科技人才提供了越来越广阔的成长空间、充沛的创新资源以及源源不断的创新动力，为建设并形成一支具有高水平、前瞻性、代表世界科技水平的创新型科技人才队伍，使其在经济社会发展的优势学科、重点行业、关键领域中发挥巨大作用提供了助力。

（三）制度改革持续深入，人才政策体系更加完善

近十余年来，上海针对人才引进、人才激励、人才培育和人才支持等环节，先后出台了一批科技人才政策，并逐步形成了层次清晰、定位明确的人才政策体系。针对高层次人才，先后出台并加快实施了海外专才科研资助计划（原浦江计划）、优秀科技带头人计划、上海“千人计划”、市领军人才配套专项计划、国家“千人计划”配套专项计划、“科学家工作室”培育计划等；针对青年科技人才，先后出台并着力实施了“青年英才扬帆计划”、博士后科研资助计划、“启明星培育”计划、“启明星”计划、“启明星跟踪”计划、“国家杰出青年科学基金”配套计划等。此外，还有《关于实施〈上海中长期科学和技术发展规划纲要（2006—2020 年）〉若干人才配套政策的操作办法》《上海市鼓励专业技术人员和管理人员从事高新技术成果转化实施办法》《鼓励留学人员来上海工作和创业的若干规定》《上海领军人才队伍建设工作实施办法》《上海市海外留学人员来沪创办软件和集成电路设计企业创业资助专项资金管理暂行办法》《上海市人才发展资金管理办法》《上海市优秀学科带头人计划管理办法》《关于进一步做好本市高新技术成果转化中人才工作的实施意见》《上海市加强高科技产业人才队伍建设的若干规定》《上海市浦江人才计划管理办法（试行）》《上海市人才流动条例》《上海市吸引国内优秀人才

来沪工作实施办法》《上海市青年科技启明星计划管理办法(包括 B 计划)》《关于本市推进校企合作培养高技能人才工作的实施意见》《上海市科学技术奖励规定》《上海市科学技术进步奖励规定》和《白玉兰科技人才基金管理办法》17 项法规制度,基本实现了全覆盖、多角度政策扶持的目标。

三、建设科技创新中心,上海科技人才迎来新挑战

经过 30 多年的改革开放,上海的经济实力和创新能力逐年增强,2011 年以来连续 5 年排名国家科技进步监测第一位。同时,上海也在不断完善人才工作体制机制,科技人才队伍建设有了很大改善。

但与国际其他创新型城市相比,上海科技创新的原创力、影响力、辐射力整体上还处在比较落后的位置。上海人均 GDP 将近 1.5 万美元,接近世界银行发布的发达国家和地区收入水平,但与伦敦、纽约、东京等大城市(6 万～14 万美元)相比仍相距甚远。与创新标杆城市相比,上海科技人才队伍不强,高层次创新型科技人才严重短缺。

未来的可持续发展动力,根本出路在于创新,要把科技创新作为“创新驱动发展”战略的核心,基本主体在于人才,因此必须把提高科技人才队伍的国际竞争力作为人才队伍建设的关键。当前上海科技人才队伍发展中的核心问题是其结构不够优化、活力不足、开发利用效率和效益不高,还不能适应上海创新型经济社会发展的需要。而制约科技人才队伍活力和效率提升的主要因素,还在于科技管理体制机制和发展环境中的缺陷。上海科技人才队伍竞争力与上海建设科技创新中心不适应的地方,具体表现为以下几个方面。

(一) 上海科技人才规模、结构等与科技创新中心建设的基本条件不适应

综观纽约、伦敦、东京、巴黎、新加坡、首尔等全球公认的创新型城市,或是产生(吸引)了一批以诺贝尔奖得主为首的科学领军人物,或是集聚了一大批分布在各行各业的优秀科技人才,或是培育了一批高素质的产业技术工人,而这些都是科技创新中心建设的基础人力资源条件之一。

与之对比,上海的科技人才队伍还存在以下方面有待改进。

（1）高层次创新型人才严重不足。随着近年来上海不断加大吸引海外人才的工作力度，海外人才数量规模不断增长，一定程度上弥补了高端人才的空缺，但从处于首席科学家和具有国际竞争力的学科带头人地位的人力资源数量上看，那些真正具有国际水准的“大师”级人物和具有国际竞争力的高层次创新团队还严重紧缺。以上海目前研究机构、高校和大中型企业的R&D人员队伍19万人为基数，据2013年不完全统计，上海的国家级和地方级领军人才总计约2 300人，占上海R&D人员队伍不到1.5%，显示上海高层次科技创新人才队伍规模偏小。上海还很缺乏具有创新能力、创业精神的产业科技人才和现代企业家，以及能够引领未来科技和产业发展的战略科技领头人和发明家。

（2）R&D人员总量和密度与发达国家相比还有一定差距。每万名劳动力中R&D人员指标是衡量创新型国家和地区的一个重要指标，根据《上海市人才发展“十二五”规划》，到2015年上海每万名劳动力中R&D人员总量为123人年。但根据OECD[①]的统计数据，2007年芬兰、俄罗斯的这个指标分别为209人年和122人年；2006年，日本和法国的这个指标已分别达到141人年和132人年。

（3）上海R&D人员的分布尚待优化。企业、科研机构、高校并称为科学技术创新的三大主体。其中，企业是研究开发投入主体、技术创新活动主体和创新成果应用主体。企业要真正在这三项活动中发挥主体的引领作用，除了物质投入之外，也需要有人力资源的投入。经过多年积累，上海的企业储备了一定量的科技活动人员，从2010年的15万人上升到2014年的22.29万人，占全社会科技活动人员的比例也从45%上升为49.3%。但分布在上海本土企业的科技活动人员和R&D人员并不多，2014年，上海规模以上工业企业R&D人员数增长到9.39万人，占全社会R&D人员比例为55.8%；但同期广东企业R&D人员已经占比80%以上（见表2－5）。从亚太地区创新城市比较来看，每万名从业人员中高技术服务业科技人才，上海为510人，远低于首尔的800人，东京的1 390人[②]。

① OECD的全称为“Organization for Economic Co-operation and Development”，即经济合作与发展组织，简称经合组织。

② 资料来自《亚太城市竞争力报告2013》。

表 2-5　2014 年规模以上工业企业 R&D 人员分布情况[①]

	上海	北京	江苏	广东
企业 R&D 人员总数/万人	9.39	14.54	88.53	54.49
企业 R&D 人员占全社会 R&D 人员的比例/%	55.8	42.38	76.98	81.4

注：上海数据是 R&D 全时人员当量的概念；江苏数据是科技活动人员数。

(4) 上海本土企业的科技人才拥有度较低。2014 年，上海大中型企业中的科技活动人员为 22.29 万人，但其中 10.56 万人集聚在外商以及港澳台投资的企业中，占 47.38%。同样，大中型企业中的 R&D 人员总量为 16.6 万人，其中 7.47 万人集聚在外商投资企业中，占 45%。这种科技人才分布状况不利于自主创新战略的实施。

(二) 上海科技人才的效能和效率与科技创新中心的战略目标不适应

全球创新型城市的科学、技术和产业领域的原创力、辐射力、影响力都很高，或是有突破性的科学成果，或是有大量的创新型企业集聚，或是在世界经济中拥有有分量的高附加值产业。如美国芝加哥大都市区的制造业集群就业人数为 58 万人，是美国第二大制造业就业人群，年均产值达到 650 亿美元，位居区域经济第二位，芝加哥制造业岗位的收入与产出比区域所有行业的平均值高出 27%。

对标国际创新型城市，上海的科技人才还存在以下问题。

一是科技成果的国际影响力有待进一步提高。根据汤森路透集团公布的 2014 年全球“高被引科学家”名单，我国(含港澳)共有 134 名科学家入选，排名世界第四。但上海科研机构入选的科学家仅有 10 人，约占全国的 7.5%，与上海拥有的科技资源和经济发展实力不相匹配。在专利的影响力方面，根据国家知识产权局发布的《2014 年中国有效专利年度报告》，国内有效发明专利数量排名前五位的地区分别是广东(111 878 件)，北京(103 638 件)，江苏(81 114 件)，上海(56 515 件)，浙江(52 418)件。但国内有效发明专利中，维持年限 5 年以上的占 49.2%，而国外这一比例高达 89.1%；国内

① 资料来源：根据上海、北京、江苏和广东 2015 年科技统计信息整理。

维持时间 10 年以上的仅有 7.6%，而国外维持时间 10 年以上的有 32.8%；2014 年国内专利平均维持年限为 6.0 年，而外国在华专利平均维持年限是 9.4 年。由此可见，上海创新主体专利市场化水平低的问题仍待解决。

二是上海企业人才对专利贡献度不高。在国内外申请专利和获得授权专利的数量，是自主技术创新能力高低的综合体现，是国际竞争的重要焦点。通过数据比较可知，上海 R&D 人员专利产出效率较高，每百万人员发明专利拥有量国内省市排名第二（2016 年 1 月为 2 940.1 件/百万人），仅次于北京（6 301.1 件/百万人）；但企业人才的贡献度不高，规模以上工业企业每 10 万 R&D 人员发明专利拥有量，上海只位于第三位。近几年来，我国发明专利申请和授权都有向企业集中的趋势。与广东有华为、中兴、腾讯等专利申请大户相比，上海多年来鲜有一家能与这些大户匹敌且真正靠大量发明专利立身的企业。

三是高技术产业领域的科技人才创新对产业发展的支撑力度不足。高新技术产业是知识密集型产业，从知识密集型产业发展的需求来看，上海需要大量受过正规教育的科技人才，而这类劳动力资源目前正受到来自珠三角和江浙等地强有力的挑战。对标国际创新型城市，提高上海产业科技人才的数量和质量任重而道远（见表 2－6[①]）。

表 2－6　全球城市产业竞争力

城市	产业竞争力	排名
纽　约	1.000	1
伦　敦	0.974	2
东　京	0.938	3
巴　黎	0.763	4
新加坡	0.706	5
上　海	0.622	6
北　京	0.603	7

（三）上海科技人才创新创业环境与科技创新中心的基本特点不适应

从全球创新型城市的发展来看，已逐渐从嵌入全球生产性网络到嵌入全球创新网络转型升级。随着科技创新和产业更替速度的日益加快，资本

① 资料来自《全球城市竞争力报告 2013》。

和创新最终将成为提升城市发展竞争力同等重要的支撑力量。

对标国际创新型城市,上海的科技人才工作机制还存在以下问题。

一是科研资助体制机制上的过度市场化、竞争化和短期化。关于高层次创新型科技人才成长规律的研究表明,长期稳定的研发支持是高层次科技人才成长的必要条件。分析表明,缺乏长期稳定研发支持的核心问题是科研经费资助方式问题,科研投入结构还需进一步优化。从活动类型看,2014 年上海基础研究经费为 61.2 亿元,占整个 R&D 经费的 7.1%;而发达国家用于基础研究的费用占整个 R&D 经费的比重在 10%以上,其中美国 2008 年为 17%,日本 2005 年为 12.7%。基础研究是整个创新的源泉,上海要成为具有全球影响力的科技创新中心,就少不了一批具有全球影响力的基础科学前沿成果。从这个意义上讲,上海的 R&D 经费结构还可以进一步优化。从经费来源看,2014 年上海政府资金为 292.36 亿元,占33.92%;企业资金为 513.15 亿元,占 59.53%;国外资金为 16.03 亿元,占 1.86%;其他资金为 40.41 亿元,占4.69%。与深圳一直引以为荣的企业资金占 90%以上相比,上海的企业还需要进一步加大研发投入。与国际城市相比,上海的 R&D 实力得分与其综合实力得分以及经济实力得分仍然落后,在研究集成、研究环境和研发成果等方面需要进一步改善(见表 2-7①)。

表 2-7 上海及全球其他城市和地区的综合排名情况

排名	综合排名	经济排名	研发排名
1	伦敦(得分:1 457.9)	东京(得分:335.0)	纽约(得分:218.9)
2	纽约	纽约	东京
3	巴黎	北京	伦敦
4	东京	伦敦	洛杉矶
5	新加坡	香港	波士顿
6	首尔	新加坡	首尔
7	阿姆斯特丹	※上海(得分:254.5)	巴黎
8	柏林	首尔	新加坡

① 资料来源:森纪念财团城市战略研究所 2013 年全球城市综合实力排名。其中,研发实力由研究集成(从事研究的人数、全球 200 强大学)、研究环境(数学及科学相关学术能力、外籍研究人员的款待情况、研发费用)、研发成果(产业专利的注册数、主要科技奖获奖人数、研究人员的交流机会)三部分综合计算而成。

(续表)

排名	综合排名	经济排名	研发排名
9	维也纳	悉尼	芝加哥
10	法兰克福	日内瓦	香港
11	香港	苏黎世	旧金山
12	※上海(得分：975.2)	巴黎	大阪
13	悉尼	华盛顿	华盛顿
14	北京	多伦多	悉尼
15	苏黎世	阿姆斯特丹	柏林
16	斯德哥尔摩	法兰克福	※上海(得分：60.0)

二是对科技人才的直接投入与国内外城市相比较为滞后。与周边省市比较而言，上海投入力度还有待进一步提高。例如，昆山市提出人才发展专项资金要占 GDP 的 1%，按照 2009 年 GDP 的 1 750 亿元计，人才发展专项资金为 17.5 亿元，远超上海市级财政人才总投入的两倍。值得注意的是，目前为止上海缺乏全市层面的科技创新创业团队建设办法和资助政策，江苏、广东近几年均已出台专门针对团队建设的省级层面政策，而且支持力度都在千万级别，广东最高可支持 8 000 万～1 亿元。杭州最近推出的人才新政 27 条中，对顶尖人才和团队的重大项目最多可资助 1 亿元。上海仅有领军人才资助经费可用于团队，最高也仅有 25 万元。另一方面，科技人才的整体薪酬水平太低，受绩效工资总额控制的影响，薪酬体系设计不尽合理。

高水平的 R&D 人员人均经费强度是一个国家或区域具有较高创新能力的重要保障。根据 OECD 的统计数据，2007 年，芬兰、德国的这个指标分别为 17.4 万美元/人年和 18.8 万美元/人年，2006 年，日本、澳大利亚、法国和韩国的这个指标已分别达到 18.9 万美元/人年、16.7 万美元/人年、15.3 万美元/人年和 13.5 万美元/人年。上海 2014 年 R&D 人员人均科研经费为51.3 万元，约为 8.5 万美元，高于全国平均水平，但与国际水平差距较大。

三是激发人才创业的举措有待进一步优化。从 2013 年上海科技工作者状况抽样调查发现，将近 20%的科技人才有初步创业的想法，1%的科技人才已经开始创业。但在回答创业面临的主要障碍或困难时，高达 69%的科技人才选择了“缺乏资金”。缺乏资金源于两个方面，一方面是保留编制与离岗创业人员的薪资问题尚未得到很好的解决。对于离岗创业的科技人才来说,保留编制甚至给予离岗薪资是解决其后顾之忧的重要措施,但对于科研院所而言,人员离岗、编制占用等都对本单位造成了损失。因此长期以来,科研院所在鼓励科技人员创业方面的积极性不高。调研中也发现,各科研院所目前尚无支持鼓励科技人才创业的相关做法和经验。科研院所在科技创新过程中一开始就投入了大量的科技资源和经费,而当科技人才离岗创业后,这些前期投入的价值和后期收益并未有明确的制度来对院所给予保障,进一步导致了院所缺乏支持科技人才创业的动力。

另一方面,促进人才参与科技成果转化的政策力度和着力点有所欠缺。一方面,上海科技成果转化收益分配标准普遍比较低,成果完成人最多只能得到转让净收益的50%,远低于北京、武汉、成都(最低70%)、天津(60%~95%),浙江(60%~95%,高校)、湖北(70%~99%)的标准。

四是人才管理制度和政策尚未与国际接轨。上海要建设具有全球影响力的科技创新中心,首先就要在聚集人才、人才流动的制度上是国际通行的,与国际接轨。但目前大多数情况是,科技人才的流动与使用存在不少障碍。受企事业单位收入差异、养老金不接轨等因素影响,加之人事制度改革和流动机制改革相对滞后,高校、科研院所、企业、社会机构之间未能实现科技人才的合理流动。对引进海内外高端科技人才或领军人物来说,更需要建设高端人才服务平台、打造人才特区。比如,简化高层次人才申请绿卡程序;在张江国家自主创新示范区探索放宽移民条件,把移民政策作为开发国际人才、争夺尖端人才的重要手段。从科技人才的对外交往看,上海人才走出去的进程依然缓慢。在全球城市和地区联系分值(GaWC)排行榜上,上海分值为0.43,排名在伦敦、纽约、香港、新加坡、圣保罗、孟买之后(见图2-11)。

四、大力推进上海科技人才队伍发展,为科创中心建设提供战略支撑

上海科技人才与国际大都市之间所存在的差距,实际上是由上海特殊的发展阶段决定的。当前,上海要建设具有全球影响力的科技创新中心,上海科技人才国际竞争力提高就特别需要强化其“战略性”,即要把人才开发和使用过程与上海经济社会发展的整体战略目标联系起来,通过有计划、有

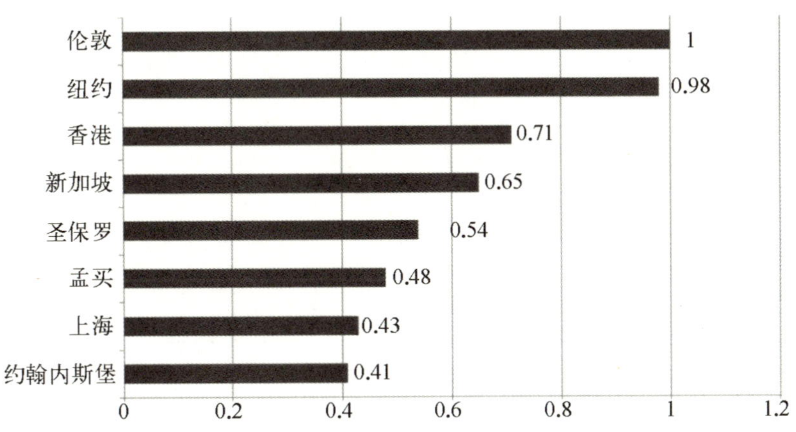

图 2－11　GaWC 全球城市和地区联系分值

系统的人才管理与使用，取得整体性开发的效果，促使战略目标实现。上海没有任何现成的模式可供模仿，走出一条既符合国际惯例，又适合中国国情和上海特点的“人才新路”，必须实行机制创新、政策创新、管理创新，并且关键要聚焦引进培养、使用评价、分配激励三个环节。

(一) 快速集聚一批站在世界科技前沿、具有国际视野和能力的领军人才

1. 实施更积极更有效更开放的海外人才集聚政策

(1) 简化外籍高层次人才中国绿卡办理程序，缩短申办周期至 90 天。

(2) 简化外籍高层次人才签证及居留办理程序，对经上海市人社部门认定的外籍高层次人才和紧缺急需专门人才申请 R 字签证和居留权限，争取开辟专门通道。

(3) 开展在沪外国留学生毕业后直接留沪就业试点，对在上海地区高校取得硕士及以上学位且在大张江园区就业的外国留学应届毕业生，可直接申请办理外国人就业手续和工作类居留证件。

(4) 降低科技创新创业人才申请本市海外人才居住证(B 证)条件，延长 B 证有效期限最高到 10 年。

2. 聚焦全球顶尖科学家团队

(1) 与全球知名人才服务机构合作，组建能够吸引世界高端科技人才的信息网络。

(2) 依托科技社团和行业协会，绘制全球顶尖技术和人才、团队分布图，开发具有自主产权的人才数据库，及时向企业提供分布图、数据库信息，帮助企业引进领军人才和优秀企业家。

(3) 引进类似德国弗朗霍夫学会等全球有影响力的产业技术研发机构，吸引上海紧缺急需的高端科技人才。

3. 聚焦产学研合作，发挥企业集聚人才的作用

(1) 政府对人才和科技的投入向企业倾斜，通过支持和鼓励企业引进各类人才、与高校建立项目联合培养人才、加强研发机构建设等途径，鼓励高等院校、科研院所高层次人才到企业转化科技成果或开展联合攻关，引导人才向企业集聚。

(2) 加大政策支持力度，大力吸引世界500强企业总部、跨国公司、民营企业总部等落户上海，通过产业集群的升级转型带动人才集群的发展。

(3) 激励有条件的机构到国外合作共建研发中心、并购创新型企业或独立创建研发机构。广纳国际一流人才，以分类指导、全程服务为导向，重点推进信息服务、融资平台、展览展销、境外园区、配套鼓励等方面的支持服务政策和制度改革创新，支持本土企业国际化发展。

(4) 进一步加大“科学家工作室”、“首席技师工作室”、“院士专家工作站”的建设力度，形成人才培养的新模式新机制。

4. 打造海外人才离岸创业基地

(1) 利用自贸区扩大开放、程序简化、企业“区内设立区外运作”等自由、便利、灵活的特点和优势，打造柔性引进海外人才的新平台，向离岸研究机构和创业企业提供创业咨询、法律咨询和科技咨询等专业服务。

(2) 探索自贸区注册企业高管降低个人所得税的最高边际税率、交易和技术转移免税等制度创新，培育和孵化与“四新”经济关联度较大的离岸研究机构和科技型企业。

(二) 探索科技人才双向流动机制，使企业成为真正的创新人才库

1. 建立健全科技人才评价机制和标准

(1) 以分类评价、长周期评价、市场主体评价为原则，建立以市场和出资人认可为核心、以能力和业绩为导向、以同行评议为主的专业技术人才评价

新机制。对基础研究人才实行同行评价，突出中长期目标导向，评价重点从研究成果数量转向研究质量、原始创新价值和实际贡献。对应用开发人才，注重创新创造业绩，强化产学研融合，破除不适当的发表论文要求。对成果转化人才，注重转化后形成的产值、利润等经济效益和吸纳就业等社会效益。完善市场主体对创新人才的最终评价机制。

(2) 深化科技计划管理改革，简化项目评审程序，加强事后评估，建立项目负责人信用体系，提高管理效率。

(3) 进一步完善同行评议专家库，大幅提高国外专家的比例。同时，建立专家评议持续跟踪制和星级制，逐渐筛选出一批责任感强、公平公正、对项目前景判断比较准确的优秀专家。

(4) 开辟人才评价绿色通道。开通人才职称评审直通车，优秀人才可以直接参评高级职称。鼓励在高校、科研院所设立科技成果转化岗，经分类评价获得教授级高工的，不占用所在单位的教授(研究员)名额。

2. 支持高校院所科研人员、企业双向流动

(1) 完善高校、科研院所科技人员兼职兼薪办法。制定实施细则，鼓励高等院校、科研院所的科技人员到企业兼职或全职从事技术开发或科技成果转化工作，允许兼职兼薪，将成果转化工作作为职称评定、绩效考核的依据，支持兼职所获得的收入按有关规定进行分配。

(2) 支持高校、科研机构聘任企业高层次人才担任兼职导师，新建、资助和奖励一批联合培养研究生基地建设，加大研究生联合培养力度。

(3) 打通博士后培养机构和企业科技创新平台之间的流动通道。由市人才办牵头，打通博士后“两站一基地”(流动站、工作站、创新实践基地)和科技创新“四平台”(企业工程研究中心、工程实验室、工程技术研究中心、企业技术中心)之间的通道，通过政策、资金和服务叠加，促进科研机构和企业科技人才双向流动。试点企业博士后工作站独立招收博士后制度。

(4) 加快社会保障制度改革。完善科研人员在企业与事业单位之间流动时社保关系转移接续政策，促进人才双向自由流动。

3. 支持科技创新人才国际交流合作，着力扩大科技人才的国际影响力

(1) 制定有别于领导干部、机关工作人员的科技创新人才国际交流与合作制度，下放科技人才出国学术交流的审批权到用人单位，实施按年度预算

和事项审批制度。

(2) 允许科技人才在特殊情况下,经单位审核同意,持因私护照出境开展学术交流活动,出境前按程序批准后出国费用可纳入报销范围。加强用人单位对此类经费使用的监管和个人诚信管理。

(3) 进一步加大上海参与国际大科学研究计划的宏观协调力度,建立对大科学研究项目国际合作的管理与评估机制,确保稳定的政府投入,支持上海科学家和科研机构积极参与国际大科学计划,鼓励和支持更多的科技人才到国际科技组织任职。

(三) 改革和创新人才评价激励机制,激发科技人才创新积极性与主动性

1. 完善科技人才薪酬体系

(1) 争取国家支持,进一步完善岗位绩效工资制度,完善科研人员收入分配政策,确保优秀科技人才收入维持在有竞争力的水平。

(2) 探索建立社会化的科研资金筹集机制,推动高校科研院所建立科研基金,鼓励企业、社会组织、个人等向高校科研院所捐款,争取国家试点,对捐款实行抵税政策。

2. 进一步完善科技成果收益权分配制度

(1) 下放科技成果转化处置权。将财政资金支持形成的,不涉及国防、国家安全、国家利益、重大社会公共利益的科技成果的处置权授予研发团队,取消所有成果转化行政审核审批和备案程序。

(2) 改革科技成果定价机制。建立科技成果市场化定价机制,由高校、科研院所与研发团队根据评估或协商确定科技成果转化“底价”,签订授权合同后,研发团队按照市场竞价等公开透明的方式自行确定具体处置方式。

(3) 改革科技成果转化收益分配权。转化所得收益归单位,其中研发团队所得收益,由研发团队依法与所在单位协商约定,或者由单位的规章制度规定;没有规定或约定,或者约定不明确的,依据《促进科技成果转化法》规定的标准执行。研发团队成员的收益具体分配方案,完全由团队负责人与团队成员协商确定。科技成果转化所获收益用于人员激励的部分,可一次性计入当年高校、科研院所工资总额,但不纳入工资总额基数。

（4）实施个人所得税递延征税。高校、科研院所科研人员实施成果转化，在取得创办企业或投入受让企业的股份和出资比例时暂不征税，待转让其股权、出资比例和获得分红时，即形成现金收入后，再分3～5年延缓缴纳个人所得税。

（5）为科技成果转化提供司法保障。探索建立创新人才双向流动的负面清单管理模式，统一纪检监察和司法部门的执法标准，如研发团队以各种形式获取与科研成果相关收益行为，与贪污、私分、侵占、挪用行为之间的界定问题；建立检察、公安、法院与财政、科技、教育、人社、国资、审计等部门的联席会议制度，对涉及科研人员创新创业的案件，形成办理工作协作机制，依法维护科研人员创新创业的合法权益。

（6）完善对作出突出贡献的科技人员、经营管理人员、成果转化人员职务科技成果股权和分红激励试点。降低高校、科研院所科技成果入股奖励、科技成果收益分成方式的实施条件，简化程序，放开比例限制。由高校院所制定职务奖酬的规章制度，对奖酬比例不作最高限制，由高校和科研院所自行决定。

3. 支持科研人员在岗或离岗创业

（1）支持科技人才在履行所聘岗位职责的前提下在岗创新创业，离岗创新创业5年内返回原单位的，所聘任岗位等级不降低，完善社保、岗位、绩效等政策方面的衔接和落实。

（2）探索经认定的科技创新人才以专利、标准等知识产权和研发技能、管理经验等科技成果和人力资本作价出资、入股办企业，创办的企业可按照科技人员现金出资额度的20%申请政府股权投资配套支持；政府股权退出时，按照原值加同期银行活期存款利息优先回购给创业团队。

（3）支持高校、科研院所与企业联合共建产业技术创新联盟、协同创新研究院等，做大做强学研对接平台、产研对接平台，充分发挥上海产业技术研究院等新型研发组织的作用，合作开展科技研发和成果转化。

（4）探索通过设立科技服务类“创新券”，引导中小微企业加强与高校、科研机构、科技中介服务机构及大型科学仪器设施共享服务平台的对接。

（5）完善人才服务投入机制。鼓励人才服务专业团队建设，激发公益类科技服务机构的人才工作积极性，提高科技人才服务类专项资金中的劳务费比例至50%,对于事业单位利用从事公益性质科技人才服务收入发放服务人员津贴的,不纳入绩效工资总额。

(6) 推动国有科技服务企业建立现代企业制度,加快推进具备条件的科技服务事业单位转制,引导社会资本参与国有科技服务企业改制,促进股权多元化改造。

上海促进科技人才国际化政策创新研究[①]

科技人才队伍是支撑上海创新驱动、转型发展和建设全球科创中心的主力军。促进科技人才国际化的政策，可以从引进来和走出去两个角度考察。从引进来的角度看，上海引进海外科技人才的政策措施较丰富，并形成了完整的政策体系，政策效果也较明显，引进的海外人才数量在全国居前列，但同世界几个著名的大都市相比，仍然存在较大差距。从走出去的角度看，上海相关政策较少，较为零散，也不成系统，虽然也取得了一定效果，但是同发展需求及发达国家城市相比差距很大。

一、上海人才国际化战略概述

2007年全世界大概已经有1.3亿人在境外工作，国际性流动人口已占全世界总人口的五分之一。人才国际化[②]已经成为影响当今社会越来越重要的力量，对各国的经济、政治、文化和科技正在产生无可估量的影响。

作为中国改革开放排头兵和桥头堡的上海，在人才国际化的浪潮中一

① 作者：顾承卫；潘晓燕；杨小玲；魏喜武；龚晨

② 国际化人才一般具有以下特征：第一，具备国际知识和全球视野。了解国外背景和思维方式，具备国际社会公共价值理念。第二，掌握相关国家语言。不仅能够熟练地进行口头与书面交流，还能了解该国语言所赋予的文化内涵。第三，熟悉国际贸易的业务知识与相关流程，善于国际交流与合作、业务沟通和商业信息的传播。就实际情况而言，具体包括四种人才，即海外归国人才、外国国籍人才、具有跨国公司工作经验人才、具有国际视野的高层次人才。学界一般考察和研究前两类人才情况。

直不甘落后,多方努力,制定多项政策措施,全方位延揽、培育国际性人才,同时也积极鼓励促进本土人才走出去学习世界前沿科技,增长知识见闻,开阔视野,为上海的创新驱动、转型发展奠定人才支撑。

尤其是2008年全球金融危机的爆发,为上海延揽全球人才迎来了难得的契机。尽管此前上海市政府多次到海外招募,但是2008年的"人才抄底"格外抢眼。时任上海市人事局局长介绍,2008年上海金融人才招聘会赴英美,运回来的简历有300多斤,仅在纽约的招聘会,100多个岗位就来了1 000多位应聘者。

21世纪以来,上海促进科技人才国际化的政策措施,已经产生了明显的成效,但同世界几个著名的国际大都市相比,还存在很大差距,需要进行深入思考和研究。

(一) 上海人才国际化的必要性

上海21世纪的发展目标是要建设成为国际经济、金融、贸易和航运中心及具有全球影响力的科技创新中心。现代化的国际大都市,必须有国际化的人才作为有力的支撑。因此,如何提高上海人才国际化程度和水平,是上海构筑全球人才枢纽、建设全球科创中心的重大命题。

新经济时代的发展趋势,必然要求人才国际化。进入21世纪,国际经济发展呈现新特点:一是经济全球化进入一个新的发展阶段;二是知识经济发展进程加快;三是跨国公司的影响日益扩大。经济全球化加速发展,使全球生产、贸易、服务的国际化程度迅速扩张,各类生产要素,包括人才资源,成为"资源流",在全球范围内加速流动;高新技术,尤其是网络技术的发展,一方面使新经济时代的产业结构发生重大调整,同时也为资源的流动提供了重要的基础条件。更为重要的是,高新技术的发展促使人力资源取代一切物质资源,成为新经济时代的第一资源;跨国公司的发展,使国际市场一体化格局不断形成,为人才国际化提供了最直接的动因。伴随着公司体系在全球范围内的扩张,人才的地域概念、国界概念已经越来越模糊,"国际人"呈现出一个不断增长的态势。总体而言,新经济时代的主旋律是"国际化",而人才"国际化"作为"国际化"的核心组成部分,将是各国人力资源发展的必然趋势。

国际人才竞争的空前加剧，必然要求人才国际化。在经济全球化的新经济时代，国际社会对高科技人才、复合型人才等高层次人才的竞争空前激烈。从国际人才流动的特点来看，人才总是从经济发展处于弱势的发展中国家流向发达国家。实践证明，经济发达国家，同时也是人才竞争的最大受益者。在21世纪，高层次人才是国际社会共同的稀缺资源，对这部分稀缺资源的抢夺愈演愈烈。在这种情况下，作为发展中国家仅仅通过防守战术来“守”住人才是不现实的，因此，上海必须实施“人才国际化”战略，积极参与国际人才竞争，以期取得相对优势。

国际“四个中心”的发展目标，必然要求人才国际化。上海的城市发展目标是要建成国际经济、金融、贸易、航运中心之一。从国际经验来看，作为国际中心城市至少有三方面的特征：一是很高的GDP总量，一般要求达到全国的六分之一到五分之一（纽约是六分之一，伦敦是二分之一，巴黎是四分之一）；二是贸易的国际化，所从事的贸易活动70％以上应是世界贸易，30％是本地贸易；三是世界员工，白领成为人力资源的主要部分，同时人才体系全球开放。从这个标准来分析，“人才国际化”是国际“四个中心”城市的重要条件，同时也是创造其他条件的基础，上海目前与国际“四个中心”城市的差距还很大。因此，从上海的城市发展目标要求出发，上海必须实现“人才国际化”。

全球有影响力的科创中心建设使命，必然要求人才国际化。2014年5月习近平总书记提出，上海应该加快向具有全球影响力的科技创新中心进军。这是继“四个中心”之后中央对上海新的重要定位和根本要求。建设全球科技创新中心，必然要求上海实现由国内进行资源配置向全球配置创新资源的角色转变，尤其是成为在全球范围配置高层次人才资源的枢纽型、节点型城市，也就是要成为全球人才枢纽。全球人才枢纽（global talent hub）目前是一个比较新的概念。文献显示，新近提出此命题的，仅伦敦、新加坡等地区和国家。例如，伦敦提出，拥有大批来自全球的人才是伦敦最重要的竞争优势；为使伦敦成为全球人才枢纽，必须在移民制度、税收制度、推动政府与企业合作、推广策略、就业与技能等方面加以努力。上海要想成为崛起的全球人才枢纽，必须嵌入全球人才网络、搭建世界级的事业增值平台。

(二) 上海人才国际化的现状分析

世纪之交上海就提出了人才国际化的目标，即以人才构成国际化、人才素质国际化、人才活动国际化为标志，到 2005 年，初步建成国内最大的人才集聚中心和亚洲的人才资源高地。到 2015 年，上海已基本建成世界人才资源高地的框架，为上海新世纪发展做好了人才方面的支撑。

1. 上海人才观念不断变化

改革开放后上海人才国际化目标的提出，曾经历三种人才观阶段：一是 1978—1991 年的人才部门化阶段。该阶段把人才看作部门(单位)所有物，带有传统计划经济的痕迹。二是 1992—2001 年的人才社会化阶段。该阶段认为人才是属于社会的，强调人才社会流动的合理性。三是自 2001 年底以来的人才国际化阶段。随着中国加入"WTO"，上海逐步形成了人才国际化的理念。人才国际化理念，是指在整个社会范围内人们对人才国际化的态度、观念以及相应的行为表征，是上海在人力资源观念上的重塑，也是一次新的人才观念的思想解放运动。

2. 上海人才国际化政策初见成效

十多年中，上海为实现人才国际化的目标，从引进海外高层次人才、提升本土人才国际化水平、积极开展国际交流与合作等方面，坚持"引进来走出去并重"的基本思路，出台了一系列政策措施，实施了人才计划、人才工程、人才项目等办法，初步构成了人才国际化的政策体系，并产生了一定的效果。

目前，落户上海的国家"千人计划"专家数、在沪工作和创业的留学人员数、留学归国人才在沪创办企业数及注册资金额、在沪常住外国专家、办理台港澳人员就业证、外国留学生数等指标均居全国前列。常住的外国专家达 8.8 万人，约占全国总数的六分之一。每年在上海办理各类出入境证件的外国人数约 23 万人，其中常住 6 个月以上的为 17 万人左右，在沪工作的外国人约10 万人。这一切表明上海的国际化程度在提高。

3. 上海人才国际化存在明显不足

尽管上海国际化进步很大，但与世界上几个公认的国际大都市相比，上海人才国际化程度依然很低，各项指标也存在很大差距。

从城市人口构成比例看，在人才国际化城市，非本国出生的人口比重较大。洛杉矶、纽约、新加坡该比重均超过 30%，伦敦、巴黎也超过 20%。与之相比，上海差距还相当大。统计表明，在沪外国人到 2012 年底为 17.41 万人，但在沪外国人占常住人口的比例还不到 1%，较之香港都有很大差距（见图 2－12 和表 2－8）。

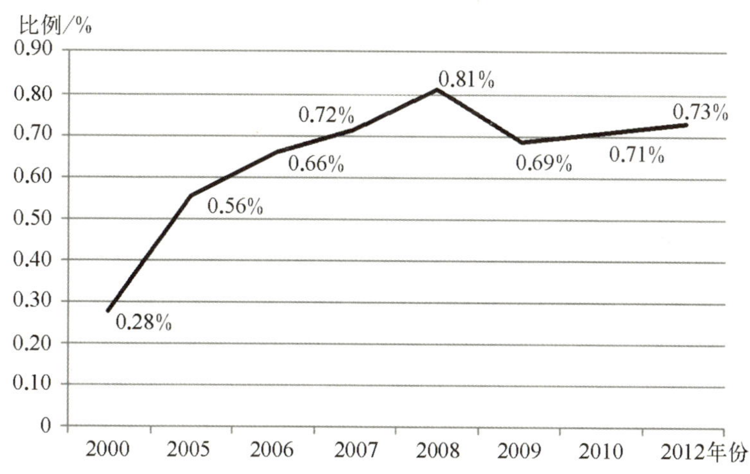

图 2－12　在沪常住外国人占上海常住人口比例

表 2－8　上海与主要国际大都市和地区外籍常住人口比较①

	上海	纽约	新加坡	香港
常住人口/万人	2 380.43	825	507.67	707.1
外籍常住人口总量/万人	17.41	306.7	184.6	58.2
比例/%	0.73(2012)	37(2011)	36.3(2011)	8.2(2011)

从人才培养的角度看，高等院校是国际化人才的主要造就基地。高等院校人才培养国际化包括学生来源国际化、教师队伍国际化、办学主体国际化、教学内容国际化以及办学机制与体制国际化 5 个方面。国际名校的教师队伍中，外国教师一般都超过了 50%，有的达到 80%，而上海高校相差甚远，教师队伍仍以中国人为主。

从受教育程度、人才国际化状态（熟练使用两种以上语言人数占 5 岁以

① 数据来源：上海统计年鉴、纽约人口统计、新加坡统计局、香港政府一站通。

上人口比例)、研发支出占GDP的比例、境内国际组织数、国外企业数、人均公共教育经费、人均卫生费用支出等指标衡量,上海同几个世界著名国际性都市相比差距都十分大。

此外,上海人才国际化的不足还体现在,国际化人才的使用配置环节上有待完善;国际化人才的培养机制还不健全;人才国际化的管理与服务体系尚未完全形成等。

(三) 上海人才国际化的目标和重点

上海人才国际化的目标要服从和服务于上海社会和经济发展的目标。国际化人才的总量与结构必须满足上海社会和经济发展的需要,并为社会和经济发展提供坚实的人才保障。上海人才国际化的总体目标是,争取在"十三五"期间(2016—2020年),以上海人才构成国际化、人才流动国际化、人才素质国际化、人才培养国际化和人才评价与人才制度国际化为标志,基本建成国际人才高地和国际国内人才集散中心,以人才的国际化引领城市的国际化。上海人才国际化的重点是,"引进来"与"走出去"并重,大力提升战略性新兴产业科技人才国际化水平和质量,为全球科创中心建"人才池"。

二、上海引进海外科技人才政策分析

引进海外高端科技人才,是迅速实现上海科技人才市场化、知识化、全球化,进而有效支撑"四个中心"建设和全球科创中心建设的一条重要快捷途径,也是上海快速顺利实现经济转型升级的智力保障。

(一) 上海引进海外高端人才政策梳理

上海围绕建设"四个中心"的发展目标和增强城市国际竞争力的发展主线,逐步确立了人才工作的国际化和市场化方向,把吸引海外高层次人才作为建设国际人才高地的重要任务之一。近年来,大力推进国外高层次人才与智力的集聚工程,以市场为中心,建立了"1+1+8"的政策体系,做到了集聚人才、制度创新,加快消除人才壁垒的步伐、环境优化。第一个"1"指科创中心22条,第二个"1"是人才政策20条,"8"为海外人才引进、国内人才引进、博士后工作站等政策。另外，上海自1997年以来，出台了一系列引进海外科技人才的政策措施（见表2-9），近年还出台了一系列人才计划与人才工程（见表2-10、表2-11、表2-12）。

表2-9　上海市引进海外人才重点政策

序号	政策名称	文号或发文时间
1	上海市引进海外高层次留学人员若干规定	1997年4月10日
2	上海市浦江人才计划管理办法（试行）	沪人[2005]105号 沪科[2005]171号 2005年6月29日
3	鼓励留学人员来上海工作和创业的若干规定	沪府发[2005]34号 2005年11月24日
4	上海高校特聘教授（东方学者）岗位计划实施意见（试行）（含2014年开始实施的“青年东方学者岗位计划”）	沪教委人[2007]98号 2007年11月27日
5	上海市实施海外高层次人才引进计划的意见（上海“千人计划”）	沪委办发[2010]28号
6	关于具有本市户籍留学人员其持外国护照子女享受优惠政策的通知	沪人社发[2010]58号
7	关于深化人才工作体制机制改革促进人才创新创业的实施意见（人才新政20条）	沪委办发[2015]32号 2015年7月6日
8	关于服务具有全球影响力的科技创新中心建设实施更加开放的海外人才引进政策的实施办法（试行）（含附件“外籍高层次人才认定标准”）	沪人社外发[2015]35号 2015年8月12日

表2-10　上海市主要科技人才计划

序号	名　　称	启动时间	备　　注
1	青年科技启明星计划	1991年	资助优秀青年科技人才（≤35岁）
2	优秀学科带头人计划	1994年	资助学科带头人（≤50岁）
3	浦江人才计划	2005年	为海外高层次留学人员（≤50岁）来沪工作和创业提供“第一桶金”

(续表)

序号	名　　称	启动时间	备　　注
4	雏鹰归巢计划	2008 年	聚焦哈佛、斯坦福、剑桥、牛津等世界排名前 100 的名校，选择最优秀的留学人员以及在国外跨国公司中担任中高级职位的海外高层次人才进行跟踪联系，纳入高端海外人才储备库
5	上海“千人计划”	2010 年	力争用 5～10 年时间，引进一批紧缺急需的海外高层次人才，建立 20～30 个市级海外高层次人才创新创业基地，为引进人才一次性提供 100 万元的生活资助
6	青年科技英才扬帆计划	2014 年	为优秀年轻人才(≤32 岁)提供启动资金，独立开展科研工作

表 2-11　浦江人才计划对象

科研开发(A 类)	主要资助在沪高校、科研院所以及企业引进的留学回国科技人才及团队的研发项目
科技创业(B 类)	主要资助留学回国科技人才及团队，资助创办科技企业的技术研发项目，包括专利技术的产业化研究和后续技术研发工作等
社会科学(C 类)	主要资助社会科学(包括文化、文艺、新闻、金融、保险、证券、财会、体育等)领域留学回国人员及团队的工作启动、来沪讲学(教学)或进行咨询和自主创业
特殊急需人才(D 类)	主要资助上海急需的具有特殊专长的留学回国人员的工作启动项目

表 2-12　上海市近年实施的主要人才工程

序　号	名　　称	启动时间
1	万名海外留学人才集聚工程	2003 年
2	万名海外人才集聚工程	2005 年
3	引进千名香港专才计划	2003 年
4	3100 工程、归谷工程	2008 年

2015 年 7 月上海出台的“人才新政 20 条”含有 12 项出入境新政，进一步简化了外国人入境的办理材料和流程，率先在外国人申请永久居留上有所突

破(如突破 60 岁年龄限制),同时突破了申办外国专家证的年龄限制。现在,来沪创业只需凭借创业计划书和生活来源证明等材料,便可申请居留许可;外籍留学生就业同样得以“松绑”,在华留学的毕业生,凭国内高等院校毕业证书和创新创业计划书或创办企业证明,就可以申请加注“创业”的私人事务类居留许可(有效期 2 年)。

(二) 政策执行效果

经过十多年努力,上海促进科技人才国际化政策效果逐步显现。在过去的 2015 年,上海国际人才总量和高层次科技人才数量不断提升,人才发展环境不断改善。

到 2015 年 9 月,在“千人计划”引进的 11 批人才中,落户上海的国家“千人计划”专家有 774 人,位居全国前列,其中创业 78 人,占 10%。上海“千人计划”实施了 4 批,共有专家 557 人入选,其中创业 100 人,占 18%。

至 2015 年,在沪工作和创业的留学人员从 1996 年的 1.5 万人增加到 13 万余人,居全国之首。根据学历认证、户口办理渠道得知,每年有 1 万余名海外留学人员来沪。以 2013 年选择来沪的 10 718 名留学人员为例,获得博士或硕士学位的占 90%以上,来自全球 113 个国家和地区,其中美国、英国、德国、澳大利亚、日本等发达国家占 70%。来沪创新创业的留学人员中有两院院士 121 名,占全市两院院士的 72%;有国家“973”项目首席科学家 126 人次,占全市“973”项目首席科学家的 93%。2 502 名留学人员入选上海市“浦江人才计划”。留学人员在沪创办企业 4 900 余家,注册资金超过 7 亿美元。目前每年在上海办理各类出入境证件的外国人数量在 23 万人左右,其中常住 6 个月以上的人员为 17 万左右,在沪工作的外国人数为 9 万～10 万①。

目前,在沪常住的外国专家超过 8.8 万人,其中获中国政府“友谊奖”的有 45 人,诺贝尔奖获得者 2 人;办理台港澳人员就业证 2 万余张,数量均居全国前列。21 名外国专家入选“外专千人计划”,数量位居全国第二位②。

上海在吸引外国留学生方面也作出了有益的探索,政策实践走在全国

---

① 来自上海市公安局出入境管理局的数据。
② 来自上海市公安局出入境管理局的数据。

前列。作为中国为数不多的具有国际化潜质的中心城市，上海充分发挥了中西合璧、海纳百川的海派文化特性，迅速在吸引外国留学生工作中脱颖而出，成为中国吸引外国留学生最重要的基地之一。

表 2-13 是上海引进海外人才的基本情况。这些数据表明上海的国际化程度和国际竞争能力都有显著提高，三资企业、跨国公司和高科技企业成为培养国际化人才的重要基地。通过海外人才的传带和各种各样的培训，本土人才的国际化进程也在加快。

表 2-13　上海引进海外人才的基本情况①

类别	总量	基本情况
留学回国人员基本情况	13 万余人，居全国之首，每年新增 1 万余人(2015 年)	(1) 学历和知识结构合理，高层次人才比较集中。大批留学人员在跨国公司和著名国际机构中担任高级管理职务 (2) 择业渠道多元化，向非公领域集聚趋势明显。2003 年以来来沪留学人员中 70%流向非公领域 (3) 创新创业活动踊跃，成为自主知识产权创业的主力军。留学人员在沪创办企业 4 900 余家，占全国比例达四分之一，总注册资金超过 7 亿美元，并且大部分具有自主知识产权
吸引外国专家总体情况	常住外国专家 8.8 万余人，约占全国的六分之一(2015 年)	(1) 文教类专家，主要分布在高等院校、科研院所、中小学校、文化艺术单位、新闻传媒单位及体育单位等，约占总数的 28% (2) 经济类专家，应聘在外商投资企业中担任副总经理以上职务或享受同等待遇的外国籍高级管理人员或专业技术人员，约占总数的 55% (3) 技术、管理类专家，应聘来沪从事经济、技术、工程、金融、财会、税务、旅游等领域工作，或具有特殊专长，约占总数的 17% 来源国前五位：美国、英国、日本、加拿大、澳大利亚 年龄结构：主要为 25～64 岁，其中 25～34 岁占 34%，35～44 岁占 30%
引进港澳台专才基本情况	约 4 万人(2011 年)	2003 年 10 月出台《关于加强沪港经贸合作初步意见》，提出进一步加强沪港专业人才交流与合作。上海分别开展引进千名香港专才来沪、博士后项目合作、沪港两地公务员挂职交流培训、专业资格互认等工作，鼓励香港各类专才来沪工作。在沪的香港专才 90%具有多年专业服务经验，年龄大多为 30～50 岁，集中在外资企业(65.9%)和民营企业(25.6%)

① 资料来源：根据上海市统计局、上海外国专家局、上海市科委等公布资料整理而成。

（续表）

类别	总量	基本情况
外国人就业基本情况	持有效《外国人就业证》、实际在沪就业的外国人超9万人，占全国三分之一(2014年)	(1) 国别来源多样、年龄结构较为合理。分别来自209个国家和地区，前三位的是日本、美国和韩国。年龄为18～51岁，其中31～40岁占36%，41～50岁占31% (2) 在沪就业的行业分布广泛，主要分布在商务服务业和制造业 (3) 人员结构呈现三高趋势：层次高，绝大部分从事管理和技术工作；学历比较高，90%以上具有大学本科以上学历；在外商投资企业工作的比例较高

（三）进一步促进引进海外人才政策创新的建议

1. 大胆开展技术移民政策试点

基于技术移民属于国家范围的政策，作为地方的上海应该在国家指导下结合自身条件和特点，尝试有关技术移民的探索和试点。

1）探索建立管理机构

争取国家支持设立移民部门。建议国家层面制定并出台《移民法》，设立移民局，负责处理出入境、临时居留、工作、永久居留、入籍、融合等相关事务。

整合人力资源和社会保障部门外国人就业管理和外国专家管理部门的外国专家管理职能，构建统一的外籍人力资源管理职能。包括：编制外籍人力资源规划、计划，制定外籍人力资源政策、法规。在国家指导下，在浦东等地区先行先试技术移民制度。定期编制符合上海经济社会发展需要的职业清单、定期发布职位信息，协调和指导上海有关单位的海外人才吸引、安置、使用、劳动关系、薪酬福利、纠纷处理等工作。

实施《外国专家证》与《外国人就业证》等在内的与技术移民相关的证件申请、审批及管理，健全审批受理机构、审批程序，完善审批标准，建立电子政务系统，开展实施有关申请受理、市场检测、综合评估、审核与批准工作，不断提高审批效率。应外国专家呼吁，建议施行“三证合一”措施。

提供公共服务及其他管理服务。如协同其他行政机关与社区行政单位办理移民安置、管理合法移民。加强违法犯罪打击力度，切实维护国家主权、经济社会发展秩序，维护本市公民和技术移民的合法权益。加强区级政府引进海外人才工作,形成市区两级网络和服务体系。加强研究,讨论、制订发展规划,切实解决技术移民发展过程中的新情况、新问题,推动技术移民更好地服务于经济社会发展和国际交流合作。

2) 开展技术移民相关政策试点

在国家指导下,以建设全球科技创新中心为契机,抓紧探索技术移民相关政策,突出以知识、技术为导向,争取吸引和集聚更多符合发展需要的优秀国际人才;突出激励和便利的特点,在遵守国际法律、遵循国际治理、维护国家基本权益、保障人民基本安全的基础上,减少技术移民在出入境及在华工作期间的困难,构建技术移民安居乐业的事业和生活环境,有效发挥他们在经济发展、技术变革中的独特作用;突出权益保障的视角,深化技术移民辅导,持续强化入境前辅导以及移民业务机关管理,合理保障技术移民的各项权益;着眼于构建多元文化社会,构建多元文化学习环境,培育"多元尊重"的价值观,丰富多元文化社会。

当前主要试点的方面有:一是制定职业清单和紧缺职业清单制度。移民、劳工主管部门或者海外人才引进主管部门根据社会经济发展和劳动力市场情势,以职业为标准,允许外国人工作或永久居留。二是建立计分评估制度。根据上海劳动力市场对外国人才的需求,确定申请人应该具备的各项能力、能力对应分数和评估通过分数,并依此进行考核和审批。以职业能力测试为基础,建构从职业、学历、工作经验、语言、年龄、工作邀请(担保)、收入、配偶能力、在华亲属等反映专业技能的指标体系。三是进一步完善工作许可制度。遵循国际惯例,整合建立面向所有来沪外籍人力资源的工作许可制度,以此作为申请有关签证的必备条件,避免套用对待干部和工人的思维,避免对外国人的歧视。四是细化职业签证种类,在原有的签证种类基础上增加签证类别,签证类别增加和细化有助于缩小签证对象的范围。

此外,还应抓紧建立杰出外国人才优先审批制度。参照美国 EB1、新加坡 PEP 做法,由人才引进主管部门制定杰出外国人才的资格、条件、审核标准和程序。杰出外国人才引进可不受职业清单约束,同时使其除享有引进外国人才的优惠待遇外,根据国家有关规定,还享有其他优惠待遇。

3) 落实技术移民相关待遇政策

技术移民居留期间,根据所持证件享受相关待遇。一是符合外籍高层次人才标准的，提供入境与居留便利。二是简化通关手续，对外国科技专家和外籍高层次人才，建立绿色通关通道。三是对外籍高层次人才和投资者，提供在华就业便利。四是根据有关规定，落实外籍个人所得可暂免征收个人所得税待遇。五是对来沪工作的外国专家提供子女入学便利。此外，要积极鼓励用人单位充分发挥主体作用，依据贡献程度，按照双方约定，提供具有个性化的福利待遇。

4）积极提供人才公共服务

为在沪许可的技术移民提供各类公共服务与配套服务，包括组织招聘会，提供职业咨询、职业介绍等各项咨询。完善提供“一站式”生活支援服务以及文化交流、社会整合等方面的服务，为外籍人才免费开设汉语讲座和汉语训练班、外籍妇女活动中心等，使外籍人士尽快融入上海。

2. 优化引进海外高科技人才的发展环境

1）优化海外人才生活环境

进一步优化人才安居环境。以海外高层次人才创新创业基地为重点，推动各基地加大人才公寓建设力度，满足人才在过渡时期的居住需求。完善高层次人才住房补贴和奖励，建设更完善的城市基础设施，创造更便捷的生活居住条件。

进一步优化人才医疗环境。进一步落实外籍人士参加上海基本医疗保险的有关政策，满足海外人才的基本医疗需求。出台高层次人才补充医疗保险政策。探索建立高端人才的高端医疗保险。在基本医疗保险制度的基础上，以“政府引导，多方筹资，自愿选择”为原则，探索建立适用于高端人才的高端医疗保险。鼓励商业保险机构设立医疗费用保险，为高端人才提供高端医疗保障。探索建立海外医疗保险结算平台，加大境外保险机构与上海保险中介机构、医疗机构、医保经办机构间的对接机制。引导、扶持保险中介行业的发展，鼓励保险中介机构与境外商业保险公司签订服务协议，为境外保险公司与上海医疗机构“牵线搭桥”。不断扩展和延伸服务领域，探索和创新服务机制，为引进人才提供有力的医疗保障和服务支撑。

2）优化海外人才文化环境

突出文化在引进人才中的关键作用，从塑造国际大都市的角度，积极开展具有国际影响力的文化活动，建设具有世界性的文化设施，大力发展国际前沿文化创意产业,为吸引和集聚人才增添磁力。可积极邀请对上海有重大贡献的外籍专家参加政府的咨询活动,请他们为城市建设、经济发展、社会进步出谋划策,增强他们对居住地的城市认同感。对积极致力于中外文化交流事业,为上海经济、科技、教育和文化等事业的发展作出突出贡献的外国专家,以多种形式进行典型宣传,扩大海外人才工作的影响,使国际人才认同上海是适宜创新创业、生活居住的最好地方。

对于留学归国创新创业的科技人才,除了在生活居住、文化交流、子女入学入园等方面给予积极的关怀照顾外,还应着力在本市的产业政策、创业扶持政策等方面展开创新和探索,助推海归人才在沪事业腾飞,努力实现用事业平台留住人才,并吸引更多人才来沪。

三、上海鼓励科技人才“走出去”政策分析

1999 年以前上海的人才战略一直是以引进人才为主,之后随着国家综合实力增强,上海的人才观也从“引进来”向“引进来与走出去”并重转变,不仅强调引进国外高端人才,同时注重鼓励上海科技人才“走出去”,扩大上海的影响。

(一) 上海鼓励人才“走出去”政策梳理

“走出去”战略始于 1999 年,2000 年 3 月在全国人大九届三次会议期间正式提出,是中国政府大力支持对外投资的战略。2001 年中国正式加入世界贸易组织后,伴随着大规模引进资金的峰值下降,上海迅速做出战略调整,由原来的“引进”为主,转向“引进”和“输出”双向并举。2010 年 5 月,第二次全国人才工作会议提出:“要坚持扩大人才工作对外开放,做好人才‘引进来’和‘走出去’工作,坚持人才自主培养开发和海外引进相结合,加强人才和人才开发国际交流合作”,上海在促进人才“走出去”方面加快了步伐。

但是,在科技人才政策方面,基于发展实际和社会主义初级阶段国情所决定的我国科技发展实力,对于科技人才“走出去”的规定多散见于教育、产业等方面的政策和各类发展规划之中,并没有构成完整体系(见表 2 - 14)。

表 2-14　促进科技人才走出去政策

层级	名称	文号与发布时间	政策要点
国家	国家国际科技合作基地管理办法	国科发外[2011]316号 2011年7月29日	规范国家国际科技合作基地的认定和管理工作，提升我国国际科技合作的质量和水平
	国家国际科技合作专项管理办法	国科发外[2011]376号 2011年8月17日	在更大范围、更广领域、更高层次参与国际科技合作与交流，有效发挥科技合作在对外开放中的先导和带动作用
上海	关于深化人才工作体制机制改革促进人才创新创业的实施意见(人才新政20条)	沪委办发[2015]32号 2015年7月6日	构筑人才国际交流和竞争舞台，拓宽本土人才国际视野，提高本土人才国际交流合作能力。对国有企事业单位科研人员和领导人员因公出国进行分类管理，对技术和管理人员参与国际创新交流合作活动，实行有别于领导干部、机关工作人员的科研人员出国审批制度，简化审批流程。降低申办APEC商务旅行卡条件，在部分园区增设受理点
	关于加快建设具有全球影响力的科技创新中心的意见	沪委发[2015]7号 2015年5月25日	鼓励有实力的研发机构在基础研究和重大全球性科技领域，积极参与国际科技合作、国际大科学计划和有关援外计划，营造有利于创新要素跨境流动的便利环境
	上海市人才发展"十二五"规划	沪人社力[2011]1101号 2011年12月31日	实施海外名校精品课程培训计划，扩大出国(境)培训规模
	上海"十二五"科技人才发展规划	2011年9月19日	促进科技人才以各种方式"走出去"，密切与国际学术界的交流与合作，提升自身素质和水平
	上海市教育国际化工程"十二五"行动计划	沪教委外[2012]79号	扩大教师和管理人员海外培训的机会。加大选派各级各类学校重点学科教师和骨干教师赴海外培训的力度，扩大青年教师赴海外交流、进修的规模，培养一批能适应教育需求变化与终生教育挑战的教师。市教委每年派出100名教师或管理人员赴海外培训。各区每年组织220名教师或管理人员赴海外培训

上海推动科技人才“走出去”的措施主要有下列几项。

(1) 举办科技前沿领域的国际学术沙龙、重大科研项目跨国联合攻关,提升本土科技人才的跨文化交流能力和国际化水平。

(2) 专项资助支持科研机构和高校与国外一流科研组织建立联合研发机构,实施本土高层次科技人才到欧美创新型国家当访问学者或客座教授的扶持政策。

(3) 借助国际科技合作计划,培养青年科技人才。

(4) 支持上海科学家牵头组织或参与国际大科学工程以及在国际学术和标准化组织中担任职务。

(5) 鼓励企业“走出去”建设海外研发中心,集聚海外科技人才参与推进关键技术研发创新。

此外,部分高校也制定了鼓励本校教职员工出国访学、培训、进修等政策。如,复旦大学 2007 年推出“带薪长期公派出国项目”,面向 35 岁左右的青年教师,让他们有机会赴世界一流大学从事访问研究或攻读学位[4]。

(二) 政策执行情况

与引进海外科技人才政策的“辉煌业绩”相比,上海促进科技人才“走出去”政策的实施情况相形见绌,规模很小,层次不高。以下几个方面可以看出“走出去”政策执行的明显不足。

1. 上海科协系统参加国外科技活动人数

从上海市统计局网站获知,上海市科协系统历年参加国外科技活动人数如表 2 - 15 和图 2 - 13 所示。

表 2 - 15　上海市科协系统历年参加国外科技活动人数(人次)①

年份	2014	2013	2012	2011	2010	2009	2008	2007	2006	2005	2004
人次	571	465	504	475	269	312	445	511	778	672	304

从表、图可以看出,历年来上海市科协系统参加国外科技活动的人数呈阶段上涨、回落或稳定之势。2004—2006 年呈上涨之势,于 2006 年达到顶

① http://www.stats-sh.gov.cn/tjnj/nj15.htm? d1=2015tjnj/C2022.htm

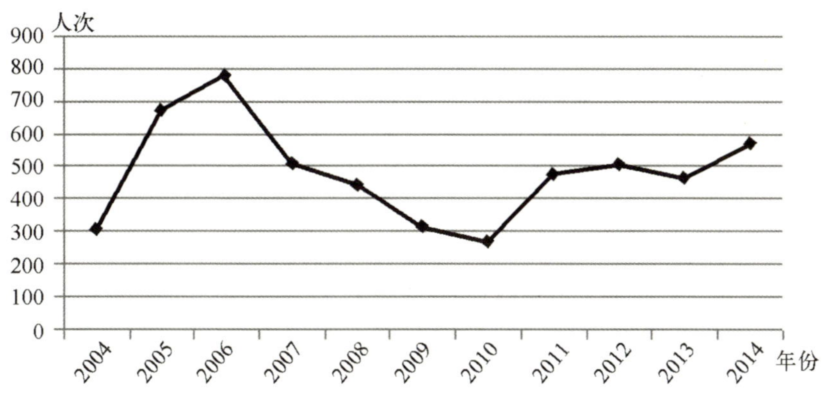

图 2－13　参加国外科技活动人次

峰，之后 2006—2010 年为回落之势，并于 2010 年处于低谷。近几年上海市科协系统参加国外科技活动的人数处于相对稳定时期，为 500 人左右。

2. 科技人才出国(境)培训情况

上海在加大海外人才引进的同时，也非常注重本土人才的国际化培训工作。根据新时期经济社会发展的需要，上海以能力建设为核心分类指导，重点培养具有世界眼光适应国际竞争的党政人才、企业经营管理人才和专业技术人才队伍。近年来上海积极利用国内外的资源与境外政府部门、大学、研究机构等联合开发了一系列培训项目。例如，上海-汉堡高级公务员培训项目、上海-新加坡青年商务大使计划、上海与香港公务员互派项目等。另外还和美国宾夕法尼亚大学沃顿商学院、加州大学伯克力分校、德州大学圣安东尼奥分校联合设立了公务员企业高级管理人员、高级专业技术人员的短期和中长期的培训课程。其中沃顿上海高级行政管理培训项目是由美国宾夕法尼亚大学沃顿商学院为上海市政府度身订制的高级行政管理人员培训课程，该项目每年资助一批上海市高级行政人员进修该课程。

3. 多数跨国公司已在上海设立培训基地

培养国际化人才的主体或者说载体应该是企业。截至 2015 年 7 月底，外商在上海累计设立跨国公司地区总部 518 家，其中亚太总部 35 家；投资性公司 305 家；研发中心 388 家。大部分跨国公司都建有自己的培训机构甚至大学。这些跨国公司的培训基地也是提升上海人才国际化水平的重要载体。

(三) 促进上海科技人才"走出去"政策建议

1. 推动科技人才大规模出国(境)培训

出国(境)培训是提升上海人才国际化水平的重要途径。在"十二五"时期大规模扩大培训人员总量的基础上,调整培训人员结构,适当增加战略性新兴产业研发和管理人员出国(境)培训的比重,全方位地推进人才国际化培训工作:在现有经国家外专局认证的近300家境外培训机构中,好中选优,优中拔尖,首批建立10个上海境外培训基地,初步构筑上海出国(境)培训的海外工作平台。

2. 优化培训质量

一是从培训立项的源头抓起,确保培训与业务和工作实践的针对性;二是加强培训后的考核工作,始终把培训的实际效果作为考核单位出国(境)培训工作的主要标准,以培训报告、实地调研等多种形式,强化培训机构的实效观念,督促建立相应的保障措施。

3. 促使企业成为人才"走出去"的主体

企业尤其是科技型企业,是上海科技人才聚集地,科技人才要走向全球,必然伴随着企业走向全球发展的节奏。因此,要大力鼓励和支持上海科技型企业大胆走向国际市场,参与国际竞争,在参与经济全球化的过程中实现人才的国际化。

4. 加速借鉴国际先进经验

上海应当借鉴和采纳发达国家和世界著名城市的人才政策和措施,从中取长补短。发达国家提升人才国际化的措施有:大力吸引外国人才到本国工作;修改移民法,放宽留才条件;创办国际高技术研究机构;派人到专门培养国际化人才的机构学习;政府直接建立国际培训组织,培养国际化人才;以重大科研项目吸引国内外人才,锻炼队伍;相互承认学历,鼓励跨国求职;建立跨国培训网络;建立国际化人才培训基地等。

四、上海外国留学生政策措施分析

留学生群体是潜在的科技人才。吸引和留住外国留学生的政策措施,是上海人才国际化战略中的一项重要内容,同时也是上海实现教育国际化的重要举措。

（一）上海外国留学生政策措施

1. 上海市外国留学生政府奖学金

研究发现，外国留学生的主要接受国也往往是技术移民的主要目的地国。比如，美国的科技人才，大部分是接受全球各地来的留学生并留下这些人而形成的科技储备人才。

外国留学生是上海国际化人才的一个重要组成部分。在 2014 年 12 月 13 日召开的全国留学工作会议上，习近平总书记强调，要“统筹谋划出国留学和来华留学，综合运用国际国内两种资源”。由此可以看出，我国已经确立“来华留学和出国留学并重”的新思路。如何留住并培养高素质的外国留学生是促进上海人才国际化的重要任务。近年来，多家机构的调查表明，上海是中国内地最受外国人青睐的城市。而大力发展留学生教育，必将进一步提高上海的国际化水平和国际知名度[5]。

上海在吸引外国留学生方面采取了很多措施：2004 年 7 月召开的上海市教育工作会议上，市政府把发展留学生教育作为上海教育参与教育国际化发展的重要突破口，要求各高校扩大招收留学生数量，提高培养质量，把留学生招收的数量和质量作为衡量高校国际化的一个重要指标。2005 年起，上海市政府设立奖学金，每年拿出 2 000 万元用于奖励来沪学习的外国留学生。2006 年 12 月 25 日《上海市外国留学生政府奖学金申请试行办法》开始试行。根据该办法，上海市外国留学生政府奖学金分为 A 类、B 类和 C 类。A 类约占奖学金总额的 45%，B 类约占总额的 45%，C 类约占总额的 10%（其中 50%用于在校学位生，50%用于非学位生）（见表 2－16）。根据每年的奖学金数额，确定各类奖学金的名额。此外，市教委还制定了《上海市外国留学生政府奖学金管理办法》。

自 2011 年起，A 类奖学金额度由原来的每人每年人民币 4 万元提高到 4.72 万元。

在政策鼓励下，上海招收外国留学生的机构也在不断增加。2006 年，上海仅有 24 所高校拥有留学生招收资格，2007 年上海市教委批准上海杉达学院、上海社会科学院等民办高校及科研院所招收留学生，2010 年新增上海第二工业大学为招收来华留学生高校。到 2015 年末，上海共有招收外国留学生的单位 37 个（高校和科研机构）。

表 2-16 上海市外国留学生政府奖学金情况

	A 类(全额奖学金)	B 类(部分奖学金)	C 类(优秀生奖学金)
资助对象	来沪接受研究生层次教育的优秀外国留学生	来沪接受学历教育的优秀外国留学生	已在上海高校就读的品学兼优的长期外国留学生
资助内容	包括学费、生活费和留学生重大疾病及意外保险在内的全额奖学金	包括注册费、学费、基本教材费	优秀生奖学金可获得学年一次性奖励金
资助额度	每年 4 万元	每年 2 万元	每年 4 000～8 000 元
申请途径和申请时间	根据各高校留学生招生办公室规定,在报名期限内向所报考的本市高校提出申请。具体申请时间向有关高校留学生管理部门查询	根据各高校留学生招生办公室规定,在报名期限内向所报考的本市高校提出申请。具体申请时间向有关高校留学生管理部门查询	一般在每年 12 月份向所就读高校提出申请。具体事宜向有关高校留学生管理部门查询
申请人资格	(1) 外国籍公民,身体健康 (2) 学历和年龄要求:申请就读博士生的申请者须已经获得硕士学位,年龄一般不超过 40 周岁;申请就读硕士生的申请者须已经获得学士学位,年龄一般不超过 35 周岁 (3) 学业成绩优秀 (4) 未同时获得中国政府其他各类奖学金	(1) 外国籍公民,身体健康 (2) 学历和年龄要求:申请就读本科者,年龄一般不超过 25 周岁;申请硕士学位者须已获得学士学位,年龄一般不超过 35 周岁;申请攻读博士学位者须已获得硕士学位,年龄一般不超过 40 周岁 (3) 学业成绩优秀 (4) 未同时获得中国政府其他各类奖学金	(1) 已在上海地区高等学校学习、未获得任何中国政府奖学金的外国长期留学生 (2) 遵守中国政府的法律法规,遵守学校的校纪校规,尊重学校的教学安排 (3) 学习目的明确,勤奋学习、刻苦钻研,学习成绩优秀 (4) 积极参加上海地区及学校组织开展的各类公益活动及社会实践活动
内容及标准	(1) 学费:视学校、专业不同而定,具体学费标准查阅所报考学校招生简章 (2) 生活费:提供基本住宿条件;按月发给奖学金生活费,硕士生每月 1 100 元,博士生每月 1 400元 另提供重大疾病及意外保险费	(1) 学费:视学校、专业不同而定,具体学费标准查阅所报考学校招生简章 (2) 免交注册费、基本教材费	可一次性获得人民币 4 000～8 000 元的奖励

2010年，上海全面启动了外国留学生各类体系建设和基地建设，启动了“上海市外国留学生服务中心”项目建设，在“静思园”的基础上，增加东华大学服饰博物馆、上海体育学院武术博物馆、上海中医药大学中医博物馆为上海市外国留学生中国文化体验基地，并打造“上海暑期学校”项目（简称3S项目）等[6]。

作为对中国政府奖学金的重要补充，上海市政府外国留学生奖学金大大优化了国家奖学金结构，初步形成了具有时代特征、中国特色、地方特点的外国留学生奖学金政策体系，成为上海市外国留学生教育事业持续发展的重要制度保证。

2. 完善资助体系和提高资助标准

在前期实践基础上，《国家中长期教育改革和发展规划纲要（2010—2020年）》和《上海市中长期教育改革和发展规划纲要（2010—2020年）》都将“进一步扩大外国留学生规模”、“大力发展留学生教育”作为未来10年的发展重点。上海的规划还提出，到2020年，上海“教育国际化水平进一步提升，普通高等学校在校生中留学生所占比例达到15%，基本建成国际教育交流中心城市”。

2015年9月18日，上海市财政局、上海市教育委员会联合下发《关于进一步完善上海市外国留学生政府奖学金资助体系和提高资助标准的通知》（以下简称《通知》）。《通知》规定，上海市外国留学生政府奖学金主要用于资助以下三个方面：

（1）用于资助来沪接受本科预科、本科、硕士、博士等高等学历教育的优秀外国留学生。根据留学生学习层次、学科类别，分别设置A类和B类奖学金，取消C类奖学金。A类奖学金资助内容包括学费、住宿费、生活费、综合医疗保险费；B类奖学金资助内容包括学费、综合医疗保险费。

（2）根据市政府与有关国家友好城市、学校及国际组织等机构签订的教育协议或达成的谅解备忘录对外国留学生提供的留学资助。

（3）设立上海市优秀留学毕业生奖励金，对学业表现特别优秀的留学毕业生予以奖励。

《通知》还就提高奖学金资助标准及完善留学生奖学金发放和监管机制作出了具体规定。

(二)上海外国留学生政策实施成效及不足

1. 实施成效

在国家教育部外国留学生奖学金政策的框架下,上海已经初步形成了省级层面的外国留学生奖学金体系,从而直接推动了上海市外国留学生工作与国际接轨,并促进了外国留学生工作的制度化建设,成为上海吸引外国留学生最直接、最重要的抓手。实施10多年来取得了良好的政策效果,下面是一些不系统的数据。

2007—2008年,近70个国家共计1 230名留学生获得上海市外国留学生奖学金。截至2009年,上海市政府投入资金共达1.14亿元,其中全奖134人,半奖244人,优秀生奖852人。

据统计,2000—2006年,上海的外国留学生数量从6 000名发展到31 636名,年平均增幅约为32%,远高于全国平均水平。2008年,上海的外国留学生人数占到全国总数的20%左右,总规模仅次于北京。

上海市教委提供的数据显示,1999年上海留学生总数仅为3 388人,截至2014年底,留学生总数增加到56 027人,增长了近16倍[7]。学习期限超过6个月的长期生为39 372名,占总数的70.3%,接受学历教育的学生占30%。这5.6万余名在沪留学生,来自187个国家和地区,在37所高校(科研机构)就读。近10年来全球各地来沪求学的外国学子呈稳步增长趋势(见图2-14和表2-17)。

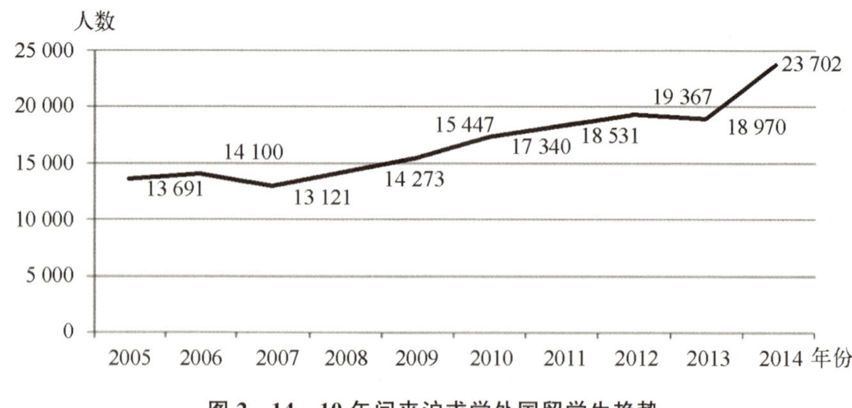

图2-14 10年间来沪求学外国留学生趋势

表 2-17　上海吸引外国留学生的基本情况

年份	2005	2006	2007	2008	2009	2010	2011	2012	2013	2014
外国留学生人数	13 691	14 100	13 121	14 273	15 447	17 340	18 531	19 367	18 970	23 702

根据国家教育部的数据，2014 年上海以 55 911 名来华留学生总量位居全国第二位，在北京（74 342 名）之后①。并且多年来上海一直在国内城市中稳居来华留学生人数第二位置（见表 2-18）。

表 2-18　2014 年接收外国留学生前 10 位的省市

排名	1	2	3	4	5	6	7	8	9	10
城市	北京	上海	天津	江苏	浙江	广东	辽宁	山东	湖北	黑龙江
人数	74 342	55 911	25 720	23 209	22 190	21 298	21 010	17 896	15 839	12 056

“科创中心”系列新政颁布之后，使得外国人在沪创业也大为便利。上海出入境新政提出，外国留学生凭国内高等学校毕业证书和创新创业计划书或创办企业证明，就可以申请加注“创业”的私人事务类居留许可，有效期 2 年，进行毕业实习及创新创业活动。这期间，被有关单位聘雇的，可以按规定办理工作类居留许可。对于在华留学的外国人来说，毕业后留在中国不再是遥不可及的梦想。上海交通大学的印尼籍应届硕士毕业生张健炽，已经成为中国首位拿到《外国人就业证》的外籍应届留学生[8]。

2. 不足之处

虽然上海外国留学生政策取得了很大成绩，但在遵循“扩大规模，提高层次，保证质量，规范管理”的原则方面尚显不足；在留学生教育事业发展的力度上还略显不够。与一些留学生教育大国相比较，各国一流的高中毕业生到上海来读大学的比例太少。美欧发达国家的青年学子，来沪留学的数量虽在逐年增加，但规模还是很小的，专业方面也是以汉语学习为主的文学专业（超过一半分布在汉语言专业，2014 年文学专业的留学生人数占留学生总数的 57.73%），其他的依次有管理学、经济学、医学、工学等，属于 STEM（科学、技术、工程、数学）范畴的少之又少。在经历了 2005 年和 2006 年的

① 国家教育部统计数据与上海市教委数据稍有不同。

高速增长后,上海来华留学生数量进入平稳增长期,增速呈现下滑趋势(见图 2-15①)。

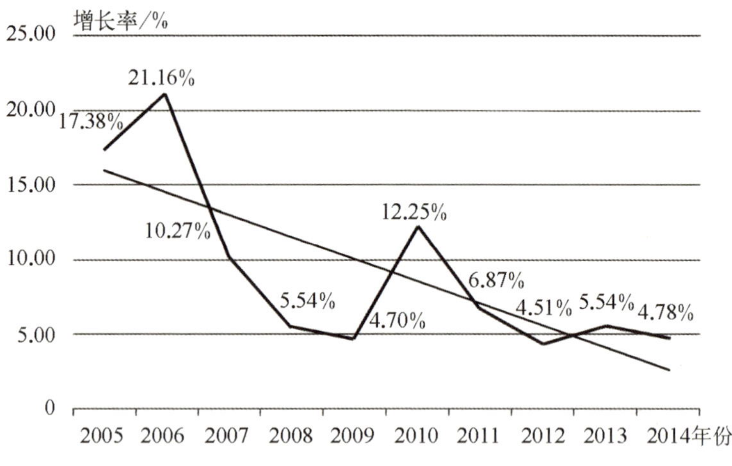

图 2-15　上海来华留学生增速趋势

(三) 促进上海外国留学生政策创新的建议

包括外国留学生在内的科学家和学术人才是当前国际人才流动的主要群体,并且,吸引优秀外国留学生并鼓励其留下来工作或做研究,也和人力资源方法、就业市场方法、业务奖励方法一起,成为当前吸引和使用国际高层次人才的主要方法[9]。为此,上海需要做更大力度的政策创新。

首先,要进一步扩大外国留学生规模。要吸收更多的外国留学生来上海接受正规学历教育。为此政府应做好留学生教育工作的规划和指导工作,进一步加大对留学生教育工作的扶持力度。一是要根据实际情况,市政府应确定上海留学生教育的目标,包括规模、结构(含层次结构、专业结构、生源国结构、用汉语或英语或双语授课的结构等)方面的目标,指导相关高校建立强有力的留学生教育管理机构。二是要利用互联网等先进媒体加强对上海留学生教育的宣传,上海市教委应定期组织高校到海外举办高等教育展,提高上海留学生教育在世界上的知名度。三是要用好市政府留学生奖学金,重点资助学历教育和重点扶持的学科教育。在政府提高专项奖学金的同

① 根据教育部统计数据整理。

时,鼓励和支持大企业设立奖学金,保障外国留学生在沪学习的基本生活。

其次,要持续提高外国留学生教育的质量。为此要着力提高留学生课程与专业建设水平。通过逐步完善来华留学奖学金体系,继续开发面向留学生授课的高校专业与课程。同时,加强外国留学生预科培养,建立外国留学生辅导员队伍制度,依托高校建设并完善“上海市外国留学生服务中心”、“上海市外国留学生中国文化体验基地”和“上海市外国留学生社会实践基地”,进一步提高留学生教育质量。比如,建设若干门用外语面向留学生授课的市级课程和一批市级精品专业;在此基础上,建立全市统一的留学生精品课程选课平台,方便留学生在不同高校,选择自己感兴趣的优秀课程。生活管理上也应有一定的突破,比如允许外国留学生和中国学生混合居住,或者允许他们到市民中租房居住,这样利于他们学习汉语并体验中国文化,从而提高其综合素质。

再次,要为外国留学生毕业留沪工作创业创造条件。应支持留学生勤工助学,鼓励留学生完成学业后在上海就业,为他们留沪就业降低门槛、提供机会,对在上海自主创业的留学生给予一定的优惠政策。上海可借鉴国外经验,在全国率先出台地方性法规予以规范。对于毕业后在沪就业或创业的外国优秀留学生,如系上海紧缺或急需人才,可视情况给予一定的政策优惠,争取把优秀的外国留学生留下来。

五、上海促进科技人才国际化政策创新经验借鉴及对策建议

(一) 国外科技人才国际化政策经验借鉴

综观美国、英国、德国、日本、加拿大等发达国家的人才国际化进程,它们在国际化人才的引进、培养与使用方面不断进行制度改革与创新,从而在国际人才的竞争中居于优势地位。这些国家的成功经验,值得上海在促进人才国际化过程中加以借鉴。

1. 优越而卓有成效的国际化人才吸引机制

充足的经费、优越的环境、良好的社会福利,是吸引人才的良策。美国为高科技人才开出的各种优厚条件,不仅能够吸引发展中国家的高科技人

才,就连欧洲的科学家也往美国跑。国力越强,世界级人才越多,越能吸引更多的优秀人才。发达国家国际化人才的吸引模式有以下特点。

1）移民制度在国际化人才竞争中发挥重要作用

实施技术移民政策一直是美国、加拿大等国的重要国家发展战略,几乎所有发达国家都已建立了通过技术移民制度吸引国际化人才的政策和法规。发达国家通常通过发达的高等教育接收国外优秀留学生来留学,当留学期满获得学位后,就以就业或移民制度来留住这些人才为本国服务。此外,也通过移民制度接纳在外国取得高等教育学位的高级人才。

美国是移民政策实施体系最为完善的国家,自 1924 年颁布移民限额法至今,美国已经利用其移民政策吸收了大量其他国家的杰出人才。德国自 2000 年起面向软件开发、多媒体、程序设计、信息咨询、网络应用等专门人才实行“绿卡”制度,规定第一年发放 1 万张绿卡,以后逐年增加。实行“绿卡”制度以来,吸引了大量 IT 人才。英国原本是排斥移民的比较保守的国家,但 1990 年以来,英国政府建立了引进人才的专门组织,加大引智力度,在积极引进海外学者的同时吸引本国留学生回国工作。20 世纪 60 年代中期以前,由于国内的研究工作条件较差,韩国高级人才外流十分严重。为解决人才外流问题,韩国一方面在美国、日本和欧洲成立引进人才协会,积极做好引进海外学者的工作;另一方面设立科学和工程基金会,专门研究海外科学家和工程师的情况以及他们回国后的工作条件和环境,对于回国的学者给予较高的工资待遇。目前,韩国的留学生中有 60%的人才能够学成回国,为韩国的经济建设作贡献。

2）通过高额资助吸引海外研发人员到本国从事研究和开发工作

以高额资助吸引海外研发人员到本国参与课题研究或研发事业,已经成为发达国家加强国际合作、吸引外国智力的一种重要手段。日本学术振兴会的“外国人特别研究员事业”,就是以高额资助邀请外国已获得博士学位(不超过 6 年)的卓越研究人员到日本的大学和研究机构从事研究活动。这些研究人员在日本一流大学或研究机构从事研究活动,并享受学术振兴会提供的科学研究费和人身保险等特殊待遇,资助时间通常为 2 年,研究活动结束后仍有 1 年的时间可滞留于日本找工作或从事其他研究工作。

3）为学习期满的外国留学生在本国寻找工作予以一年的滞留签证

发达国家先后都推出了在留学生毕业后为其预留一年滞留期以便寻找工作的政策。如为解决英国科技人才不足问题，英国政府于 2004 年 10 月 25 日启动了“理工科毕业生留英计划”，允许在英国高等教育或继续教育机构取得相应资格的非欧洲经济区国家的学生，在完成学业后继续在英国居留 12 个月，在英国求职。2007 年 3 月，英国政府作为该计划的替代性计划进一步推出了“国际毕业生计划”，该计划不限专业地允许那些在英国高等教育机构完成大学或大学以上学业的留学生在英国工作 1 年。在德国，为了吸引外国学生，规定外国毕业生如果被德国企业或其他单位聘用，就可以获得德国居留许可；对于暂时未找到工作的，则有 1 年的居留时间用于寻找工作。

2. 务实而多样化的国际化人才培养机制

二战以后，发达国家非常重视人才培养，从资金和政策上给予全面支持。一方面大力扶持已有的人才培养基地，另一方面主动实施人才制度创新，以适应时代的变化和不断更新的社会需要，确保在全球科技人才竞争中居于优势地位。经过数十年的探索，发达国家现已具有一套自我培养与全球引进相结合、教育与产业相结合的人才培养机制。发达国家国际化人才的培养模式有以下特点。

1）人才培养以为社会和经济服务为目的

在发达国家，大学教育的专业、课程设置与产业和科学发展的迫切需要紧密结合，并在办学过程中不断加强大学直接为产业和经济发展服务的职能。例如，20 世纪 80 年代，英国政府就提出高技术人才的培养应当与技术创新的需求相适应，专业、课程设置应当服从技术发展和就业需求，要求高等教育机构应当具有前瞻性和战略性。这一倡议在英国高等教育机构得到了很好的实践，许多高等教育机构针对市场需求开设了企业管理、技术创新、技术转移、技术咨询、知识产权保护、市场开发等方面的课程，并聘请著名企业家前来授课。

2）人才培养向培养跨学科人才方向发展

随着科学技术的迅速发展，许多现实问题已超出了单纯一个学科所能解决的范围，而必须借助跨学科综合知识来解决。因此，加强跨学科高级人才的培养已经成为发达国家人才培养的一个潮流。在美国高等学校和研究机构的理工科研究生教育中，十分重视跨学科教育。许多著名大学都通过建立跨学科的课程组、实验室、研究中心、跨系委员会来协调跨学科科研工作,并以此促进跨学科硕士、博士的培养。英国许多大学的研究生研究选题来自生产实践第一线,涉及多种学科领域知识,需要数个相关领域的专家和研究生协同解决。为此,学校组织有关方面的专家和教师共同指导学生,并为研究生开设综合性课程。

3）人才培养模式多样化

随着高科技产业发展需要,各国培养人才的模式也形成了多样化发展趋势,如大学与科研机构合作培养,大学与企业合作培养,大学、研究机构与企业合作培养,企业办学培养等。各种培养模式的最终目的只有一个,即培养能够满足社会需求的高科技人才。如德国的亚琛工业大学在做课题时,时常采用"博士＋硕士＋工程师"的团队工作方式,在从事研发活动时强调"高校＋科研院所＋企业"的研究方式。日本的各种大型高科技计划中也均设有人才培养计划,大型计划中来自不同机构的数名攻关人员利用暑期开设集中培训班,为具有硕士或博士研究生资格的学生提供综合课程培训。

4）鼓励大学、科研机构与产业界合作培养国际化人才

只有与产业和市场需要结合在一起,国际化人才资源的开发才会产生出巨大的效益。发达国家的高等教育机构多年来逐渐加强对学生的实践教育,各国政府纷纷营造环境,鼓励大学、科研机构与产业界合作培养人才,特别是高科技创新人才。例如,为了提高研究人才的研究开发能力,日本政府积极鼓励研究生院和民间企业的研究机构合作培养高级专业人才,并为此创造条件,从财力上加以支持。2003 年,日本经济产业省推出了"高级专业人才育成事业"计划,目的是开发培养技术经营人才、环境、生物等重点领域人才所必要的课程和教学模式,在大学和产业界之间建立伙伴关系,通过产学联合培养高级专业人才,加强和充实大学的人才培养功能。

5）充分发挥各种研究学会培养人才的作用

发达国家的各种科技学会和研究会在培养和网罗高级人才方面也发挥着不可低估的作用,如英国皇家学会的宗旨之一是发掘科学精英。英国皇家学会平均每年资助 1 600 多名杰出科学家的科学研究活动和大量的国际科技交流活动,仅皇家学会的资助计划就有 30 多种,如大学研究人员计划、陶乐西霍奇金博士后奖学金、工业奖学金、重新安置奖学金、教授基金等。

这些资助吸引并培养了来自世界许多国家的科技活动人员。在德国，为了培养高水平的科技人才，政府和民间都投入了大量的财力、物力，支持科研人员的科学研究工作。德意志研究联合会、德意志科学交流中心及洪堡基金会等也是德国有名的以培养人才、促进交流、推动科技发展为宗旨的基金组织。这些基金会设立的资助项目很多，包括研究奖学金、进修奖学金、教授资格博士奖学金、博士后项目、海森堡项目等，为德国青年科学家成长的各个阶段提供了及时有效的资助。

3. 宽松而有竞争力的国际化人才使用机制

在欧美发达国家，对人才的重视贯穿到了社会生活的方方面面，从行政当局到科研机构、公司团体，所有政策的制定都将人才因素放在第一位。欧美国家的社会与文化尊重人权、尊重劳动、尊重科学家的自由探索精神，也尊重科学家的科研成果。将国际化人才吸引到自己的国家之后，遵循以人为本的使用原则，让这些人才切实享受到更好的工作条件、更高的报酬、更多的尊重以及施展个人才华的机会。发达国家在国际化人才的使用方面有以下特点。

1）对于人才流动的支持态度

在发达国家，人才流动十分普遍。在美国一个科研工作者从入行到他成为大学教授通常会经历数次职位迁徙，这对于研究或开发人员来说就是一种不断成长的过程。日本也通过各种政策不断推进人才的向上流动，他们相信，人才是在不断流动中成长起来的，只有在流动中才能够找到适合于自己发展的位置。无论是人才的国际流动还是国内流动，均由市场调节，因而形成了良性循环。

2）适于人才发展和个人创造力发挥的管理模式

发达国家建立了有利于开展研究活动的竞争机制。相对来说，西方国家的物质生活丰富且人际关系相对简单，学术环境较为宽松且尊重人才的个性化发展，人才机制灵活且科研经费充足，科研评价机制完善且项目评审较为公正，因而更容易吸引优秀的国际化人才，同时也更容易激发出人才的创新意识和进取心。如日本为了改革用人制度，制定了“任期制度”、“录用外部人才制度”、产官学合作和交流促进政策、促进研究机构管理机制等灵活化政策。其中包括允许国立研究机构、国立大学的科研人员在原单位挂职,去民间企业开展研究工作,允许外国在日本创办共同研究机构。20 世纪 90 年代以来,欧盟各国也纷纷出台了提高人才和经费使用效率的政策,实行优胜劣汰的竞争机制,许多国家对科研项目实行比以往更加严格的管理,实行定期评估与考核。除此以外,发达国家的企业一般都很重视建设良好的企业文化,强调价值认同和文化留人,对优秀人才给予极大的精神鼓励,给他们带来了精神上的满足和共鸣。

3) 有效的人才激励制度

一是建立高额奖励机制。在美国,仅国家科学基金会就设立了诸多类型的奖励,如总统青年科学家奖、工程创造奖、国家技术奖等。如果获奖者是外国人,美国政府通常会主动为其办理"绿卡"或入籍手续,劝说获奖者继续留美效力。在德国,洪堡基金会利用联邦政府出售 UMTS 执照所获资金,从 2004 年起每两年向 35 岁以下的优秀科学家颁发一次索菲亚·科瓦列夫斯卡娅奖,获奖者 4 年中可以自由支配 120 万欧元的奖金,用于独立研究。

二是利用股份与期权制度使用和留住国际化人才。股份和期权是将人才与公司紧密结合起来的一根纽带,有利于在国际化人才与用人组织之间建立"利益趋同、风险共担"的关系,因而股份与期权制度是激励人才创造性的最先进、最有效的机制。在美国硅谷,多数高科技公司都采用员工持股的形式留住人才并激励人才在各方面做出创新。在德国,主要技术骨干给予股票期权已经成为德国高科技企业吸引和留住人才的重要手段。

4) 为人才提供培训以适应不断变化的市场需求和经营环境

通过特殊技能和专业知识培训,可以让国际化人才熟悉所在国的知识结构和发展状况;必要的语言培训、跨文化沟通、商务技巧培训则帮助他们尽快适应所在国的文化和环境,减少对他们工作的干扰。受过特殊培训的人员的离职率与解雇率都相对较低。

(二) 促进上海科技人才国际化的政策建议

人才国际化包括"本土人才国际化"与"国际人才本土化"两方面,前者是"走出去",后者是"请进来",两者应很好地结合,以国际化视野推进国际化人才的引进、培养、使用和流动。借鉴国际经验,结合上海科创中心建设实际,上海在促进人才国际化的政策创新方面要完善国际人才引进机制和建立国际化人才培育机制、使用机制。

1. 完善开放科学的国际化人才引进机制

1）构建更加开放的引才政策体系

借鉴美国等发达国家长期奉行的最大限度引进国外科技人才的政策，借助于移民和引进科技人才来促进经济、科技发展。以"择天下英才而用之"的宏大气魄，加强引进海外科技人才政策的顶层设计，使之更加灵活开放。2015年6月9日，公安部发布了支持上海科创中心建设的系列出入境政策措施，简化海外人才认定标准，取消原就业单位类别和职务级别限制，放宽居住时限要求，以市场化方式认定外籍人才。对于市政府认定的海外高层次人才，工作满一定年限后，可申请永久居留。新的"中国绿卡"政策相比以往有了更大的开放度，外国人在沪就业更便捷，外国留学生还可申请直接留沪创业。2010年发布的"国家中长期人才规划纲要"提出：要实施更加开放的人才政策，探索实施技术移民制度。目前外籍人才加入中国国籍的技术移民政策尚未出台，亟需进行海外人才引进制度层面的突破创新。此外，还应建立和完善全球科技人才信息库，编制全球人才地图，总体把握留学人才资源，有针对性地开放人才资源，有目的性地与优秀人才合作、交流。

2）聚焦更具潜力的科技人才

目前上海的人才引进政策大多聚焦于高层次顶尖人才，并以此作为引才工作的成绩。这样做无疑有其合理性，并能产生显而易见的效果，但同时也要注重引进有潜力的青年科技人才。相对于同年龄组群体，跨境赴海外求学的中国留学生以及来中国求学的外国留学生，属于具有较强"动能"的国际化人才。因此，上海需要从赢得未来的角度，将争取外国留学生尤其是引进科技领域的外国留学生、博士后放在突出重要的战略位置。以主动的策略、多元的方式和充沛的资源，吸引他们来，改变全球外国留学生流动的方向，为未来储备人才。

3）形成更加均衡的引才结构

科学合理的人才结构应当是创新和创业人才保持一定的比例，但是目前看来，上海引进的海外科技人才中创新人才多，创业人才少。加大创业型海外科技人才引进的力度，是当前及今后引进海外人才工作中的重点方向。此外，还应积极引进和着力培育"创业型创新人才"。

2. 建立具有国际化视野的人才培育机制

1）培养人才的全球战略思维和市场意识

在产业全球化的背景下，各国的产业相互依赖、相互渗透程度的加深实现了全球范围内的生产、交换、分配和消费，促成了国际经济大循环和国际产业链的形成，把世界联结成一个大的加工厂。产业全球化最重要的影响是进一步加强了国家之间的相互依赖关系，对发展中国家提供机遇的同时也对其提出了挑战。因此国际化人才的培养要强调培养人才的全球战略思维，提高从全球经济、政治、科技、社会与文化等领域全面研究、思考问题的方法和定位能力，从全球经济格局出发，寻找自己的真正位置与产业发展的新路。

以国际市场应用为目的培养具备国际市场意识的人才，还要建立产学研结合的教学模式。如前所述，发达国家的高等教育机构多年来逐渐加强对学生的实践教育，各国政府纷纷营造环境，鼓励大学、科研机构与产业界合作培养人才，特别是高科技创新人才。上海的高等教育尤其是研究生教育，应积极借鉴发达国家经验，把提升受教育者的全球化思维能力作为教学活动的灵魂和宗旨。

2）提高人才的跨文化交流沟通能力

国际化人才不仅要精通本专业的知识和技能，还要有跨文化的沟通能力，既具备对文化差异的敏感，又具备对文化差异的包容。掌握母语之外的语言，掌握信息获取和分析能力是必备的技能。除此之外，国际化人才应当具备国际化视野和独立的国际活动能力。而目前上海的教育还有所谓“文、理、工”的传统分界，所以推动教育的跨学科合作至关重要。除了学校教育以外，充分发挥研究学会和行业协会的作用也很重要。随着上海企业的自身发展壮大以及在沪跨国企业的增多，行业协会和研究学会理应在人才国际化方面扮演更多的角色，发挥更重要的作用。让这些社会力量加入到培养国际化人才的行列中来，通过举办多层次多主题的跨国学术、技术交流活动，不仅有助于扩大人才的学术视野、提高学术水平，更有利于提高人才的交流沟通合作能力。当然，上海的大学和学术机构目前还不具备完全市场化的条件，因此政府还需要在一定时期内进行支持和引导。

3）提升高校的国际化办学能力

为适应科创中心建设的要求，适应人才国际化发展的趋势，上海各有关高校必须加快推进高等教育国际化的进程，面向世界、融入世界，以培养关注人类发展、担负世界责任、集民族精神、创新能力和国际自信于一身的国家栋梁和社会精英为己任。充分利用国际优质教育资源，加大国际化培养人才的力度，积极探索与国外著名大学、国际性大公司合作的国际化联合培养新模式，选派学生赴国外著名大学考察、交流和学习；大力引进高端外籍教师，邀请国际知名专家、学者进行学术交流。“送出去”与“请进来”并重，由国际化的教师和国际化的学生共同构成国际化的校园。

3. 形成务实高效的国际化人才使用机制

发达国家对国际化人才的使用、开发、激励和保留的措施很值得上海学习。如前文所述，发达国家人力资源管理上的以人为本，适于人才发展和个人创造力发挥。不但通过股份期权、培训、人才评审、设立基金奖励等方式对人才进行激励，更重要的是营造宽松的人才发展软环境：简单的人际关系、尊重个性的氛围以及追求公正、诚实、正直的价值观等，更适于人才的发展和个人创造力的发挥。

习近平同志对海外高层次人才使用曾提出三个原则：充分尊重、积极支持、放手使用。放手使用，就是要努力提供海外高层次引进人才创新创业、发挥作用的政策条件，把他们放到关键岗位，让他们参与专业决策、领衔重大项目，做到人尽其才、才尽其用、用当其时、各展所长。因此，对国际化人才要敢于重用，充分理解、充分信任、热情关怀、放手使用，充分发挥其在创新创业上的引领、示范和带头作用。

4. 打造灵活畅通的国际化人才流动机制

1）树立“走出去”与“请进来”相结合的人才流动观念

当前人才国际流动的动因呈多元化趋势。一方面，人才基于功利性考量，在权衡经济全球化大背景下科研、就业市场的核心竞争力后，跳槽到较好的机构中寻求职业发展的新动力。另一方面，国际知识经济系统存在着“中心—边缘”的结构模式。处于“中心”的机构是知识传播与创新的源泉，而相对“边缘”的机构则较少涉足科技前沿领域。能够提供先进设备、充裕经费、良好氛围的创新中心，更能吸引到顶尖人才，有利于人才创新创业能力的发挥和提高。

因此,要明智地看待国际化人才流动,允许人才向国外流动(即“走出去”)。例如,印度的软件人才政策中,政府扮演了“人才推销员”的角色。总理亲自过问技术劳力形象和出口,似乎成了印度各届政府首脑的例行工作。早在20世纪40年代即成立了印度技术学院,从第一届毕业生开始,尼赫鲁总统在访问美国等西方工业国家的时候,就大力推荐自己国家的工程技术人员。拉·甘地总理曾经说过:“即使一个科学家、一个工程师或者一个医生在50岁或60岁回到印度,我们并没有失去他们。我们将因为他们在国外工作获得经理职位成为富翁而高兴,他们会把那里的经验带回到国内来。我们必须在印度培养和发展不仅能在印度工作,而且能在全世界工作的人才。同时,我们必须认识到,我们对此并没有损失什么,在国外工作的大量人才正在返回印度。他们是想回来的,我们不要大惊小怪,不要把它看成是人才外流,而应该把它当成智囊银行,正在积聚利息,等着我们去提取,我们可以将其投资于印度的建设中。[10]”这种观念是值得上海在人才国际化的过程中加以借鉴的。

当然,在允许人才外流的同时,更要注重吸引人才回流(即“请进来”),实现国际人才本土化,将二者有机地结合起来。海外归国的人才具备良好的专业知识和技能,积累了丰富的经验,也拥有一定的资金,特别是与海外同行有着十分密切的联系,每人都可能形成一张巨大的海外“关系网”,对促进上海创新创业的发展有非常重要的作用。

2) 营造有利于人才国际交流的良好环境

伴随新一轮科技革命和产业变革孕育兴起,我国也全面推行创新驱动发展战略。创新驱动实质上是人才驱动,上海要积极融入全球人才交流网络,必须在制度保障、交流通道、环境建设上下功夫。一是要完善制度保障。要遵循人才管理规律,借鉴国外先进经验,建立灵活畅通的科技人才交流管理体制;为海外科技人才提供良好的生活工作环境与配套公共服务;完善海外人才评价体系,落实与国际接轨的专业资格互认模式。二是要审视国际人才流动的新动向、新特点。要超前谋划,在充分发挥党管人才的主导性力量基础上,全面完善民间团体和社会力量在海外学术人才沟通与联系上的灵活性,形成多措并举、优势互补、合力引智的良性局面。积极利用大数据、互联网等新兴传媒的便捷通道，拓宽高学术性人才交流的渠道和实现自身价值的空间。三是要营造更加有利于国际化人才流动的软硬件环境。目前上海在城市空气、人文环境、城市管理、规章制度等方面与发达国家还有一定差距，尤其是缺乏国际上最强的领域性研究中心或机构，对大批国际一流学者自发前来长期工作缺乏足够的吸引力。因此，上海需要在科技创新中心的建设中通过营造优良的人才流动环境，来加大吸引国际人才的基本实力。

上海张江国际人才管理改革试验区发展研究[①]

上海全球科创中心建设“第一引擎”首选是张江，张江国家自主创新示范区建设“第一资源”首要是人才。张江作为国家自主创新示范区，如何在新形势下进一步探索创新“人才驱动”的体制机制，进一步改革突破示范引领人才的制度政策，启动建设国际人才管理改革试验区，意义重大，形势紧迫。

一、国际人才管理改革试验区建设扫描

（一）国际人才管理改革试验区内涵界定

随着经济全球化在我国的深入，使得人才流动的地理范围更加广阔，上海在人才的开发、使用、匹配方面更应关注人才流动趋势，从而构筑区域优势[11]。上海张江定位于建设国际人才管理改革试验区，因此针对目标除了国内具有顶尖水准的科技人才之外，主要是国际化人才。

国际化人才，即在国外深造至少有 5 年以上工作经验的外籍人才、海外归国人才和具有国际化视野、知识能力与国际接轨（根据国际先进经验和最新成果不断更新）、具有经济全球化所要求的核心能力的本土国际化人才。国际化人才的来源可分为两类：一类是外国以及港澳台专家和出国留学归

① 作者：杨耀武；王敬英；顾承卫

国人员(包括加入外籍),一类是本土的国际化人才[12]。

各地在人才战略上对人才管理改革试验区有不同的提法,如人才特区、人才基地、人才高地、人才集聚地等多种,其本质上都是人才管理改革试验区。但明确提出专门关注国际人才管理改革的试验区还很少。目前的人才管理试验区主要有三种类型:一是按行政区域划分的区域型;二是以科技园区为载体的园区型;三是信托产业、优势企业、重大专项等形成的人才集聚区域型。

国际人才管理改革试验区是通过政策方面的先行先试和机制体制的创新突破,努力做到符合国际惯例、满足国际人才发展的环境需要,从而吸引更多更好的国际人才来创业发展,形成一个规模化、高层次的国际人才的集聚区。该区域通常有较强的经济实力,较高的开放度,优越的地理位置和环境,在国际人才管理方面有一定先行先试的政策创新突破,拥有良好的人才服务功能,很高的办事效率,且对当地城市及地区的经济发展起带头及带动作用。

(二) 国内人才管理试验区建设研究进展

人才管理试验区的理论是关于人才发展和区域发展的基础理论,目前仍处于一个发展完善的过程中。国内学者对人才实验区的研究主要集中在以下几个方面。

(1) 对人才试验区重要性及经验借鉴研究。以学者潘晨光、陈学强为代表的人才管理改革试验区重要性、紧迫性研究,介绍各地的实践经验并提出建议。

(2) 对人才试验区建设评价、路径及对策研究。如:重庆人才高地的现状评价与对策研究,人才高地建设的理论与途径(王通讯),南京、大连等人才资源高地建设的对策研究,西安构建西部人才高地的构想及对策等。

(3) 对不同地区人才实验区建设研究。如:经济欠发达地区人才引进及人力资源开发思考(唐艳春),经济欠发达地区实施人才战略的对策(韩朝晨),我国西部人才资源开发的相关因素与配置措施(冯碧元),构建中小城市科技人才高地环境对策(王少青)等。

统观国内对人才实验区的研究,多从现状出发,力求为政府提供决策依据和建议;多以定性分析为主,定量分析以及对人才指数体系、环境指标体系的构建正在逐渐受到重视;从研究关注对象来看,专门对国际人才试验区关注研究较少。

(三) 国(境)外人才管理试验区建设参考借鉴

发达国家和地区没有“人才试验区”、“人才特区”这些提法,但都实施特别的人才战略和政策来引进集聚高端人才,形成人才集聚区,事实上就是人才试验区。在全球,美、日、韩、印等国都已形成了各具特色的吸引国际人才的良好环境和政策优势,主要有以下做法。

1. 降低移民限制

从1921年美国开始实施“移民配额法令”,到20世纪90年代“新移民法”出台,硅谷鼓励各类专业人才移居美国。1990年美国开始实施H-1B签证计划,旨在允许有专长的高级人才来美工作。

加、澳、新、英、南非等国也通过采取相应优惠措施放宽对技术移民的限制。德国绿卡发放给欧盟以外国家的信息技术人才,使他们获得5年在德工作和居留许可。韩国2000年实施“金卡”制度,持卡人根据技能差异可以在韩工作2～3年。

2. 吸引留学生作为后备人才

美国拥有占全球留学生总数约三分之一的海外人才。根据美国国家科学基金会的一项统计,约四分之一的海外留学生学成后被纳入美国国家人才库并定居美国,而留学生也都看重美国大力度的留学资助制度,即美国每年对海外留学生的投资高达25亿美元,吸引国外留学生赴美学习。

日本政府于1954年设立“国费外国留学生制度”,由文部省提供高额奖学金资助留学生。1988年设立十余种由地方自治体和民间团体资助的奖学金项目,以及和国外大学签订的短期留学生交流计划[13];英法等欧洲国家将理工科作为优先推广学科,英国2004年推出“理工科毕业生培养计划”(SEGS),通过提高奖学金额、放松签证要求等优惠措施来争取更多的国外学生到本国留学,为经济发展培养其所需的高技术人才。

3. 建立特别的人才激励保障机制

硅谷采用有“金手铐”之称的期权制度对人才进行激励,人才在股份认购权的驱使下竭尽全力发挥其才能作用。我国台湾新竹园区允许科技人员以高于一般比例的专利权或专利技术作为股份投资，其作价最高达总投资额的25%。

4. 打造产学研一体化的用人模式

硅谷代表着高技术产业的集聚，是美国吸引人才政策优势的普遍性和硅谷科技创新优势的特殊性相结合的产物。硅谷人才的聚集，很大程度源于它旁边的斯坦福大学。斯坦福大学和工业界签订了长期的“学位合作计划”和“工业联盟计划”，形成了产学研一体化发展的新模式[14]。印度在1991年建成了“印度的硅谷”班加罗尔，为的是在充分利用其丰富的软件人才基础上，吸引海外人才回流。日本的筑波科学城、我国台湾新竹科技园以及韩国的大德科技园区都是“类硅谷”模式。

5. 构建国际人才生态环境

硅谷发展早期，美国政府充当投资者和消费者的角色，鼓励硅谷的创新和发展。随着硅谷的发展，后期风险投资逐步兴起，200多家风险投资公司出现。硅谷还具有一个集工程师、电子公司、专家顾问、风险投资和基础设施供应商为一身的庞大生态协作体系。硅谷的人才公共服务种类包括金融服务类、中介服务类、商业服务类、生活服务类和留学人才服务类等，数量庞大，门类齐全，机制灵活。日本筑波的各种生活设施和商业设施布置非常完善，职员公寓、外国专家宿舍、医疗福利设施、美术馆和图书馆、学校和幼儿园等一应俱全。良好的人才生态环境使人才和家属都能享受到周到的服务，让人才无后顾之忧地全身心投入到工作中。

二、张江建设国际人才管理改革试验区形势需求

(一) 参与全球人才竞争形势所迫

经济全球化推动了人才流动全球化，人才在全球培养，人才的全球性争夺势必成为人才全球化的重要特点。在全球化背景下，人才流动国际化进程加快，人才流动意愿不断加强，流动规模不断扩大，流动非均衡性不断增强，人才竞争白热化程度加剧。人才就是资源，这一概念已被世界各国乃至

各个地区甚至各类企业广泛接受。谁掌握了先进科学技术,谁就掌握了经济社会发展的主动权;谁拥有了人才,谁就拥有了竞争优势,人才资源已成为最重要的战略资源。

新形势下,全球人才竞争更加激烈,各国纷纷采取措施吸引和争夺全世界的优秀人才。美国多次修改移民法案,通过调整移民政策、政府奖励基金、为优秀留学生发放“绿卡”等措施吸引高端人才,重视人才战略储备。欧洲国家德国实施“绿卡工程”;法国实施“优秀人才居留证”和“外派职员临时居留证”制度;英国实施新的“记点积分制”移民制度,旨在吸引那些具有高技术或是那些计划从事投资或商业活动的人才移至欧洲的各个国家。新加坡采取开放制度,不惜重金礼聘甚至挖角外籍高端人才,加大对全球人才的争夺。

(二) 支撑国家创新驱动发展战略使命所在

我国人才管理改革试验区的建设,是为国家经济社会发展提供人才支撑的重要战略选择,充分体现了人才管理改革试验区的发展与国家经济社会发展战略融为一体的特点。

2010 年,我国颁布了《国家中长期人才发展规划纲要(2010—2020 年)》(以下简称《规划纲要》),明确提出要改进人才管理方式,鼓励地方和行业结合自身实际建立与国际人才管理体系接轨的人才管理改革“试验区”。《规划纲要》在国家政策层面提出人才管理改革试验区的概念,是对综合配套改革试验区概念的拓展和创新。人才管理改革试验区是对“十一五”期间我国设置的一系列综合配套改革试验区思路的继承和发展,侧重于人才政策的先行先试和人才体制机制的创新探索,是创新人才管理政策和改革人才体制机制的系统工程,对我国经济社会发展战略顺利实施提供人才支撑具有重要的创新意义。

(三) 引领上海全球科创中心建设动力所系

人才是建设世界一流科技园区的核心。2013 年,国务院批复同意《上海张江国家自主创新示范区发展规划纲要(2013—2020 年)》(以下简称《发展规划纲要》),明确指出国际化人才试验区是指与国际接轨的人才管理试验区，是实行特殊人才政策措施的区域，张江示范区要充分发挥先行先试效应，在人才试验区建设方面为上海创新驱动、转型发展，建设创新型城市作出新贡献。《发展规划纲要》的批准，对张江示范区建设提出了新的更高要求。张江示范区以在示范区培养集聚一批世界一流人才、优秀创新人才和产业领军人才、创新创业示范带动人才为目标，加快了推进建设国际化人才试验区的步伐[①]。

2014 年 5 月，党中央提出上海要加快向具有全球影响力的科技创新中心进军，对张江示范区提出了更艰巨的使命。2014 年 8 月 18 日习近平总书记主持召开中央财经领导小组第七次会议，研究实施创新驱动发展战略，提出"创新驱动实质上是人才驱动"的精彩论断。张江高新区作为第三个国家自主创新示范区，如何在新形势下进一步改革探索"人才驱动"创新创业的体制机制，进一步示范引领人才制度创新和政策突破，成为时代大课题。因此，适应向国际科技创新中心进军的需要，加快建设上海张江国家国际人才管理改革试验区，意义重大，形势紧迫。

三、张江建设国际人才管理改革试验区问题分析

20 年的发展，张江在人才队伍建设上取得了显著成就，但在全球科技创新中心建设的大背景下，张江示范区在国际人才政策创新、国际人才服务以及国际人才效能发挥等方面仍存在一系列不足。

（一）外籍人才政策尚待创新

近年来，上海在人才引进、人才激励、人才培育等方面提出了众多新举措，形成了具有上海特色的人才政策，初步实现了全覆盖、多角度的政策扶持目标。但对于海外人才的引入政策上，仍存在着一定的不足。第一，永久居留证（即中国绿卡）制度门槛高、流程长。现行的"永居证"申请门槛高，要求具有副教授、副研究员以上职称才能申请。申办的流程也很长，审批权在

① 上海张江国家自主创新示范区发展规划纲要（2013—2020 年），中华人民共和国科学技术部，http://www.most.gov.cn/mostinfo/xinxifenlei/fgzc/gfxwj/gfxwj2013/201307/t20130702_106868.htm.

公安部,从申请到发放需要 6 个月且发放的数量少①。这与大力吸引海外人才、构建来去自由的国际人才引入环境不相匹配。

第二,来沪的外国留学生毕业后无法直接留沪就业。根据国家现行的规定,外国留学生在我国就业需要具有两年工作经验,在沪的外国留学生毕业后无法直接办理外国人就业证和居留许可,造成人才直接流失②。

第三,上海的“普惠式”人才政策,对于张江建设国家人才试验区这一目标,创新度还需加强。一方面人才政策在“特区特政、特事特办”的突破上,仍然预留了较大空间;另一方面,政策之间也比较分散,缺乏衔接,且聚焦不明显,难以形成张江示范区的辐射带动效应。此外,从政策整体来看还存在着力点不明显,优势不突出等问题。

(二) 示范区体制机制亟待突破

张江示范区在体制机制方面也存在着一定的问题。首先,体制上缺乏比较优势。目前,上海张江的人才试验区建设尚没有形成市区合作机制,也不能享受上海市创新人才流动、创新资源配置、创新要素互相贯通和衔接的绿色通道;其次,人才资源协同配置机制不够健全。虽然从市级、区级层面也成立了专门的人才协调小组,但就目前按照现行体制布局,仍然缺乏协同推进人才工作的新机制;另外,政策系统欠缺统一性,各政策部分的协同机制亟待完善。在人才引进、培养、使用、服务等一系列人才工作方面被各有关委办局分割为各自一块的工作界面,无法形成协同的人才服务工作链[15]。

(三) 人才国际化服务标准不足

随着人才管理改革试验区政策的扩散,能否为人才提供更加针对性、精细化和专业化、国际化的服务,已经成为吸引国际人才前来创新创业的关键因素。就目前来看,张江人才政策仍较多着力在人才硬环境打造方面,在人才市场化服务体系和公共服务体系的建设上,如工资待遇、家属子女安置、

① 2015 年 8 月上海出台政策,简化外籍高层次人才中国绿卡的办理程序,缩短申办周期至 90 天。

② 2015 年 8 月上海开展在沪外国留学生毕业后直接留沪就业试点,对在上海地区高校取得硕士及以上学位且在上海自贸区、大张江园区就业的外国留学应届毕业生,可直接申办外国人就业手续和工作类居留证件。其中本市生源、硕士学位、“双自”内就业,是三个必备条件,在实践中,仍被视为较高的门槛。

住房补助、户籍等方面，与世界一流园区仍存在较大差距。目前，国外人才引进政策中还存在着重复提交材料、频繁办理签证手续等现象；申请外国专家证和外国人就业证时存在窗口分隔和宣传不够，部分企业只知道外国人就业证，而不知道外国专家证，导致部分超过就业年龄的外籍人才未能及时享受办理外国专家证的待遇。

（四）人才国际化程度亟待提高

发达国家的科技园区注重吸引各国优秀人才。相比之下，张江作为人才管理改革试验区对国外高层次人才吸引力还远远不够。上海是我国国际化程度较高之地，但是在张江各园区工作的外籍工程师人数、占全体人才的比例还极为有限，且近年还有逐渐下降的趋势。这在一定程度上说明，目前张江示范区内国际化的程度还亟需提高。

张江示范园区内国际人才目前也无法达到国际化人才的待遇。如：国际人才的流动受到限制，国际人才居留政策有待放宽等；在国外专家的薪酬支付方面由于国内个人所得税高，无法与国际保持相应同等税收水平；科技企业赢利部分的外汇管理，利润的汇出和汇入管制，这一系列问题使得引入的外国人才与在世界一流国家所享受的待遇存在一定差距，在一定程度上阻碍了国际人才的流入，难以留住国际人才。

（五）人才生态化环境尚待形成

人才生态化环境有几个特征，比如多元构成，相互联系，优胜劣汰，合作共赢等。生态化的本质与功能是多元合作增强，这就要倡导协同互助、共赢发展，形成合作创新的社会力量。目前，张江更需要关注的是多元性共存的生态化问题。在张江国际人才管理改革试验区内，不仅要有高科技企业，还需要有中介机构、社会组织、政府办公机构、文化娱乐、休闲养生场所等。这些组织之间的关系如何处理也需要认真对待。

四、张江建设国际人才管理改革试验区目标任务

根据当前人才管理改革试验区政策创新的发展趋势以及张江的实际情

况,结合国内外先进经验,张江示范区国际人才管理改革创新应实施如下举措。

(一) 明晰国际化人才发展战略目标

基于张江示范区自身的发展,上海建设国际大都市和自贸区的需要,以及探索实践国家对外开放新战略、新政策的需要,人才国际化是张江园区实现国际化扩张的重要战略目标。张江要大力提升人才国际化程度,促进人才结构国际化、人才素养国际化以及人才活动国际化的程度,使张江高新区成为国际人才跨国流动的重要选择空间,流动到中国的首选之地。

(二) 大胆创新国际人才留居政策

紧紧围绕“自由”流动做大胆的尝试,努力打破现有的人才流动壁垒,推进人才对外开放,畅通海外人才聚集通道,构建具有国际竞争比较优势、来去自由的人才流动机制。要顺应全球人才流动趋势,探索降低永久居留权门槛、放宽签证期限、个人所得税减免、技术移民等人才试点政策,最大限度地集聚全球顶级人才。

1. 试点实施外籍人才技术移民制度

积极争取国家授权以及上海市的授权,尝试实施海外技术移民制度。借鉴西方发达国家移民办法,综合考虑海外人才技术移民条件、类型、标准、待遇等。

2. 完善海外人才居住证制度

在现有海外人才居住证制度的基础上,降低在张江示范区内的国际人才居住证申请条件,延长海外人才居住证的有效期限最高至10年。

3. 发展国际性人才中介服务体系

把国际人才服务纳入现代服务业发展,鼓励培育市场化的人才中介、科技中介、管理咨询公司、金融风投机构等人才服务机构,为优化人才资源提供技术评估、成果转移转化、人才猎头、科技融资、内部管理咨询、创业政策咨询等服务。借鉴发达国家的经验做法,积极鼓励国际性的人才中介组织发展。积极与国内外行业协会、人才中介组织机构建立沟通机制,鼓励和引导国际人才中介机构的发展,通过市场化、国际化运作,促进以市场为主导的人才发展市场体系逐步完善。

（三）探索国际人才管理体制机制

在人才引进、使用、评价与激励等方面形成符合国际惯例的制度环境，围绕法治环境、个税机制、薪酬机制、创业机制等国际化人才最关心的问题进行政策突破和体制创新，建立保证国际化人才工作生活发展的法治环境，形成与国际接轨的个税体制与薪酬激励体制；建立国际化的技术产权交易平台、资本与技术对接平台，拓宽国际化人才创业创新的融资渠道，形成国际化人才交易市场。

1. 建立国际人才引进市场化机制

借助或组建专业化的国际人才猎头公司，组建专业化的国际人才猎头部门，已经成为国外一些新开发区域争夺人才的新战略。张江不仅要组建专门的政府海外人才猎头部门，也可以基金会或研究机构等形式来运作，更要大力发展高端国际人才瞄准、引进的市场化机制，鼓励组建国际人才猎头公司，积极在国际范围内寻找合适的人才。

2. 建立与国际接轨的人才考核评价机制

在张江示范区内，尝试建立与国际接轨的高层次人才使用制度。主要包括与国际接轨的全球招聘制度、薪酬制度、人才考核制度、科研管理制度、社会保障制度等。建立以能力、业绩为主要标准的人才评价导向。开辟人才评价的绿色通道，对优秀的海外人才，或国内自主培养的已达到国际化水平的人才，适当减免条件，允许直接申报高级职称。

3. 健全人才服务统筹协调机制

联合国家、上海市有关部门组建一个较高层次的人才服务系统，形成联动机制，增强人才管理改革试验区建设合力，落实高端人才在居留与出入境、落户、税收、医疗、住房、配偶安置等方面的扶持政策，主动为各类人才解决生活中遇到的家属随迁、就业、户口迁移、子女就读等各种实际问题，努力消除他们的后顾之忧。

4. 强化本土人才国际化培养机制

加强本土人才培养资助力度。着力拓展本土人才的国际视野、提高国际交流合作能力，构筑人才国际交流和竞争舞台，在与国际一流人才竞争合作中不断提升本土人才的国际化水平。

鼓励示范区内的国外科研机构和跨国公司设立短期流动岗位，聘用本土人才工作或合作。鼓励示范区内的跨国公司研发中心、产学研联合实验室和人才实训基地等开展人才培养，通过政府引导、购买服务、多种主体等对本土国际人才实施分类培训。

进一步加快"走出去"步伐，通过财政扶持、金融服务等政策，支持优秀人才出国培训，支持示范区内的企业事业单位人才参与国际合作交流活动。充分利用浦江创新论坛、进出口交易会、创新创业论坛、人才峰会、人才实训、国际科技活动年会等，促进人才国际交流合作，以培养本土人才。

(四) 优化国际人才发展生态环境

1. 建设国际人才宜居社区

海外高层次人才的激励越来越依赖于软环境，这已经成为世界各国的共识。张江示范区要围绕上海建设国际大都市的战略，在教育、住房、医疗服务、移民、交通、生活文化和沟通方面进行全方位的改造，努力营造优质的生活环境、优雅的人文环境、良好的营商环境，构建形成具有国际风格、国际水准和国际影响力的"人才社区"。

2. 健全国际人才交流网络

张江要充分利用已有的资源，探索多样化的人才国际交流网络。一是强化与国外合作培养技术人才，针对所需的专业技术，邀请国外专家到张江授课；二是设立海外培训机构或利用海外的职业培训机构和中介机构，积极引进外国技术人才；三是开展国际合作研发计划，加强与国际知名产学研单位的对接，或者针对张江所需要的关键技术到国外寻找研发资源，建立长期稳定的合作互惠关系。

3. 营造开放包容的文化环境

国际化人才具有不同的文化背景，构建一种多元、包容的文化环境对于吸引国际人才具有异常重要的作用。张江要在创业创新文化、休闲生活文化上营造国际化氛围，形成一个既尊重本土文化又包容异域文化的国际化文化环境，使各种不同文化背景的国际人才，能充分享受到生活乐趣和人格尊重。

4. 推进留学人员创业园建设发展

目前，上海共有 11 家留学生创业园。其中张江“留创园”、嘉定“留创园”被国家科技部、教育部、人事部确立为国家留学人员创业园示范基地。作为示范基地，张江必须着力解决优惠政策落实难、投融资瓶颈破解难、政企关系理顺难等不容忽视的问题。因此在建设国际人才管理改革试验区的过程中，应加大推进留学人员创业园区的建设发展，针对创业园区内存在的问题，积极探索，寻求破解之道，让“留创园”真正成为海归留学人才创新创业的乐土。

张江示范区还要重视借鉴国外先进国家的国际人才管理经验，在体制机制、政策创新、服务体系完善、综合环境等方面深入探索创新，在资源整合、要素集聚、功能优化、效率提升等方面继续努力，使张江尽快成为一流的国际人才管理改革实验特区，支撑推进张江国际一流科技园区的建设发展。

第三部分

专题分析

上海引进海外科技人才政策实施情况研究

上海科技成果转化过程中的人才激励研究

上海科技人才创新创业文化软环境建设研究

“落实上海人才新政若干措施问题研究”问卷分析报告

上海引进海外科技人才政策实施情况研究[①]

加快从海外引进一批能够突破关键技术、发展新兴产业、带动新兴学科、培养创新人才的高层次人才，是顺应世界科技进步、参与国际人才竞争的必然要求，是壮大上海人才队伍、加快建设人才强市的必然要求，是提升上海自主创新能力、建设创新型城市的必然要求。

上海在引进海外科技人才政策方面一直走在全国前列，上海的引进海外人才政策在实施过程中既取得了很大成效，同时也存在较大可以提升改进的空间。

一、上海引进海外科技人才政策实施情况

改革开放以来，尤其是进入21世纪以来，上海的留学生和外籍人才引进工作稳步推进。在理顺外籍人才管理体制、出台外籍人才管理政策法规、拓展外籍人才引进渠道、完善外籍人才服务体系、发挥外籍人才作用等方面，上海均进行了积极的探索与实践，海外在沪人才工作环境、政策环境不断得到优化，使海外人才队伍的集聚规模逐年得到稳步发展。2014年5月22日，习近平总书记在上海召开的外国专家座谈会上提出，让有志来上海发展的国际化人才"来得了、待得住、用得好、流得动"。借鉴总书记的国际化人才思路，从"引得进、留得住、用得好"三个维度，恰可以考察上海市引进海外科技人才政策的执行情况和效果。

---

① 作者：顾承卫；王敬英；潘晓燕；顾玲琍

(一)“引得进”维度

海外科技创新人才能否顺利引进，主要取决于三方面因素：一是需求因素，二是政策因素，三是渠道因素。只有在需求、政策、渠道三方面因素都满足的条件下，人才引进才能得以顺利进行，一个地区才能真正“引得进”自己发展所需人才。

1. 引才岗位情况

2006年党中央提出上海要实现“四个率先”，大力推进“四个中心”的建设。为适应“四个中心”和“全球科技创新中心”建设的要求，上海将人才重点着眼于新能源、新材料、生物医药、信息技术、航空、城市规划、环境保护、创意产业、文化艺术等领域的一大批紧缺人才。与此同时，上海金融证券、国际商务、投资管理、跨国经营、国际航运、信息工程、微电子、生物医药、国际法律、项目评估、城市规划、现代农业、中介咨询、高等院校等一些行业和单位纷纷把求贤视野转向熟悉国际惯例的海外高层次优秀人才，也加入国际化的人才资源竞争行列。从实践中看，核心制造业人才、现代服务业人才是最为紧缺的人才。

上海市吸引海外人才的重点如表3-1所示。

表3-1 上海市吸引海外人才的重点

类别	界　定	具体界定条件
海外高层次留学人才	公派或自费出国留学，学成后在海外从事科研、教学、工程技术、金融、管理等工作并取得显著成绩，为国内急需的高级各类人才、高级专业技术人才、学术技术带头人，以及拥有较好产业化开发前景的专利、发明或专有技术的人才	① 在国际学术技术界享有一定声望，是某一领域的开拓人、奠基人或对某一领域的发展有过重大贡献的著名科学家；② 在国外著名高校、科研院所担任相当于副教授、副研究员及以上职务的专家、学者；③ 在世界500强企业中担任高级管理职务的经营管理专家，或在著名跨国公司、金融机构担任高级技术职务，在知名律师(会计、审计)事务所担任高级技术职务，熟悉相关领域业务和国际规则，有较丰富实践经验的管理人员或技术人员；④ 在国外政府机构、政府间国际组织、著名非政府机构中担任中高层管理职务的专家、学者；⑤ 学术造诣高深，对某一专业或领域的发展有过重大贡献，在国家著名的学术刊物发表过有影响的学术论文，或获过有国际影响的学术奖励，其成果处于本行业或本领域学术前沿，为业内普遍认可的专家、学者；⑥ 主持过国际大型科研或工程项目，有较丰富的科研、工程技术经验的专家、学者、技术人员；⑦ 拥有重大技术发明、专利等自主知识产权或专有技术的专业技术人员；⑧ 具有特殊专长并为国内急需的特殊人才

（续表）

类别	界　　定	具　体　界　定　条　件
外国专家	根据中国经济建设和社会发展的需要，应聘来华工作符合条件的外国籍高级专业人才	① 在国际上享有较高声望的科学家、艺术家，知名专家、学者；② 在国外知名企业中担任过高级管理或者技术职务的专业人才；③ 在国外政府机构、行业协会、国际组织中担任过高层管理职务的专家、学者；④ 在国外高校、科研机构等教学科研领域的学术带头人，知名专家、学者；⑤ 在国外重大科技专项、工程建设中发挥过重要作用的高级专业技术人才；⑥ 具有特殊专业知识并且国内紧缺的特殊人才
海外高层次人才	一般应在海外取得博士学位，原则上不超过 55 岁，引进后每年在国内工作一般不少于 6 个月，并符合右侧具体界定条件之一的人才	① 在国外著名高校、科研院所担任相当于教授职务的专家学者；② 在国际知名企业和金融机构担任高级职务的专业技术人才和经营管理人才；③ 拥有自主知识产权或掌握核心技术，具有海外自主创业经验，熟悉相关创业领域和国际规则的创业人才；④ 国家急需紧缺的其他高层次创新创业人才

2010 年上海颁布《上海市金融领域紧缺人才开发目录（2010 年）》，向海外招募五大类金融人才，包括金融高级管理人才、金融研究人才、金融业务人才、专业服务人才、金融监管人才，岗位需求在 2 000 名以上。

2011 年 8 月上海发布民营企业海外高层次人才岗位需求信息，希望集聚更多海外高层次人才投身上海民营企业发展。市工商联通过前期需求调研摸底，梳理汇总出部分民营企业海外高层次人才岗位需求，以后每 2 个月汇编一次《上海市民营企业引进海外高层次人才需求目录》（以下简称《目录》）。首期《目录》汇集了上海来伊份股份有限公司等 39 家优秀民营企业的 288 个岗位。

2015 年上海“人才新政 20 条”颁布之后，上海在制定外籍高层次人才认定标准时，将重点更加倾向科技创新创业人才和一线科研骨干。对于领军人才，上海更是求贤若渴，多多益善。

2. 引才政策情况

近年来，上海持续不断地推出海外科技人才的政策与工程计划，主要的引才政策和工程情况如表 3－2～表 3－5 所示。

表 3-2　上海市青年科技启明星计划受资助人成才情况

计划名称	设立时间	成立至今上海获得者人数	其中获得过启明星计划支持的人数	比例/%
"973"计划	1997	111	25	22.52
国家重大科学研究计划	2006	84	17	20.24
"973"青年科学家专题	2012	13	2	15.38
国家杰出青年科学基金	1994	412	137	33.25

表 3-3　上海市优秀学科带头人计划受资助人成才情况

计划名称	设立时间	1995 年至今上海获得者人数	其中获得过学科带头人计划支持的人数	比例/%
院士	1949	131	24	18.32
"973"计划	1997	111	69	62.16
国家重大科学研究计划	2006	84	45	53.57
国家杰出青年科学基金	1994	407①	265	65.11

表 3-4　"浦江人才计划"实施情况(2005—2015 年)

年　份	资助团队数	资助经费总额/万元
2005	205	4 300
2006	232	4 500
2007	226	4 020
2008	212	4 000
2009	256	4 409
2010	235	4 030
2011	281	4 500
2012	275	4 500
2013	289	4 728
2014	291	4 750
2015	285	4 730

① 未含 1994 年杰青入选者 5 人。

表 3-5　上海市人才培养计划执行情况

计划名称	相关文件	设立时间	资助标准	总人数及资助总额
上海市青年科技启明星计划	《上海市青年科技启明星计划管理办法》《上海市青年科技启明星计划管理办法(B类)》	A类：1991年 B类：2005年	20万元/项	2 222人次(含启明星跟踪)；28 646万元
上海市优秀学科带头人计划	《上海市优秀学科带头人计划管理办法》《上海市优秀学科带头人计划管理办法(B类)》	A类：1995年 B类：2005年	40万元/项	1 114人；32 392万元
上海市浦江人才计划	《上海市浦江人才计划管理办法》	2005年	20万元/项	1 457人；29 280万元
上海市青年科技英才扬帆计划		2014年	10万元/项	150人；1 500万元

上海的主要科技人才计划中，"浦江人才计划"是全国范围内针对留学人员的最大资助项目，2005年设立时规定由市人社局和市科委每年出资4 000万元(后增至4 750万元)，专门用于资助那些来沪创业的"海归"，解决他们创业初期遇到的资金瓶颈问题。"浦江人才计划"运行至今，已成为许多单位吸引和培育海外高层次人才归国工作的重要途径，已成为海外高层次人才归国创业的良好平台，其作为海外高层次人才归国后"第一桶金"的效应也已逐步显现。

上海"千人计划"围绕着国家重大战略和上海重点发展战略目标的人才需求，计划用5～10年时间，引进一批紧缺急需的海外高层次人才，并争取其中一批引进人才入选国家"千人计划"。

2005年上海成立浦东新区国家首个"综合配套改革实验区"；2010年杨浦区成为全国唯一的"国家创新型试点城区"；2011年张江高科技园区成为第三个"国家自主创新示范区"；2013年上海成为"中国自由贸易试验区"。这些都体现了上海改革前沿的地位，由此在海外人才政策方面，上海也有着显著特点。

2005年底，上海建立"海外人才工作联席会议制度"，整合了市发改委、科委、教委、外资委、外办、公安局、劳动局、财政局、工商局等相关政府职能部门的力量。

上海在符合条件的企业、高等院校、科研院所、园区，建立 20～30 个市级海外高层次人才创新创业基地；并争取其中一批基地建设成为国家级海外高层次人才创新创业基地。支持人才基地进行更加大胆的体制机制探索，将有关投融资、股权激励、成果转化等方面的政策在人才基地先行先试，营造宽松环境，把基地建设成为海外高层次人才最能发挥作用、最能产生效益的“人才特区”，继续发挥现有的各类人才支持计划的作用，形成分层分类的优秀人才引进、培育平台。

上海建立了国际人才交流协会，同时上海外国专家局积极协同有关部门，不断改善外国专家来华工作、生活环境，提供多种便利措施，加强对来华专家的服务工作，加强对外国专家合法权益的保护。

在出入境新政的基础上，上海市人力资源和社会保障局、市外国专家局和市公安局于 2015 年 8 月 12 日联合印发了《关于服务具有全球影响力的科技创新中心建设，实施更加开放的海外人才引进政策的实施办法(试行)》(以下简称《实施办法》)，标志着海外人才有关业务受理工作进入实施阶段。该《实施办法》突破原有限制，有针对性地降低外籍高层次人才申办永久居留证的“门槛”，同时试点为外籍高层次人才办理人才签证(R 字签证)；上海还建立《外国专家证》和《外国人就业证》一门式受理窗口，为外籍人才提供更大便利。

3. 人才引进渠道

近年来上海引入海外人才的渠道不断得到开发和延展，主要有以下几种形式。

1)“走出去”海外揽才

如，2008 年远赴伦敦、芝加哥、纽约华尔街开展海外高层次金融人才招聘，延揽 66 名海归人才。2009 年 12 月组团远赴美国华尔街、英国伦敦“抄底”中高端金融人才，推出了银行、基金、证券投资等领域的 115 个职位，其中包括 11 个总监级职位。此外，建立海外工作窗口也是“走出去”的重要途径。为了更好地全方位地参与国际人才竞争，自 2001 年起上海国际人才交流协会依托驻外使领馆和海外留学人员组织，先后在美国硅谷、法国巴黎、英国伦敦、德国汉诺威、日本大阪、澳大利亚悉尼、中国香港、美国华盛顿、加拿大多伦多设立了 9 个海外工作窗口，加强与中国驻外使领馆、国家外国专家局驻外机构、在外留学人员组织、中资机构、华人华侨组织等的联系，将服务延伸到海外，成为在海外直接为上海引才服务的窗口。

2）“请进来”引才留才

通过已经来沪工作的专家、高级人才的推荐、介绍等方式，吸引更多海外高层次人才来沪工作、定居，海外人才队伍像滚雪球似地越滚越大。目前，“以人引人”是海外人才来沪的主要途径和方式。

3）“借外力”合作聚才

单独举办或者利用国家和外省市举办，以及联合举办的各类留学人才项目交流会等载体引进海外创新人才。2007 年以来上海多次利用国家教育部、上海知名留学人才网站开展留学人才网上洽谈、项目对接和实时视频交流。2012 年上海举办首届“国际英才创新创业活动周”，吸引更高层次、更广领域的海外高层次人才来沪创新创业。

4）利用中介机构引才

如 2013 年 9 月公布的《中国（上海）自由贸易试验区总体方案》提出，要坚持先行先试，“允许设立中外合资人才中介机构”，“允许港澳服务提供者设立独资人才中介机构”。这些人才中介机构在境外拥有大量资源，其入驻自贸区，意味着无论是企业主向海外招聘，还是外资企业在内地招聘，都便利不少。例如，上海敬元投资有限公司就是这样一个从海外引进高层次科技人才的中介机构。

5）通过项目引才

2011 年国家外国专家局启动实施“外专千人计划”和“高端外国专家项目”以来，上海市外国专家局牵头上海市有关行业主管部门和引智单位，围绕大型客机研制、高端海洋装备等国家和本市重点项目及重大工程建设，大力引进船舶、汽车、机电、生物医药、新能源、新材料等先进制造业发展和高新技术产业领域所需的高端外国专家。如 2013 年共组织实施引智项目 160 余个，资助引进外国专家近 500 人次，资助引智经费 1 000 余万元。其中实施高端外国专家项目 23 个，资助引智项目经费 457 万元。通过引智项目引进的外国专家分别来自美国、日本、英国等 30 多个国家和地区，既有美国、英国、俄罗斯、加拿大等传统智力强国，也有巴西、印度等新兴国家。引进的项目和专家分布于医疗、科研、化工、传媒、能源等 20 多个行业和领域，包括航空、船舶、汽车、机电等先进制造业，微电子、生物医药、海洋工程等战略性新兴产业，以及文化艺术、医疗卫生、食品安全、都市现代农业等传统产业领域。

6）实施重大人才工程引才

2012年上海以实施重大人才工程为突破口，力争在统筹推进各类人才队伍上有重大突破。计划再用5年时间，形成总量达1 000名的创新型科技领军人才及创新团队。首席技师培养计划力争用3年左右时间，选拔培养1 000名首席技师。2012年，中组部推出面向国内高层次人才的“国家特殊支持计划”（“万人计划”）。根据中组部的要求，上海根据实际需要，启动实施了国际金融人才开发计划、国际航运人才开发计划、国际贸易人才开发计划、战略性新兴产业人才开发计划等16项重大人才工程。表3-6给出了上海市引进海外人才中各方角色和作用比较。

表3-6　上海市引进海外人才中各方角色和作用比较

序号	名　　称	角色和作用
1	上海市政府	① 提出人才引进发展战略；② 健全人才引进管理机制；③ 积极开展海外揽才活动；④ 加大人才引进政策创新；⑤ 完善人才引进服务体系
2	高校、科研机构	充分发挥一流院所引进优秀人才的作用：① 上海交通大学引进抗生素专家邓子新教授、从美国密歇根大学引进倪军教授、与2008年诺贝尔奖获得者吕克·蒙塔尼签约；② 复旦大学1999年以来从海外引进185位高层次人才，其中40位为外国教授，部分为国际级顶尖人才；③ 中科院上海生命科学研究院2002年以来先后聘请美国、德国、法国等多名国际知名科学家
3	企业	构筑发展平台，集聚优秀人才：① 重点骨干企业平台；② 重大项目平台；③ 跨国公司和国际非政府组织平台
4	专业团体	自2001年起上海国际人才交流协会先后设立9个海外工作窗口，积极宣传上海的政策和环境，配合引进海外高层次留学人员等

4. 引才规模和数量情况

经过多年发展，上海人才发展环境不断优化，上海人才总量和高层次人才数量不断提升。上海海外人才规模位居全国前列，目前已初步建成一支素质高、结构优、适应产业发展和符合上海重大工程、重点项目建设需要的海外高层次留学人才队伍，参与国际人才竞争的能力显著提升，人才国际化程度不断提高。

截至 2015 年底，上海人才总量已经超过 473.8 万人，专技人才 325.13 万人，高技能人才占 30%；在沪两院院士 173 人；774 名海外高层次人才入选国家“千人计划”，其中 24 人入选国家“外专千人计划”，数量位居全国第二位。“百千万人才工程”国家级人选 371 人；1 186 人入选上海市“领军人才计划”；1 021 人入选上海市首席技师“千人计划”[16]。此外，已有 573 名优秀海外高层次人才进入“雏鹰归巢计划”人才库，676 名海外高层次人才入选上海“千人计划”；2 787 名留学人员入选“上海市浦江人才计划”，为“千人计划”等各类海外高层次人才引进计划提供了扎实的人才储备[17]。

目前，在沪工作和创业的留学人员从 1996 年的 1.5 万人增加到 13 万余人，居全国之首。根据学历认证、户口办理渠道得知，每年有 1 万余名海外留学人才来沪。在所有留学人员中获得博士或硕士学位的占 90%以上，来自全球 113 个国家和地区，其中美国、英国、德国、澳大利亚、日本等发达国家占 70%。

来自上海市公安局出入境管理局的数据显示，目前每年在上海办理各类出入境证件的外国人数量在 23 万人左右，其中常住 6 个月以上的人员为 17 万左右，在沪工作的外国人在 9 万至 10 万之间。外国人激增，凸显了上海的国际化程度在提高[8]。

目前在沪常住外国专家超过 8.8 万人，约占全国的六分之一，其中获中国政府“友谊奖”的有 45 人，诺贝尔奖获得者 2 人，办理台港澳人员就业证 2 万余张，数量均居全国前列。

随着“海外金才”、“领军金才”、“青年金才”等开发计划的实施，一批具有全球视野、通晓国际规则的海归金融人才，一批具有战略眼光和较强领导力的经营管理类人才，一批勇于金融改革、精于市场开拓、善于风险管控的专业技术类金融人才纷纷落户上海，其中很多已迅速成为所在金融机构的中坚力量。到 2015 年底，上海金融业从业人员总量约 35 万，超额完成“十二五”金融人才总量达 32 万的目标。

2015 年，上海“双自联动”实施方案提出了 10 项重点创新试点。一年间，张江高新区管委会建立了接轨国际的合同管理、议价薪酬、异地工作的用人模式，依托干细胞、量子通信、医学大数据、先进传感器等重大项目平台，面向全球集聚了高端人才470余名。表3-7给出了上海引进海外人才的基本情况。

表3-7　上海引进海外人才的基本情况[①]

类别	总　量	基　本　情　况
留学回国人才基本情况	13万余人,居全国之首,每年新增1万余人(2015年)	① 学历和知识结构合理,高层次人才比较集中,大批留学人员在跨国公司和著名国际机构中担任高级管理职务 ② 择业渠道多元化,向非公领域集聚趋势明显,2003年以来来沪留学人员中70%流向非公领域 ③ 创新创业活动踊跃,成为自主知识产权创业的主力军,留学人员在沪创办企业4 900余家,占全国比例达四分之一,总注册资金超过7亿美元,并且大部分具有自主知识产权
吸引外国专家总体情况	常住外国专家8.8万余人,约占全国的六分之一(2015年)	① 文教类专家,主要分布在高等院校、科研院所、中小学校、文化艺术单位、新闻传媒单位及体育单位等,约占总数的28% ② 经济类专家,应聘在外商投资企业中担任副总经理以上职务或享受同等待遇的外国籍高级管理人员或专业技术人员,约占总数的55% ③ 技术、管理类专家,应聘来沪从事经济、技术、工程、金融、财会、税务、旅游等领域工作,或具有特殊专长,约占总数的17% ④ 来源国前五位:美国、英国、日本、加拿大、澳大利亚;年龄结构:主要在25～64岁,其中25～34岁占34%,35～44岁占30%
引进港澳台专才基本情况	约4万人(2011年)	2003年10月出台《关于加强沪港经贸合作初步意见》,提出进一步加强沪港专业人才交流与合作;上海分别开展引进千名香港专才来沪、博士后项目合作、沪港两地公务员挂职交流培训、专业资格互认等工作,鼓励香港各类专才来沪工作;在沪的香港专才90%具有多年专业服务经验,年龄大多在30～50岁,集中在外资企业(65.9%)和民营企业(25.6%)
外国人就业基本情况	持有效《外国人就业证》、实际在沪就业的外国人为9～10万人,占全国三分之一(2014年)	① 国别来源多样、年龄结构较为合理;分别来自209个国家和地区,前三位的是日本、美国和韩国;年龄为18～51岁,其中31～40岁占36%,41～50岁占31% ② 在沪就业的行业分布广泛,主要分布在商务服务业和制造业 ③ 人员结构呈现三高趋势:层次高,绝大部分从事管理和技术工作;学历比较高,90%以上具有大学本科以上学历;在外商投资企业工作的比例较高

① 资料来源:根据上海市统计局、上海外国专家局、上海市科委等公布资料整理而成。

（二）“留得住”维度

“留得住”主要是指引进的海归人才能够较长时间在本地区定居工作。一般而言，集聚和吸引优秀人才，一靠环境，二靠事业，三靠待遇。

1. 留人环境情况

1）营造创新创业环境

美国学者研究表明，有才能和充满创意的高层次人才聚集在一起的时候，有利于创意涌流，个人和团队的智慧将呈现指数级增长，最终的结果将带来生产效率的提高。像创业基地、留学人员创业园等就属于这种高层次人才集聚的特定空间。上海坚持“不拼重金拼环境”的原则，一直比较注重人才引进的工作载体建设，注重设立海外高层次人才创新创业基地，建设留学人员创业基地，积极建设创新引智基地，建设人才管理试验区（人才特区），建设海外人才服务平台。目前在沪国家级创业基地有 12 家（见表 3－8）。

表 3－8　上海国家级创业基地（人才基地）

序号	名　　称	性　　质
1	中国商用飞机有限责任公司	中央在沪单位
2	上海交通大学船舶与海洋工程国家实验室	中央在沪单位
3	中科院上海生命科学院	中央在沪单位
4	宝钢集团公司	中央在沪单位
5	复旦大学	中央在沪单位
6	上海张江高科技园区	地方园区类基地
7	上海紫竹科学园区	地方园区类基地
8	上海杨浦知识创新基地	地方园区类基地
9	上海国际汽车城	地方园区类基地
10	上海陆家嘴金融贸易区	地方园区类基地
11	上海漕河泾新兴技术开发区	地方园区类基地
12	上海财经大学	地方园区类基地

在留学人员创业园建设方面，上海市人力资源和社会保障局与相关部门或区政府先后共建了留学人员创业园 11 家，其中张江、嘉定为国家级留

学人员创业示范基地(见表3-9)。

表3-9 上海留学人员创业园

序号	创业园名称	重点领域	备注
1	上海张江国家留学人员创业园	信息技术、生物医药、新材料、光机电一体化	国家级留学人员创业示范基地
2	上海嘉定留学人员创业园	汽车零部件、汽车新能源、汽车相关高科技创业、现代服务业	国家级留学人员创业示范基地
3	上海漕河泾留学人员创业园	计算机信息、生物医药、新材料、光机电一体化	
4	上海虹桥临空留学人员创业园	IT产业、电子商务	
5	上海留学人员科技创业孵化基地	生物医药、电子信息、通信技术、光机电一体化、新材料、能源产业、机械制造	
6	上海宝山留学人员创业园	电子信息、新材料、生物医药	
7	上海杨浦知识创新区留学人员创业园	教育服务、科学研究、科研成果孵化、产学研一体化	
8	上海莘闵留学人员创业园	生物医药、现代装备、软件、新材料	
9	上海徐汇留学人员创业园	软件产业、生物、高科技产业	
10	上海普陀留学人员创业园	软件产业、硬件研发、创意产业、数字媒体	
11	上海南汇留学人员创业园	健康产业、生物医药	

截至2014年底,上海有国家级工程技术研究中心21个,重点实验室40个;有市级工程技术研究中心212个,重点实验室107个。上海研发公共服务平台汇聚各类加盟机构1 100家,可以提供各类研发服务项目21万余项,基本涵盖了研究开发、技术转移、检验检测认证、创业孵化、科技咨询等各类综合服务。这些都为海外科技人才创新创业提供了重要载体和便利条件。

上海"十二五"期间大力推动"浦东国际人才创新试验区"建设来促进

上海“国际人才高地”建设。“浦东国际人才创新试验区”重在突破人才工作瓶颈，从人才管理体制机制、政策法规、服务体系和综合环境等方面创新突破，全面探索完善永久居留制度、试行技术移民制度、建设知识产权保护体系、创新信贷模式、建设国际人才市场、培育创新文化和氛围等。试验区建设不只是优惠政策的堆积，更在于探索打破人才引进和人才工作的瓶颈，进行系统性的制度建设，力图将人才引进和推动人才创新创业相关的体制机制纳入制度化轨道，甚至形成政策法规，创造符合国际惯例的通行环境，使人才引进和管理有法可依、有制度可依，从而最终实现人才引进的常态化机制。

2）优化生活居住环境

不断优化引智环境，让海外人才“来得了”、“待得住”，上海积极探索创新，出台了相关意见。上海着力做好为海外人才服务工作，消除人才归国（来华）的不适应感，解除人才的后顾之忧。国家“千人计划”启动后，上海积极做好相关政策落地和服务工作，及时起草并协调市委组织部等 13 个部门出台了《贯彻中央〈关于海外高层次引进人才享受特定生活待遇的若干规定〉的实施意见》（以下简称《意见》），解决了“千人计划”专家居留和出入境、落户、资助、社会保险、医疗保障、住房、子女就业、配偶安置、税收等 16 大类 40 项问题。《意见》规定，凡是持有中国《外国人永久居留证》的外籍人员，可以凭有效护照出入中国国境，无需另外办理签证等手续，考驾照、参加社会保险，享受中国公民同等待遇[①]。为了提供高效优质的服务，还专门设立“千人计划”服务窗口，并在海外人才集中的浦东、杨浦、徐汇、闵行、嘉定 5 个区设立了分窗口，形成“1＋5”联动机制，为入选专家提供“一口受理，全程服务”。

2002 年上海率先推出了有“地方绿卡”之称的《上海市居住证》B 证，给予海外人才以市民待遇。2013 年又出台实施《上海市海外人才居住证管理办法》，对相关政策予以升格完善（见表 3－10）。目前，申城每年为引进的具有中国国籍的回国留学人员办理落户超过 6 000 人，从 2002 年至今为其他外籍留学人员、外国专家等，共办理《上海市居住证》B 证 7 万余张。

① 资料来自“上海科技”网页，http：//www.stcsm.gov.cn/xwpt/kjdt/338231.htm

表 3-10 上海为引进海外人才提供的便利服务

序号	服务项目	服务内容
1	户籍或居留证政策	在居住证、居住证转办户籍、直接进沪等方面都有相应优惠政策
2	配偶安置	配偶由用人单位协调安排工作或发放生活补贴
3	子女教育	子女就学按本人意愿,由有关部门协调解决
4	社会保险	引进人才及其配偶、子女,可参加中国境内各项社会保险,包括基本养老、基本医疗、工伤保险等
5	出入境签证	对国家"千人计划"专家提供 2～5 年有效期的多次出入境签证
6	服务计划	设立"千人计划"科技事业发展服务专窗,提供科技政策咨询、计划项目申报等专门服务
7	外国人居留	在沪工作外国人,如其已连续两次申请办理工作类居留许可,且遵守中国法律法规的,第三次可以直接申请有效期 5 年的工作类居留许可

2010 年起,上海市连续 6 年在国家外国专家局组织的"魅力中国——外籍人才眼中最具吸引力的十大城市"评选活动中名列前茅(见表 3-11)。

表 3-11 魅力中国——外籍人才眼中最具吸引力的十大城市

年份 \ 排名	1	2	3	4	5	6	7	8	9	10
2010	北京	上海	大连	杭州	深圳	天津	青岛	厦门	烟台	芜湖
2011	北京	上海	天津	深圳	武汉	广州	苏州	重庆	厦门	杭州
2012	上海	北京	深圳	苏州	昆明	杭州	南京	天津	厦门	青岛
2013	上海	北京	天津	广州	深圳	厦门	南京	苏州	杭州	青岛
2014	上海	北京	深圳	天津	青岛	杭州	广州	苏州	厦门	昆明
2015	上海	北京	杭州	天津	深圳	青岛	苏州	广州	厦门	济南

2. 待遇留人

2008 年上海出台《关于海外高层次引进人才享受特定生活待遇若干规定的实施意见》,在沪入选国家"千人计划"的专家,包括中央在沪机构引进的国家"千人计划"专家,可享受 12 个方面的特定生活待遇。政策规定,市、区财政以及单位共同给予引进人才每人 100 万元人民币的配套资金,用于改善引进人才的工作生活条件。配套资金中的50%与工作业绩挂钩，50%用于改善生活待遇。愿意购房的，可参照本市居民购房政策，购买自用商品房一套，单位可给予资金资助。未买自用房的，单位提供一套建筑面积不低于150平方米的住房供其使用。自己租房的，由单位为其提供租房补贴。来沪时取得的一次性补助(视同国家奖金)和本市给予的配套补助，均视同市政府奖金，免征个人所得税。单位参照引进人才在海外的收入水平，协商确定引进人才的合理薪酬，引进人才的薪酬可不受国内薪酬体系的限制(见表3-12)。对作出突出贡献的海外高层次人才，可按国家相关规定实施期权、股权和企业年金等中长期激励方式。当然，目前这项政策的受惠面还比较窄，仅限于入选国家“千人计划”的专家，有待于拓宽政策覆盖面。

表3-12　上海外籍人员个人所得应纳税和适用税率表

应纳税所得项目	应纳税所得额	适用税率
工资、薪金所得	每月收入额减除4 800元费用后的余额	5%～45%超额累进
个体工商户的生产、经营所得	每一纳税年度收入总额减除成本费用及损失后的余额	5%～35%超额累进
对企事业单位承包经营、承租经营所得	每一纳税年度收入总额按月减除4 800元费用后的余额	5%～45%超额累进

留学生在上海浦东新区注册公司，可享受财税政策、资金支持、子女入学等多方面的优惠政策。财税政策方面，高新技术企业享受“二免(2年内免税)五减半(3～7年税收减半)”优惠；资金支持方面，可申请每年200万～1 000万元资金资助，每年4 000万元发展基金，每年5 200万元的风险投资资金；子女入学方面，随归的未成年子女由浦东新区留学生服务中心和教育主管部门统一安排，择校入学；国外生活5年以上，在语言文字适应期(3年)内升学，按有关规定享有加分优惠；浦东还设有外语教学的外国语学校。

在上海，海外科技人才可遵循相关规定，申请国家杰出青年科学基金、市人才发展基金、市白玉兰科技人才基金、市浦江人才计划、“东方学者”计划、青年科技启明星计划、优秀学科带头人计划、青年科技英才扬帆计划以及上海“千人计划”等，获得不同的年度资助(见表3-13)。

表 3 - 13　上海对海外人才的主要科研资助

计划名称	设立部门	资助对象	资助强度/万元	年度资助总额度或总名额	设立时间/年
上海市人才发展基金	市人事局	来沪工作和创业的优秀人才;从事自主知识产权项目研究、高新技术成果转化或其他上海特殊紧缺急需的优秀专业技术人才	5～20	约 700 万元	1996
上海市白玉兰科技人才基金	市科委	资助境内外优秀人才来沪合作开展长期或短期科学研究、技术开发、成果孵化和转化、科学知识普及教育以及科技管理等活动	视情况定	约 100 人	1997
上海市浦江人才计划	市人事局 市科委	应聘来沪从事自然科学、社会科学研究和工作的,或在上海创办企业的,或来沪讲学、进行咨询的留学人员及团队,以及其他上海特殊急需的留学人员及团队	20～50	4 000 万元	2005
高校特聘教授("东方学者")岗位计划	市科委 市教委	主要资助从海外引进、在上海高校从事学科建设的高水平学科带头人及团队;从事自然科学类研究的需 40 周岁以下,从事人文社会科学类申请者需 45 周岁以下	岗位:40～60;个人:每年 10	2 500 万元	2007
上海"千人计划"	市人才办	各类海外高层次人才	50	2 000 名左右(5～10 年)	2010

3. 事业留人

"如果一个人才仅仅是冲着几百万元的政府资助而来,那么这个人究竟是不是人才就要打一个问号。"上海市公共行政与人力资源研究所研究员沈荣华的调查发现,83%的海归不是为了钱而回来的。"能否留住一个人才,要看他的事业能不能发展起来。政策创新要重点从人才事业成功的各种要素入手。[18]”

海外人才之所以选中上海、留在上海并扎根上海，是因为这里有他们的事业。目前留学归国人员已经成为上海高科技研究和开发的一支生力军。来沪工作和创业的留学人员已有13万余人，留学人员在沪创办企业4 900余家，占全国比例达四分之一，总注册资金超过7亿美元，并且大部分具有自主知识产权。这些企业主要开发高科技产品，其中包括微电子、生物医药、信息技术、环境保护、高新材料等领域。上海的“人才红利”效应正在逐步发酵。

中科院上海生命科学研究院自2002年以来先后引进数位世界顶级科学家，担任主任、所长等职。这些国际知名的科学家在确定科技创新目标、推进管理改革、加强队伍建设等方面发挥了重要作用，使研究院呈现出新的发展势头(见表3-14)。

表3-14　中科院上海生命科学研究院引进的国际著名科学家(部分)①

姓　　名	国籍	原单位	在中国任职单位(中科院上海生命科学研究院)
蒲慕明	美国	加州大学伯克利分校	神经科学研究所所长
乌里·施瓦茨(Uli Schwarz)	德国		交叉学科研究中心主任
臧敬五	美国	贝勒医学院	健康科学中心主任
史香林	美国	西弗吉尼亚大学	营养科学研究所所长
杜文圣(Vecent)	法国	里昂P4实验室	上海巴斯德研究所所长
德雷斯(Dress)	德国		马普计算生物学研究所外方所长

2015年7月出台的《关于深化人才工作体制机制改革促进人才创新创业的实施意见》，还对“外国留学生在中国就业需具有两年工作经验”的规定进行了较大突破，规定在上海地区高校取得硕士及以上学位且到上海自贸试验区、张江国家自主创新示范区就业的外国留学生，经上海自贸试验区、张江高新技术产业开发区管委会出具证明，可直接申请办理外国人就业手续和工作类居留许可②。新政实施一年左右时间，已有39位应届外国留学

① 资料来自历年《上海科技统计年鉴》。
② 2016年9月25日，上海出台“人才新政30条”，将学历放宽至本科。

生成功在沪就业。以后,上海还将逐步探索非上海地区高校毕业的外国留学生在上海就业。

(三)“用得好”维度

评价海外人才“用得好”可以从两个层面展开:一是显性成效,即人才在创新创业过程中显现出来的能力和发挥的作用,这可以用创新创业成果等方面的指标进行衡量。二是隐性成效,海外人才还带来一些隐性的效果,如对增强本地科研氛围、开阔本土科研人员的眼界、带来前沿的研究信息和研究方法、带动国际学术交流合作、提升科技人才国际化水平乃至促进城市居民对知识和人才的尊重等多方面,都起到了潜移默化的作用。

1. 科研成果产出

目前上海的留学生和海外人才已经成为上海创新驱动发展的重要组成部分和中坚力量。留学归国人员中有两院院士 121 名,占全市两院院士的 72%;有国家“973”项目首席科学家 126 人次,占全市“973”项目首席科学家的 93%,上海绝大部分“973”计划首席科学家均为留学回国人才。目前上海有国家“杰出青年”基金资助学者 413 名,占全国总量(3 004 人)的 13.7%。此外,“海归”中入选“千人计划”的高层次专家也有 1 068 人,其中国家“千人计划”专家 774 人,上海“千人计划”专家 676 人。

自 2007 年以来,上海的 PCT 国际专利申请量虽有起伏,但是在全国各省市中一直处于高位水平,维持在全国前 4 名的位置(见表 3-15)。这其中有很大比例 PCT 申请量来自留学生创办的企业,留学生企业为此作出了很大的贡献。

表 3-15　上海近年来 PCT 国际专利申请量(2007—2015 年)①

年　份	PCT 申请量/件	全国排名	比上年增幅/%
2007	385	3	
2008	763	3	98.2
2009	493	3	—35.4

① 资料来源:历年《上海科技统计年鉴》。

（续表）

年　份	PCT 申请量/件	全国排名	比上年增幅/%
2010	735	3	49.1
2011	847	3	15.2
2012	1 024	2	20.9
2013	886	4	−13.5
2014	1 038	4	17.2
2015	1 060	4	2.1

2013 年上海科学家在《科学》《自然》《细胞》等国际权威学术期刊上发表论文 42 篇，占全国总数的四分之一以上（见表 3－16）。这些顶尖学术论文中，包含有留学归国学者的贡献，既有他们独立完成的，也有他们与国内学者合作完成的。

表 3－16　2013 年上海在国际权威学术期刊发表论文一览表①

期　刊　名　称	数值/篇	占全国总数/%
《科学》《自然》《细胞》	42	25.9
《科学》	16	29.09
其中以第一作者或通信作者发表	6	24
《自然》	13	24
其中以第一作者或通信作者发表	4	14.81
《细胞》	8	30.77
其中以第一作者或通信作者发表	3	30
《自然》下属专业期刊（不包括 Reviews 系列）	81	24.7

上海引进的外籍专家因为在上海创新驱动、转型发展中所作出的突出贡献，有 45 位外国专家获得中国政府“友谊奖”，多人次获得中华人民共和国国际科技合作奖和上海市国际科技合作奖（见表 3－17 和表 3－18）。

① 资料来源：2014 年《上海科技统计年鉴》。

表 3-17 上海引进外籍专家获得中华人民共和国国际科技合作奖情况①

年份	获奖者	原籍	在上海任职单位
2010	克劳斯·托普弗(Klaus Toepfer)	德国	同济大学环境与可持续发展学院
2011	德乐思	德国	中国科学院-马普学会计算生物学伙伴研究所
	戴宇阁	法国	上海交通大学医学院
	约翰·巴士威	英国	上海市农业科学院客座
2012	费立鹏(Michael Philips)	加拿大	上海市精神卫生研究所干预研究室
2013	倪军(Jun Ni)	美国	上海交通大学
	赫伯特·雅克勒(Herbert Jaeckle)	德国	中国科学院-马普学会计算生物学伙伴研究所

表 3-18 上海引进外籍专家获得上海市国际科技合作奖情况②

年份	获奖者	原籍	在上海任职单位
2010	德乐思	德国	中国科学院-马普学会计算生物学伙伴研究所
2011	费立鹏(Michael Philips)	加拿大	上海市精神卫生研究所干预研究室
	小室一成(Issei Komuro)	日本	复旦大学附属中山医院
2012	菲利普(Philipp Khaitovich)	俄罗斯	中国科学院-马普学会计算生物学伙伴研究所
	倪军(Jun Ni)	美国	上海交通大学
	陆嘉德(Jiad Jay Lu)	美国	—
2013	张懿	德国	中国科学院上海微系统与信息技术研究所
2014	穆罕默德·萨旺(Mohamad Sawan)	加拿大	上海交通大学
	陈宏宇	美国	复旦大学-陶氏化学联合材料研究中心
	麦吉乐(Gilles Mailhot)	法国	复旦大学

① 资料来源：2010—2015 年《上海科技统计年鉴》。
② 资料来源：2010—2015 年《上海科技统计年鉴》。

2. 创业成效

上海的海外人才队伍有力推进了上海创新驱动发展的步伐，创业成效显著，引起各方关注和肯定。在产业方面，引进人才在新能源、新材料、装备制造、生物医药、节能环保、农业安全等领域实现重大创新，在新技术、新产品研发上填补不少国内空白，在推进上海市创新驱动发展的进程中扮演着重要角色。如浦东国际机场、上海化工区、磁悬浮列车、东海跨海大桥、洋山深水港、F1 赛车场、上海口岸通关数据处理平台建设（大通关）等重大工程、重点项目建设都引进了外国专家帮助解决关键技术难点。2013 年底，中国商飞公司通过长期聘用、技术培训交流、项目合作、咨询服务等多种形式，先后引入外国专家近 900 名。引进的专家为大型客机研制项目中的机体结构强度设计、气动噪声设计、机翼气动设计优化、机翼增升装置设计、机载软件设计及复合材料工艺制造、适航等关键技术攻关提供了有力的智力和技术支撑。留学归国人员在沪创办的 4 900 余家企业多数都是高科技企业，不少还填补了国内科研领域的空白，还有部分属于现代服务业。

已有 2 000 余名留学人员在驻沪跨国公司和著名国际机构中担任中高级管理职务，担任公司高层领导的达 31.3%，100 多名留学人员走上厅局级领导岗位。从职业收入上看，上海留学归国人员中年薪 20 万元以上的超过 50%，年薪 50 万元以上的达 20%。

3. 对国内人才的培养及带动情况

上海多年来大力引进海外高层次人才，对学科及人才发展起到了极大的带动作用。例如“长江学者奖励计划”通过科学设岗、加大支持力度、聚集优秀人才，充分发挥了长江学者在学科建设中的“突击队长”作用。通过发展优势学科、培育交叉学科和新兴学科，加强国际交流与合作，使一批重点学科赶超国际先进水平。2013 年上海光源光束线站项目建设过程中引进来自美国、英国、德国、日本等国的 17 位专家，为运行、维护和更新上海光源光束线站的控制和数据获取系统，以及后续光束线的建设提供了重要参考，帮助该项目快速进入本领域的国际前沿。

上海外专局相关负责人 2014 年 9 月表示：“目前，已经有 100 多位海外人才担任了副厅局级以上的领导职务，他们在上海被委以重任，成为推动上海经济社会发展的重要力量。我们将不断加强体制机制改革创新，进一步优化海外引智工作发展环境,为促进上海经济社会发展提供有力的海外智力支撑。[①]”

高等院校、科研机构、文化机构、企业也直接吸引了一批批高层次的外国专家。现在,积极吸纳外国专家和智力的理念已经在上海形成共识,各级政府及各个领域“借外国专家之智,促自身事业发展”的理念日渐增强。各委办局先后聘请了几十位高层次外国决策咨询专家,为提高政府决策水平出谋划策,各区级政府也开始注重请外国专家为其提供咨询服务。

二、上海引进海外科技人才政策实施评估

(一) 上海引进海外科技人才政策实施成效

1. 引才政策实施成效

1) 引才岗位需求清晰

清晰明确的引才定位是上海引进海外人才政策的一个显著特点和取得积极成效的一个关键因素。上海的引才政策一直围绕“四个中心”建设需求,引进自身发展紧缺急需人才以及以重大技术突破和重大发展需求为基础,对经济社会全局和长远发展具有重大引领带动作用,知识技术密集、物质资源消耗少、成长潜力大、综合效益好的产业高端人才。2014 年党中央又赋予上海建设具有全球影响力的科技创新中心的重任,上海对海外高层次人才的需求大大增加,适应“全球科技创新中心”建设要求的人才成为上海引入海外科技人才的重点。

2) 引才政策尝试突破

上海是中国对外开放的门户,是国内不少改革举措的实验田,整体的人才环境与国内其他城市不同,政府在海外高层人才的引入和使用政策上也充分体现了前瞻性和前沿性。

2015 年上海出台了《关于加快建设具有全球影响力的科技创新中心的意见》,紧接着,第一个配套政策《关于深化人才工作体制机制改革　促进人才创新创业的实施意见》推出。被称为“人才 20 条”的新政实施一年间,又

① 资料来源:http://www.stcsm.gov.cn/xwpt/kjdt/338231.htm

出台30多项配套细则，着力推动建立更加开放的人才集聚机制，为全球科创中心建设提供坚强的人才保障和智力支撑。这些政策在申办外国专家证年龄限制、出入境政策措施、外籍留学毕业生直接在沪就业等方面都实现了前所未有的突破。

3）引才渠道灵活多样

经过多年探索和实践，上海已经建立了灵活、畅通、多样化、立体式的引才模式和机制。比如，直接“海外揽才”，2008年开始，上海组织专门人员到国外对海外高层次人才直接招聘，直接参与国际人才竞争；借助多方合作引才，如借助与中介机构的合作引进海外人才；利用国内外重大工程、重大项目吸引海外科技人才。上海常举办相关海外高层次人才的交流活动，通过活动让海外的科技人才和在国外留学的科技人才有机会更好地了解上海的引入海外人才政策，吸引更多、更高层次的科技人才到沪发展。

4）引入海外人才数量提升

目前上海海外科技人才的总量不断提升，规模不断扩大。落户上海的国家“千人计划”专家、海外留学人员、在沪常住外国专家、港澳台专才、国家“杰出青年”基金资助学者、入选国家“外专千人计划”人数等各项关键指标均居全国前列，部分指标居全国首位。

2. 留才政策实施成效

1）引进人才工作载体建设加强

上海坚持把优化环境作为挖渠引水、筑巢引凤的基础性工程和关键性举措，注重人才引进的工作载体建设，建立了一批载体平台、园区，为引入的海外科技人员提供优良的工作载体环境，以更好地吸引并留住海外科技人才在沪发展。包括设立海外高层次人才创新创业基地，建设留学人员创业基地，积极建设创新引智基地，建设人才管理试验区（人才特区），建设海外人才服务平台等。

2012年上海又建立全国首个“千人计划”创业园，初步形成全方位、相互呼应、相辅相成的合理布局，为海外留学人员营造优良的创业环境。

2）关注海外科技人才生活待遇

与一般劳动者相比，高层次人才虽然对工资收入等待遇因素不是特别看重，但良好的待遇和比较体面的工资收入既是其事业发展的良好保障，也是对其社会价值的一种认同,因而对留住人才也具有较好作用。上海出台政策,给予在沪入选国家"千人计划"的专家,包括中央在沪机构引进的国家"千人计划"专家12个方面的特定生活待遇;同时制定多项政策,给予海外高层次人才收入税收减免、申报科研项目优先支持、科研奖励等优惠条件。引进的海外人才本人及其配偶子女可按规定享受医疗和医疗保险保障待遇。上海在引进海外人才配套资金、住房补贴、伙食补贴、搬迁费、探亲费、子女教育费等方面也都有优惠政策。

由此可见,上海正努力通过多方面的政策改变提高引入的海外人才的生活待遇,以保证这些海外人才的基本生活待遇得到满足,从而安心地留在上海工作和发展。

3. 用才政策实施成效

1)引入海外科技人员创业成效显现

留学归国人员在沪创办了4 900余家科技型企业,上海留学人员企业在自身发展壮大过程中,不仅将留学人员在国外学到的新知识、新技术以及国外资金、国外客户、对外联系渠道等一体引进上海,促进了上海高新技术产业等方面的发展,而且直接为上海创造了财富,增加了国家和地方税收,提供了就业岗位等。

2)科研成果产出有所增加

在越来越多高层次海外科技人才的加盟下,上海近年来在生命科学、医学药学、信息技术、生物技术、新材料技术、光电技术、新能源汽车技术、船舶制造技术、航空航天技术、冶金与化工技术等方面均取得重大进展,不少领域居国内领先地位。

PCT国际专利申请已成为检验国家、也是检验一个城市自主创新能力的一把标尺。多年来上海的PCT申请量一直处于高水平,保持在全国前4名的位置,为我国国际专利申请量的提高作出了很大贡献。这其中包含海外来沪科技人才付出的智慧和劳动。

3)国际化管理理念及制度得以推进

近年来越来越多的跨国公司将地区总部迁往上海,或在上海设立研发中心,并从全球挑选高级管理人员和技术专家到上海任职。上海已成为跨国公司全球研发网络的关键节点和重要枢纽。截至2015年底,累计落户上海的跨国公司地区总部、投资性公司分别达 535 家、312 家，上海成为中国内地跨国公司地区总部落户最多的城市。上海认定的外资研发中心已达 396 家。国家科技部发布的《全国科技进步统计监测报告》显示，上海综合科技进步水平指数已连续 5 年位列全国第一位。这些引入的海外人才以及大量的海外投资企业的发展，大大推动了上海国际化管理理念和制度的形成。

（二）上海引进海外科技人才政策需求与不足

1. 引才政策实施需求与不足

1）海外人才引入的政策总体规划不足

近年来上海虽然出台实施了一系列的海外科技人才引入政策，但由于政策本身缺乏长期性、总体性的战略规划，导致海外人才在引入总量与结构上还不尽如人意，还有很大的提升空间。

引进海外科技人才总量规划不足。虽然上海一直在扩大海外科技人才的引入范围，推陈出新完善海外科技人才引入政策，但与上海建设全球科技创新中心，提高上海经济发展的要求相比，差距还很大，离国际大都市的海外人才引入水平的要求还有相当距离。随着外向型经济和创新经济的发展，以及上海建设全球科技创新中心的工作推进，所需要的海外高层次科技人才的数量也会越来越大，而上海目前引入海外科技人才的数量还远远不能满足这些需求。

引进人才结构需要调整。科学合理的人才结构应当是创新人才和创业人才保持一定的比例。但是目前我国各城市所引进的海外科技人才中创新人才多，创业人才少。这点在上海体现得也十分明显，引进的海外科技人才多数集中在高校、科研院所等体制内单位，以创新型人才为主。目前落户上海的“千人计划”专家 774 人中创业人才只有 78 人，仅占约 10%，创新人才是创业人才的近 9 倍。因此，加大创业型海外科技人才引进力度，是当前及今后上海引进海外人才工作的重点方向。

国际化人才集聚度仍然较低。近年来在沪外国人①的数字连年增长，

① 指在上海居留半年以上的常住境外人员。

2010年底，在沪外国人有16.24万人，到2012年底达17.41万人。但总体来看，在沪境外人员占常住人口的比例还较低，仅为0.73%，与纽约、中国香港、新加坡等城市和地区的差距还较大，远低于硅谷（硅谷地区三分之二的科学家和工程师均来自美国以外的地区），且近10年来外国人增速呈下行趋势（见表3-19和图3-1）。根据英国世界城市研究中心（GW Center）的研究，尽管上海近年来全球创新指数上升的速度较快，但目前还不是世界移民主要的目的地城市，甚至未列入第三梯队的城市[19]。尽管外国科研人员远期看好包括上海在内的中国，但目前上海对外籍科研人员的吸引力还不大。无论对于金砖国家还是G20及“欧洲五国”①人才而言，上海都没有位列其最受欢迎目的地城市排名中。

表3-19　上海与主要国际大都市和地区常住外籍人口比较②

	上海	纽约(NYC)	新加坡	香港
常住人口/万人	2 380.43	825	507.67	707.1
常住外籍人口总量/万人	17.41	306.7	184.6	58.2
比例/%	0.73(2012年)	37(2011年)	36.3(2011年)	8.2(2011年)

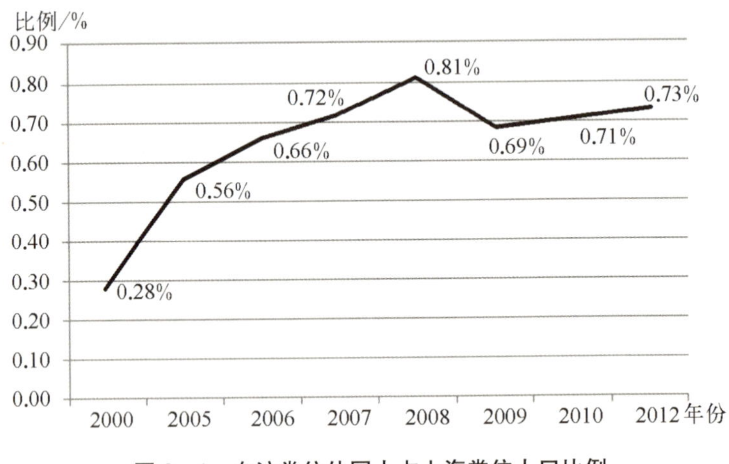

图3-1　在沪常住外国人占上海常住人口比例

① “欧洲五国”是指目前深陷欧债危机的5个国家，分别是葡萄牙、意大利、爱尔兰、希腊、西班牙。
② 数据来源：上海统计年鉴、纽约人口统计、新加坡统计局、香港政府一站通等。

缺乏海外科技人才团队的引进。目前上海引入的海外科技人才中，以团队形式引进的还寥寥无几。就目前上海出台的各类海外人才的引入政策来看，对于团队引进的政策几乎没有。在科技部首批选立的 86 个重点领域创新团队中，上海只有 1 个团队入选。江苏、广东近几年均已出台专门针对团队建设的省级层面政策，而且支持力度都在千万级别，广东最高可支持 8 000 万元到 1 亿元。特别是广东，通过“珠江人才计划”，大力引进创新创业团队和领军人才，前三批共引进 57 个创新科研团队和 49 名领军人才，集聚了包括 4 名诺贝尔奖获得者、2 名诺贝尔奖评委在内的近千名高层次人才。上海则缺乏全市层面的科技创新创业团队建设办法和资助政策，上海仅有领军人才资助经费可用于团队，最高也仅有 25 万元。

2）引进外籍人才留居制度门槛高、申办流程长

2004 年 8 月，国家公安部、外交部发布《外国人在中国永久居留审批管理办法》，我国开始实施外国人永久居留制度。根据现行制度外国人申请永久居住证的门槛需要副教授、副研究员以上，门槛较高。由于审批权不在上海，而在公安部，因此永居证从申请到发放一般需要 6 个月的时间（2015 年 7 月 1 日后缩短为 90 天），且上海发放的数量约为 2 000 张，发放数量较少。国家“千人计划”专家及家属基本上就已占满，很难扩大到更大的范围，这与上海大力吸引海外人才，建设具有全球影响力的科技创新中心的目标不相适应。

来沪的外籍留学生毕业后无法直接留沪就业。根据国家现行规定，外国留学生在我国就业需要有两年工作经验，导致约 4 万在沪留学生（年均毕业约 1 万人）毕业后无法直接办理外国人就业证和居留许可证。这对于提高上海的人才国际化程度，显然是不利的。虽然 2015 年上海人才新政 20 条出台后，相关部门及时制定了实施细则，这方面情况已有所突破，但是政策大面积获得认知和普遍落实还需要一个较长时间过程。比如上海试点外国留学生毕业后直接留沪就业，但是要取得硕士及以上学位，且到“双自”区域内工作才行，操作上也不是很简便。

调研显示：① 海外人才政策开放度不够，上海得到了 2 000 张绿卡，但是人才类只有 400 张，都是“千人计划”专家获得的。人才类签证使用情况极少。② 毕业生在华直接工作存在问题。上海的突破是，外籍留学生毕业

后到“双自”办理工作类居住证,但是远未满足需求,且条件较严格。③ 人才的双向流动不够,体制机制僵化,事业企业间政策实际差别大。④ 人才评价机制不够,仍是沿用传统的一套,市场评价机制尚未建立起来。上海提出让科研人员“名利双收”,体现财富激励效应,但是如何操作,还没有具体思路。⑤ 办事的便捷性不够,给人才的实际感受不好。

据海外归来的科技人才反映,归国手续办理繁琐,来去不便利。归国科技人才普遍反映存在学历学位认证较为麻烦的问题:42%认为认证周期长,29.3% 认为部分关键信息不通畅,28.7%认为政策执行的透明公平度不高;重复认证,有博士学位了还要求认证硕士学位。回国定居手续繁琐、冗长:在外工作生活多年的留学人员在办理回国定居时,所碰到的户口、身份认定等问题涉及许多职能部门,时间跨度长,更要求本人亲自办理,往往导致多次往返,成本高昂。人民币汇兑额度问题也给不少人造成不便,部分归国科技人才只身来沪创新发展,配偶和子女留在国外,需要定期汇兑外币或邮寄出境,但国家对外币汇兑的数额有严格限制,给他们的生活带来很大不便。

2. 留才政策实施需求与不足

与新加坡、中国香港等周边国际化程度较高的国家和地区相比,上海在人才环境的开放度(居留政策、出入境政策)、国际人才生活的便利度(公共管理服务、生活配套服务)、法制税收环境、语言文化环境等方面都存在明显差距。突出的表现是,外籍人士普遍感受到在中国生活和工作存在诸多的不方便,以至有专门的生活和工作服务“秘书”需求。

1) 创新创业政策需求难满足

科技人才对创新创业环境满意度有待提高。目前上海已具备吸引国内外一般人才的条件和环境,但对国际一流人才的吸引力仍显不足。据《自然》调研发现,60%以上生物和物理领域的受访者看好 2020 年中国科学发展前景,但仅 8%的人表示准备现在去中国,多数人由于政治和文化等因素仍选择在美国、欧洲、加拿大和澳大利亚发展。科技人员对学术环境、学术氛围的满意度最低,特别是在建立宽容失败的氛围、挑战学术权威的氛围以及学术独立等方面满意度最低,不满意度最高,这都一定程度上影响了对人才的吸引和集聚(见表 3-20)。

表 3-20　上海科技人才对创新环境的评价①

评价程度	政府鼓励创新的政策	创新型人才培养	产学研合作	知识产权保护	信息、通信服务质量	风险投资的可获得性	宽容失败的氛围	挑战学术权威的氛围	学术独立、不受行政干预
非常好	13.8%	8.1%	6.3%	6.4%	7.8%	3.8%	4.3%	4%	4.4%
较好	43.5%	33%	28.3%	29.6%	36.9%	18.9%	18.2%	15.1%	16.3%
一般	28.9%	41.9%	46.8%	41.3%	38.3%	43.8%	37.4%	34.2%	34.8%
不好	3.2%	7%	6.7%	12.8%	6.8%	11.4%	26.9%	34.1%	30.6%
不知道	10.6%	10%	11.9%	10%	10.1%	22.1%	13.2%	12.7%	14%

海外科技人才创业投融资瓶颈难破解。对于海外科技人才归国创业而言，投融资问题一直是一个难题。过去一些年上海也曾尝试通过搭建诸如银行、担保公司、风险投资公司等投融资平台来吸引各种资源，对这一问题进行“破题”。但海归人员回国创业，作为一个初创期的科技创新型企业，普遍面临的难题是在投融资时缺少实物抵押，金融机构出于对坏账风险的规避，很少愿意承担这一巨大风险，因此企业要完成投融资在操作上很困难。而目前虽然各种风险投资不少，但很多还是在“撒胡椒粉”，对企业的实际发展意义不大。对于留创园而言，入驻的大多是科技型和创意型企业，企业对知识产权融资抵押的需要比较大。因此，未来需要尽快在知识产权质押、投融资担保等方面制定可操作的具体化意见。

根据上海社会调查研究中心华师大分中心 2015 年开展的“上海归国科技创新人才调查”结果显示，海外在沪创业人才反映出下列问题：

初创期的企业仍面临一些关键的困难和障碍。一是税率高，与新加坡等其他国家和地区相比缺乏优势。二是各类收费较多且不透明。三是对初创企业的全方位帮扶不足。调查显示，54.4%的初创期归国科技人才认为国内人际关系复杂，58.4%的被访者认为政府部门办事效率不高。而且，归国科技创业人员由于其企业规模、纳税额等较小，往往难以获得相关工业园区和服务机构的更多关注。

① 资料来源：市科协，引自《中国（上海）自由贸易区人才制度创新研究》（课题编号：HZ2014-06）。

成长期的企业面临较为突出的市场开拓难和融资难问题。36.28%的被访归国科技创业人员遇到的较突出的问题是市场开拓困难,当企业逐渐发展壮大时更会遭遇“天花板”和“玻璃门”。近 60%被访者反映融资难,当前天使投资往往更青睐轻资产的互联网公司,银行更关注大企业和国企,自身企业则处在夹缝中。

部分优惠政策难以落地。一是部分政策执行时不规范,同时政出多门,政策多变,让归国创业者无所适从。二是部分优惠政策和信息不够透明,很多政策和扶持资金都是事后才知道。三是部分优惠政策申请相对繁杂,评审规则和标准尚不够完善和透明。

税收问题也是海外来沪科技人才关注的问题。对于海外的高级人才而言,税收虽然不是决定去留的关键因素,但也是重要原因之一。

2)体制内就业政策待改进

留学回国人员在国外工作生活时间较长,回国后都会有一些适应性问题。调研显示,体制内归国科技人才对创新环境的评价,主要反映存在人才评价标准单一、考核机制不合理、薪酬福利过低等问题。

评价机制不合理,工程类科技创新人才的潜力难以有效发挥。归国科技人才中有很多是工程技术类人才,具备较高的解决工程、工艺问题的能力,能够在生产制造核心环节的突破中发挥重大作用。但是,这些人才既没有论文,也没有专利,在现行评价体系下难以被相关高校和科研院所重视,很多出类拔萃的创新型科技人才要么引不进来,要么引进来后难以发挥作用。

相关管理制度不利于归国科技人才的发展。一是科研经费使用限制太严,科研津贴和劳务费得不到合理的价值分配。当前高校和科研院所的科研经费使用管理与国外相差太大,不利于充分调动其创新积极性。二是出国限制对归国科技人才造成“误伤”。广泛的海外联系是归国科技人才的优势和财富,也是其始终保持学术和技术处于国际前沿的重要前提。但是,目前有关规定中对体制内归国科技人才的出国时间、频次等都有限制,这在很大程度上不利于归国科技人才的海外联络。

3)生活保障政策待完善

舒适便捷的生活是吸引归国科技人才选择上海的重要原因。但是目前这一群体在沪生活中还存在一些突出问题长期得不到很好解决。

子女受教育问题难以满足。子女教育问题日益突出，已成为归国人员关注度最高的问题。海归科技人才的子女接受过海外教育，初期回国可能不适应中国教育模式，汉语表达能力肯定与国内同龄同学相比有一定差距，造成升学难；一些海归科技人才的子女若是外籍则无法免费享受义务教育，且面临返校难。当前，上海虽然已经有多所公办、民办甚至是外国政府在华开办的各类国际学校，但是与归国人员和外籍人员的实际需求相比仍有不小差距。调查数据显示，当前归国科技人才对子女教育问题的关注度达到了 3.98（总分为 5），既超过经济全球化等宏观议题，也超过园区发展、政策开放等关系事业发展的核心问题（见图 3－2）。其中，70％的归国科技人才对学校的教育方式和内容不满意，60％认为学校离家太远、难以实现就近入学，超过 50％认为收费太高，还有约 40％的被调查归国科技人才子女出生在国外，中文基础差，难以适应公办学校。

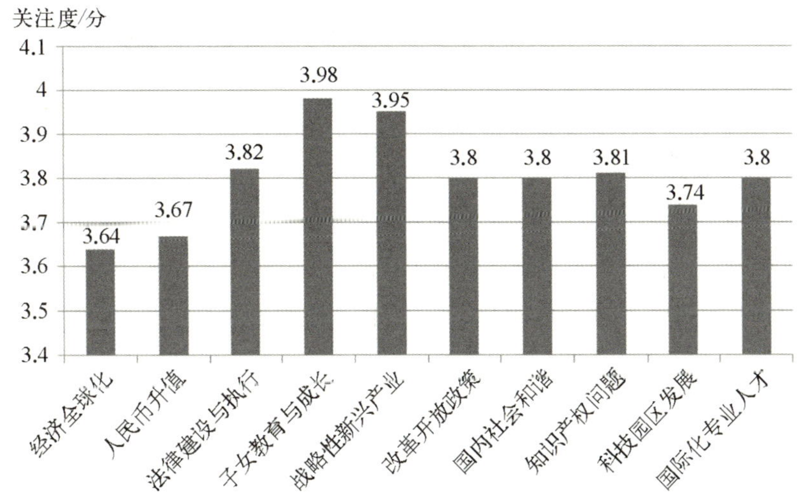

图 3－2　归国科技人才重点关注的问题

过半海归科技人才在沪住房困难问题难解决。处于高位的房价让很多有意向来沪发展的海外高层次人才望而却步。用人单位的住房补助资金相对于高房价来说仍是杯水车薪。科研人员无法享受到政府的公租房、经适房，处于尴尬的“夹心层”。

配偶安置问题难解决。来沪海归科技人才的配偶原则上都由海外高层次人才的引进单位负责安置。但由于其配偶多半在国外也从事具有一定技术或管理背景的工作,在安排上很难达到当事人的心理预期,导致很多归国的海外人才只能两地分居[20]。

3. 用才政策实施需求与不足

1) 人才引入后续管理机制不完善

调研得知,目前在沪的一些引入海归人才的单位在人才使用方面存在着不利于人才发展的负面因素,其障碍主要存在以下几方面。

青年人才的使用不合理。不少国外一流大学毕业归国的博士,因在国内还缺少影响力,承接项目、课题难,很多青年人不但没能像在国外那样独立带领硕士生和博士生冲在科研第一线,反而只能成为院士、著名教授的打工者,甚至只能从最低的平台做起,这样既不利于人才的使用,严重违背人才成长规律,也在一定程度上限制了青年人创新发展的积极热情。

外籍专家使用不合理。目前在沪的一些外籍专家往往具有更高的学术水平和科研创新能力。但是在一些高校和科研机构中的外籍科技专家却因为是外籍身份而没有资格申请国家级项目、省部级和国家科技进步奖等,这在一定程度上不利于外籍高技术人才的才能发挥。

科研成果转化的收益分配制度需创新。长期以来政策规定,职务发明人没有成果转化的处置权。高校和科研院所引入的海归人才,运用财政资金支持形成的科研成果属于职务发明,转化处置权属于单位,视为国有资产,研发团队和个人没有成果转化处置权。职务发明人的成果转化收益比例较低。目前职务发明人的成果转化奖励和报酬缺乏细账和操作办法,很多单位不愿意承接国有资产流失风险,将奖励标准定得很低,非常不利于激励海外科技人才的发明创新。2015 年新的《促进科技成果转化法》已颁布,规定了"三权下放",但相关实施细则尚未出台,大部分科技人才仍持观望和存疑态度。

薪酬管理体系和分配制度不合理。目前很多在沪的引进海外人才集中在高校、科研院所和医院等科教卫系统,因受制于事业单位编制和薪酬制度,形成了薪酬与人力资本投入的不匹配,出现逆向淘汰的不利局面:优秀的海外人才不愿意来,来了也不能长期稳定工作。

科技产出效益低，缺乏淘汰机制。目前引进的海外科技人员在科技产出率上仍然很低。反映在每年产生的重大科技成果和发表的高质量、有影响力的研究论文数量很少，海外引入的高层次创新型科技人才的创新活力也有待增强。

从目前的管理机制看，还缺乏对海归人才的淘汰管理机制。即使当前已有的淘汰机制也大多处于休眠状态。要进一步制定和完善引进人才的淘汰制度，加强执行力，实行必要的量化考核，确保海外人才引进的投入与产出成正比，弱化海外引进人才的“光环效应”。

2）部分人才优惠政策落地难

上海为加快留学生创业园的发展，在创业园除了享受外商独资企业政策外，对注册在园区的留学生企业，园区还给予一系列优惠和支持政策。如园区设立高科技项目种子期孵化基金；设立奖励基金，奖励在科技开发和产业化中作出贡献的项目和人员；对国家“千人计划”以及上海“千人计划”入选人才所创办的企业，给予 3 年 500 平方米房租减免优惠等。

但是政策落实难一直以来是留创园面临的一大难题。一方面是一些政策需要协调的部门比较多，其中一些环节阻力很大，很难打通；另一方面是因为其中的一些优惠政策落实起来对园区的财政压力较大，受现实的制约大。为此，在园区政策创新方面，嘉定留创园建议，对已出台的政策中难以落实之处，需要抓紧制定细则加以实施。

三、上海引进海外科技人才政策实施完善建议

（一）确定更加科学的引才范围

“不拒众流，方为江海”，在制定引才规划时上海要积极争取那些潜在的科技人才。相较于同年龄组群体，跨境赴海外求学的中国留学生以及来中国求学的外国留学生，属于具有较强“动能”的国际化人才，能在不同地域保持良好的生存与发展状态，说明他们是人才资源中的优质部分和稀缺部分。上海应将争夺外国留学生，尤其是引进科技领域的外国留学生、博士后放在一个突出重要的战略位置，编制全球人才地图，以主动的策略、多元的方式

和充沛的资源，吸引外国留学生，改变全球外国留学生流动的方向，为未来储备能量。

目前国内各大城市对于海外人才的引进，多数倾向于斥巨资引入国际上正如日中天的大牌科学家(尤其是国际科技大奖获得者)，并以此作为引才工作的成绩。上海应克服这种片面性，除了引进这些正当年的大牌科学家，也要把目光聚焦到有潜力的青年科技人才，以及国外退休的、富有经验的科学家的引进上来，一来可以避开与世界发达国家的正面竞争冲突，二来这两种海外科技人才的引进也符合上海目前的情况，且能大大增加海外科技人才的数量。

(二) 建立更加均衡的引才结构

加大创业型海外科技人才引进的力度，是当前及今后上海引进海外人才工作中的重点方向。上海在引入人才的结构上要适当考虑创新人才和创业人才需要保持一定的比例，加大创业型人才的引入，或政策向创业型的海外人才倾斜，提高海外科技人才创业的主动性与积极性，而不应过于集中在高等院校、科研院所等体制内的单位。

此外，还应积极引进和着力培育“创业型创新”人才这种高端复合型人才。“创业型创新”人才是具有多学科知识的应用型人才，是一种以创业、创新、创造为核心的全新人才形态。创业型创新人才不仅可以在创业中实现就业的增长，而且还可以带动经济的发展，成为经济、社会全面发展的重要推动力。所以，他们不是单纯的创新人才或者创业人才，而是两者的复合。首先，他是创新人才，是创新人才中具有创业精神和创业能力的那些人，是可以把自己的创新成果亲自付诸实践的人。其次，他要具备创业的潜质，是创业人才中能取得开创性成果的那些人。目前，高层次海归或留学生是创业型创新人才主要来源之一。上海在引才工作中应当着重考虑这类新型人才群体。

(三) 营造更加实用的用才环境

引进是第一步，使用才是关键。能否形成一个良好的用人机制，让他们真正能发挥自己的特长，是海外高层次人才引得来、用得上、留得住的关键。为了使引进的海外高层次人才更好地发挥作用，习近平同志曾提出三个重要原则：充分尊重、积极支持、放手使用。放手使用，就是要努力提供海外高层次引进人才创新创业、发挥作用的政策条件，把他们放到关键岗位，让他们参与专业决策、领衔重大项目，做到人尽其才、才尽其用、用当其时、各展所长[①]。

因此，对海外高层次人才，要实行重用政策，大胆破除不合时宜的条条框框，完善配套政策措施，充分理解、充分信任、热情关怀、放手使用，把他们放在重要岗位上，充分发挥其引领、示范和带头作用。同时，要遵循国际惯例，完善市场体系，培育具有品牌效应的国际人力资源服务机构，建成比较完善的国际人才市场，充分发挥市场配置资源机制的基础性作用。

在用才中务必牢记“事业留人”的原则。事业是培养、锻炼、激励人才的最佳手段，也是最重要的环境。要聚焦国家战略、聚焦重大产业项目、聚焦创新基地，实施重大科技攻关计划和重大工程项目，为高端人才创新创业搭建平台与载体；要聚焦发展总部经济，集聚一批国际组织、世界500强企业总部、跨国公司总部和研发机构，建设一批世界一流和高水平的高等院校和科研院所，让人才创业有机会、干事有舞台、发展有空间，在事业发展中实现和提升价值。

（四）构建更加开放的海外科技人才引入政策

上海要坚持“择天下英才而用之”的人人才观，争取国家的政策支持，先行先试，大胆探索，勇于创新，构建更加开放、更加灵活，充满活力、富有效率的引才政策体系。

对现行的“中国绿卡”制度尝试突破。外籍人士普遍反映：中国移民政策严格，不利于引进国际人才；“绿卡”门槛太高，不利于引入和留住国际人才。现行的“中国永居证”制度不利于大规模引进外籍人士。上海可以向国家层面建议对这一制度进行改革，或者由上海率先尝试，摸索一些经验。一是放宽“绿卡”申请条件，除现有条件外，可以考虑将科研、业务、教育等更加灵活务实的申请条件囊括进来，放宽申请条件，让更多的海外人才申请中国“绿卡”。二是提高“绿卡”含金量。可以考虑在现有基础上，加大优惠力度，

① 2010年7月29日，习近平在北戴河看望“千人计划”入选专家代表的谈话。

增加新的优惠条款内容,以加快探索技术移民,加强引进国外智力。有关部门要优化"绿卡"申请服务管理工作,为引入海外人才提供便利。

此外,上海可以尝试争取国家下放永久居留审批权限,在上海设立第二总部等级的机构,便于海外人才申报。

出台鼓励外籍人才融入城市的技术移民制度。现在这类政策还相当欠缺。2010 年发布的"国家中长期人才规划纲要"提出:要实施更加开放的人才政策,探索实施技术移民制度。但目前外籍人才加入中国国籍的技术移民政策尚未出台,亟需进行海外人才引进制度层面的突破创新。此外,其他不利于国际化人才培养的政策环境,包括引进人才子女入学、出入境签证管理政策等许多方面,都需要抓紧突破、改革、完善。上海可以以"国家中长期人才规划纲要"为依据,争取成为试点城市,在这方面率先突破。

(五) 加快国际人才示范区建设

要积极探索具有国际竞争优势、体现上海城市发展特点、有效开发利用国际人才资源的新路。

完善海外科技人才政策体系建设。通过整合上海现有的海外人才政策,建立更为完善的引进政策体系,破除人才流动壁垒,建立人才签证制度,为外籍人才发放"永久居留证"并给予相应国民待遇,简化申请流程,缩短申请时间,相应扩大申请数量等,向世界展示上海广纳天下英才的态度。

探索创新海外科技人才工作机制。鼓励支持试行人才基地等新机制新办法,在人才投入、使用、激励、服务等方面,完善政策措施,构建创新平台,积累经验。

加快推进张江国际人才管理改革试验区建设。进一步推进以浦东国际人才创新试验区为引领的改革试验区,在吸引用好海外人才方面先行先试,促进人才、科技、产业的协同发展。加快张江国际人才示范区的推进,在示范区内率先尝试探索更加开放的国际化人才管理机制,形成可复制、可推广的经验,然后覆盖到全市范围。

(六) 破解来沪海外科技人才体制内就业瓶颈

一是积极吸引海外工程技术类创新人才。调查显示,目前有一批 20 世纪 70、80 年代出生，在海外顶尖级企业或研发中心长期从事工程类研发工作的华人技术专家。这一人群由于多属独生子女，在父母逐渐年迈时有较强的回国意愿。因此上海要根据这一特定人群，制定专门的优惠政策和鼓励措施，花大力气引进一批这样的技术创新人才，帮助、引导其实现“技术报国”的理想。

二是积极推动人才使用、科研管理等制度安排与国际接轨。建议相关委办局积极推动管理制度的国际化改革，参照国际惯例，在海外科技人才使用、科研经费管理、薪酬体系等方面加大创新突破的力度，真正在工作环境上与国际接轨。

三是针对归国科技人才的特殊情况适当进行政策调整。相关部门要加快梳理不利于归国科技人才的制度瓶颈，推动引进科技人才全面融入国内的晋升、奖励体系。同时，对归国科技人才的出国（境）制度进行适度调整，逐步通过条件管理等手段方便其出国（境）交流。

（七）搭建科技人才服务平台

针对海外科技人才普遍反映的居住、社交等方面存在的实际困难和迫切需求，要尽快整合全市资源，启动科技人才服务平台工作，切实解决他们的后顾之忧，营造优良的人才工作生活环境。

是搭建科技人才公寓服务平台。以现有及规划中的公租房项目为基础，针对青年科技人才及海外科技人才对过渡性、阶段性住房的实际需求，发挥政府引导作用，以集聚社会各方资源，通过市场的合理化配置，共同打造上海科技人才公寓，以增加科技人才公租房资源的有效供给，优化科技人才公租房的软硬件条件及配套人才服务，进一步优化青年科技人才成长发展环境，激发人才活力。

二是搭建科技人才联谊交流活动平台。以丰富全市科技人才、包括海归科技人才的精神文化生活需求为目标，建立相互呼应、协同融合的工作运行机制；形成政府引导、市场配置资源，社会各方机构或组织共同参与的联谊交流服务资源网络；发挥各服务资源的特色优势，形成分层次、分领域、分区域的服务体系；通过科技人才联谊交流平台组织开展形式多样的联谊活动，从而丰富科技人才精神文化生活，提升生活品味，引领价值取向。

(八)进一步营造舒适便利的生活环境

要集聚海外来沪科技人才生活中遇到的突出问题,进一步努力探索,积极尝试,破除体制机制障碍,为海外人才尤其是海外高端人才营造一个“类海外”的生活环境。

一是高度重视归国人才的子女教育问题。在现有制度安排的基础上,市教委要通过统筹公办学校资源和社会力量,举办更多满足归国留学生子女教育需求的学校。同时,针对外籍华人的特殊情况,可以与所在国联系协商,鼓励所在国在沪再建一批专门学校,更好地满足外籍华人的子女教育需求。

二是给予归国科技人才更多生活便利。利用自贸试验区等先行先试的契机,积极向国家相关部委申请试点,逐步探索解决简化通关条件、增加外汇兑换金额、方便配偶子女落户、居留期过短等一系列问题,使归国科技人才能够来去自由、生活便利。

三是进一步改进相关机构和部门的服务工作。建议相关部门成立人才服务的专门协调平台,广泛联系包括海外人才在内的各层次人才,尤其要重点关注80、90后等新生代人群。相关机构和部门要进一步转变职能、改进作风,在涉及人才重大利益的政策、信息变动时,要急人所急、想人所想,积极主动做好服务工作,努力打造服务型政府。

上海科技成果转化过程中的人才激励研究①

目前，我国很多高端研发人才集中在科研院所和高校里，由于激励以及评价体系等原因限制，科技成果往往不能进行产业化。上海也一样，在科技成果转化中，科技人才激励机制的不完善严重影响了人才积极性的发挥，从而阻碍了科技成果转化率的提高。如何建立现代科学的激励方式来调动人才的积极性，发挥其最大能量，是解决科技成果转化难题的重要一环，也是真正营造上海大众创业、万众创新氛围需要重点思考的问题。

一、成果转化过程中股权分配模式和人才激励方式案例分析

科技成果转化不是转化为论文，而是要推动产业化。在这方面，国际上有不同类型的成熟模式，上海自己也有很好的经验。在这些模式中，知识产权（专利）激励机制最为普遍和有效。

（一）国家层面

以当今世界最大的三大经济体（中国除外）为例。

1. 德国的专利制度

1957 年实施的德国《雇员发明条例》（以下简称《条例》）通过设置选择权的方法，在雇主与发明人（雇员）之间建立起了灵活、务实的协商机制。《条

① 作者：顾承卫；杨小玲；龚晨；王敬英；何西亮；胡伟家

例》规定,雇主在法定的时间内享有优先选择权,即雇主在收到雇员完成发明报告后4个月内,有权对该发明提出非限制性或限制性的主张,同时雇主应当给予雇员经济上的补偿,补偿的性质和数量由雇主与雇员协商约定,协商不成可以通过诉讼途径解决。如果在法定的时间内雇主不主张权利,该发明的知识产权依法自动归发明人。

这一制度的特点是:法律首先承认雇主与发明人(雇员)在因雇佣关系而产生的知识产权分配问题上地位平等,并不因为被雇佣关系使发明人的权利受制于雇主,发明人有平等地获得与该知识产权有关的权益;其次,协商机制的建立为利益的合理分配开创了一种很好的途径,由于知识产权价值评估难,所以协商解决是最合适的方法,司法则是提供最终的保护。这一制度实施后极大地激发了德国民众发明创造的活力,它的人均专利拥有量长期保持世界第一,对战后德国经济的高速发展发挥了极其重要的作用。

这是一个由国有股间接参股、控股产业界的国家运用知识产权制度(专利)推动本国经济发展的成功典范,值得我国国有企业进一步深入研究和借鉴。

2. 美国的专利制度

美国的专利激励制度充满活力和人性化特点。美国的《专利法》规定,一项专利应该以实际的发明人名义申请,即无论是雇佣发明还是非雇佣发明,申请专利的人都应该是实际的发明人,雇佣发明中的出资人(雇主)不享有法定的专利申请权,在出资人和发明人之间,法律绝对地倾向保护发明人权利。

在高度崇尚资本的美国,在保护知识产权问题上却高举"智力本位"的大旗,深刻地反映了美国以"智力"为核心的价值观,"智本"高于"资本",所以法律保护发明人享有雇佣发明的专利申请权。保障出资人权利,是通过美国各州和各大科研院制定的州法律或科学院规章制度来加以协调的。基本原则是,出资人要获得专利权,必须以协商的方式通过转让的途径从发明人那里取得。以伊利诺伊州的《雇员专利法》为例,该法规定:雇佣协议中规定雇员应将其在一项发明中的任何权利转让给雇主。雇员的权利由此转变为义务,必须履行,以此保障雇主的权利。这一对权利与义务的转换机制在雇主与雇员之间发挥了巧妙的利益协调作用。

在这一对矛盾中,雇员占据着权利的主导地位,雇主则是从属地位,由于专利权转移必须通过转让方式来完成,因此协商机制将充分发挥作用。转让的价格不是哪一方可以单方面决定的，在没有达成一致意见之前，雇主无法得到所需的专利权，这一制度极大地保护了处于雇佣地位的发明人利益；另一方面，由于雇员必须将专利权转让给雇主，不转让既不能自行实施也没有任何经济利益可得，这对雇员又形成了一种制约。在这种既保护又制约的机制下，雇主与雇员一定能找到双方都认可的利益平衡点，真正做到各得其所。

以实现个人功利为核心的知识产权激励机制，在美国的专利法律体系中找到了一种充满了活力、人性化的权利分配方式。美国的专利拥有量、美国的科技、经济多年来保持世界第一，证明了这是一种非常合理、行之有效的制度。

3. 日本的专利制度

日本以健全的职务发明制度而著称。2002 年 7 月由小泉首相亲自挂帅的日本知识产权战略会议通过了《日本知识产权战略大纲》，提出了知识产权保护的四大战略共 100 多项措施，健全职务发明制度就是其中重要一项，针对的问题是因现行《专利法》有关职务发明专利转让费计算规则引起的雇主经营成本大幅度提高的问题。职务发明权益分配问题已经引起包括日本在内的发达国家的高度关注，无论是雇主一方还是发明人一方，如果因制度设计不当而导致权益分配不合理，定将严重影响国家创新力的提高。

日本现行《专利法》规定，职务发明的专利申请权和专利权归发明人所有；雇主对雇员的职务发明专利权拥有一般实施权。雇员如将职务发明的专利申请权或专利权转让给雇主，或为雇主设立了独占实施权，就有权获得适当的报酬，并对什么是“适当的报酬”制定了规则。日本产业界为了调动研究人员的积极性，往往根据职工对企业的贡献提高报酬。发明者若认为企业给的报酬和自己的贡献不等价，通过法院裁决报酬仍可增加，近年来日本职务发明专利补偿费呈巨额增长趋势，雇主权益受到损失。针对这种现象，为了减轻企业专利管理成本和风险、增强产业竞争力，这次修改决定废除现行《专利法》中有关职务专利转让费计算标准的规定，改由企业和发明人自行协商解决。合同协商机制是确定知识产权转让价格的最恰当的办法，双方的愿望在平等协商的过程中趋于一致，比任何“精确”的刚性规定更合理。

综观美、日、德三国的专利制度，虽然有关职务发明的权利分配制度不尽相同，但它们在重大问题上遵循的是相同的原则：雇主与雇员发明人地位平等原则、优先保护发明人权益原则、知识产权价格协商原则等。这些原则对激励发明创造发挥了巨大的作用。

(二) 大学、科研院所、企业层面

1. 美国的大学

美国大学的技术一般通过技术转移办公室来转化。美国对技术转移办公室的知识产权的所属关系和未来的收益分配已形成一套稳固模式。一般因专利成功转移所建成的衍生企业中,大学要收取 5%～15%的技术股,最常见的比重是 7%～8%。这些技术股中,15%给予技术转移办公室,剩下的分成 3 份,发明人、所在院系和大学各得 1 份。

美国的创新体系之所以能够有如此优异的成绩,最主要的原因在于美国在以应用为导向的基础科学研究上有相当的规模,各大学间保持良性的竞争,且学术界长久以来都充满了创业精神,这样的基础却不是其他国家所能具有的。所以,一味跟随美国模式,未必就能复制美国的成功。

2. 英国的公共医疗研发机构

英国公共医疗研发机构的创新成果由英国九大国家保健服务信托创新中心(National Health Service Trust Innovation Hub)来转化。

创新中心的所有资金来自英国贸易产业部的科学技术办公室、卫生部和各地方的区域发展署(Regional Development Agency)。每个创新中心集聚了某一区域的所有国家保健服务信托和基层保健服务信托、大学的医学院、企业以及专家,通过资源的高度集中对知识产权实现有效的管理,包括评估、保护和开发知识产权;在所有大学的技转办公室之间建立联系;推动技术进入产业界等。

根据九个中心之一的伦敦国家保健服务信托创新中心的资料,研发人员尽可能早地把自己的技术发明提请所属信托或大学,由信托或大学联系当地创新中心。创新中心在申请专利和联系企业的过程中,同发明人签署保密协议。专利的所有权属于发明人所在的信托或大学。对于技术成功实现转移后所获得的收入,创新中心不收取分毫,但建议信托按照收入高低,按表 3-21① 所示比例同发明人共享。

① 资料来源:伦敦国家保健服务信托创新中心网站。

表 3-21　技术转移后的收入分配

收入/英镑	信托分享/%	发明人分享/%
0～5 000	85	15
5 000～25 000	75	25
25 000～100 000	50	50
100 000 以上	70	30

以上两种模式有一个共同特点，即由技术商业化专业机构和专门人才来完成转移转化，令知识和专家得到共享，避免了多余的成本。

3. 宝钢对职务发明的奖励

上海宝钢集团公司规定，发明专利奖励 4 000 元，实用新型专利奖励 2 000 元，外观设计专利奖励 1 200 元。专利实施后，公司每年从实施该专利取得的经济效益中提取一定的比例给予发明人或设计人及有关人员。发明和实用新型提取比例一般是当年经济效益的 2%～3%，外观设计一般是当年经济效益的 0.5%～1%。如果专利技术对外许可，可从许可纳税后提取 20%～35%作为发明人及其他相关人员的报酬。宝钢每年拿出上百万元作为职务发明的奖酬金，有的发明人一年可以拿到二三十万的职务发明报酬。良好的激励机制，催生了孔利明、王军等一批工人发明家，促进了宝钢专利申请量和专利实施率不断攀升。

二、上海科技人才对技术成果转化激励的政策需求

调研显示，目前上海科技人员对技术成果转化激励措施的需求和期望，主要有以下一些方面。

(一) 科技成果转化人员期待的激励措施

股权激励、技术转让许可费收入分成和实施科技成果利润分成是对科技成果转化人员最为有效的激励措施，被科研院所和大学所共同认可(见图 3-3)。

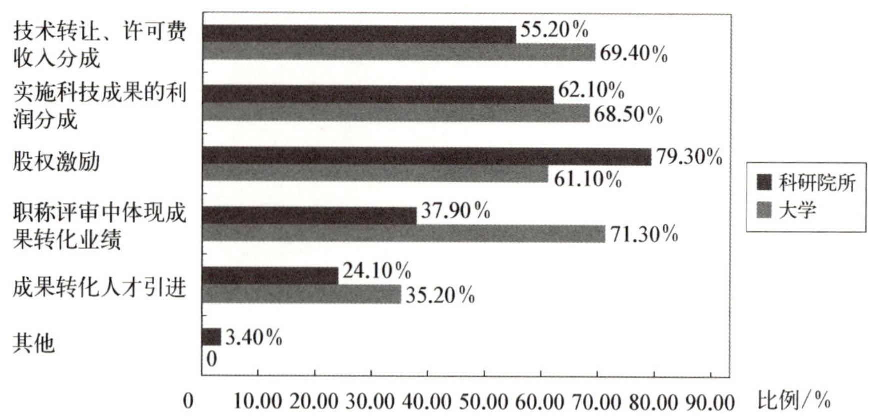

图 3-3 科技人员对技术成果转化激励措施的需求判断

对股权激励、技术转让许可费收入分成和实施科技成果利润分成这三种激励手段,具体的激励力度需求分别叙述如下。

1. 股权激励需求

以技术出资入股方式进行成果转化,在对成果完成人较为合适的股权奖励比例上,科研院所和大学较为一致的判断是:对成果完成人奖励应占该项目成果所占股份50%以上的股权,或由成果完成人与单位协商确定奖励比例。另外,从对股权奖励比例的总体倾向上看,科研院所对奖励比例的需求较低,而大学则相对较高(见图 3-4)。

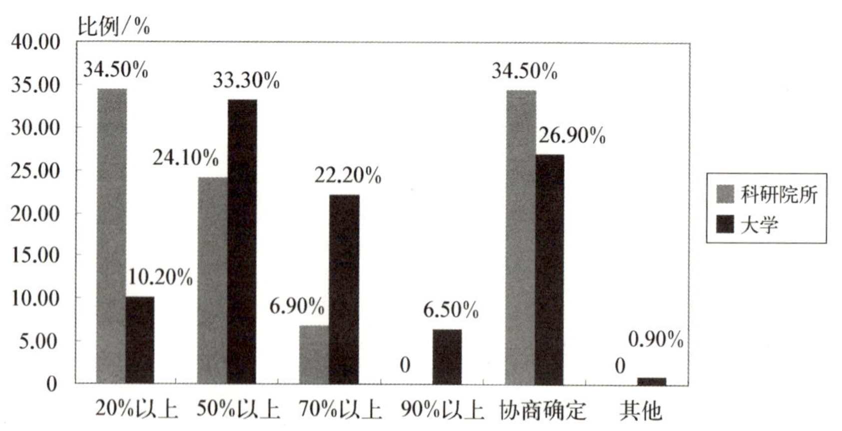

图 3-4 股权激励需求——项目成果所占股份的百分比

2. 技术转让、许可费奖励需求

以技术转让、许可方式进行成果转化，在对成果完成人较为合适的奖励比例方面，科研院所和大学的判断存在一定分歧。科研院所倾向不低于成果转让或许可费所得税后净收入 30%的收益，而大学大多赞同不低于 50%左右的收益分配(见图 3-5)。

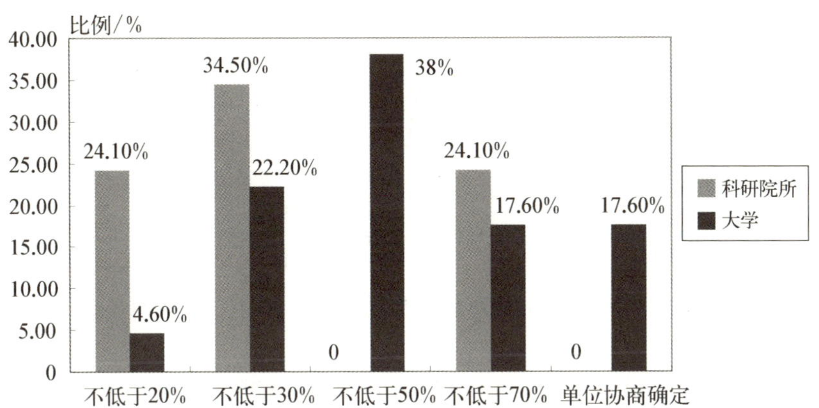

图 3-5　技术转让、许可费奖励需求——成果转让或许可费所得税后净收入的百分比

3. 实施科技成果利润奖励需求

以自行转化或合作转化方式进行成果转化，对于项目盈利后对成果完成人较为合适的奖励比例，科研院所和大学的观点较为趋同，主要集中在每年从实施该项成果的税后利润中分配不低于 10%～20%的收益，且赞同比例较为一致的是取中位数，即不低于 15%的税后利润(见图 3-6)。同时，对

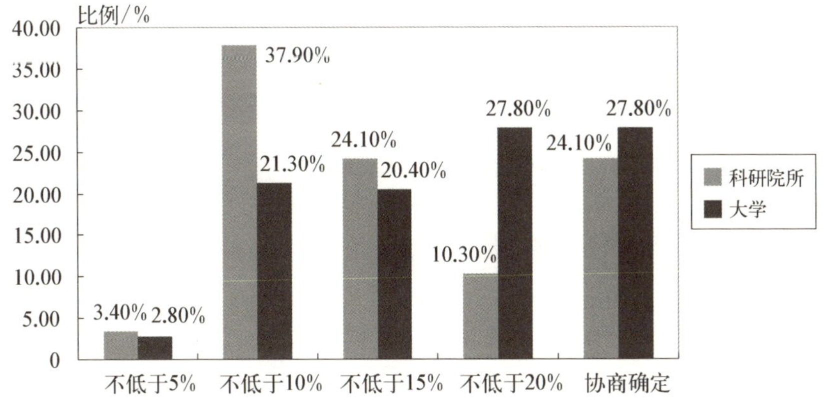

图 3-6　实施科技成果的利润奖励需求——实施该项成果税后利润的百分比

项目盈利后奖励成果完成人较为合适的时间跨度,科研院所和大学较为集中的选择均为 3～5 年(见图 3-7)。

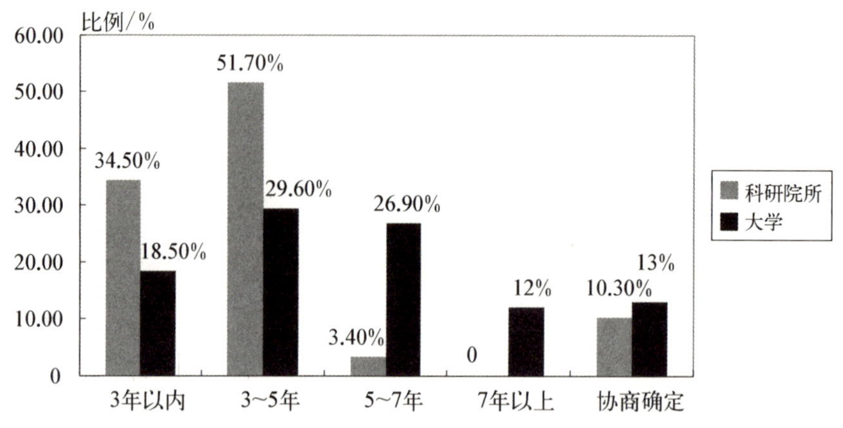

图 3-7　实施科技成果的利润奖励需求——利润分配期限

(二) 科技人员参与科技成果转化期待产学研合作的方式

在技术人员参与科技成果转化的理想方式方面,科研院所和大学的看法相当一致,都认为以项目为纽带与企业短期性合作成果转化和在一定期限内离岗创业从事成果转化(在本单位保留人事关系)是两种最为理想的方式。其中,以项目为纽带与企业短期性合作成果转化更是得到了超过 70% 的认可率(见图 3-8)。可见,科研院所和大学的大多数科技人员希望通过产学研合作的方式进行成果转化,并保留在本单位的职位和人事关系。因此,对成果转化人员的政策支持也应尽可能适合科技人员的这种需求。

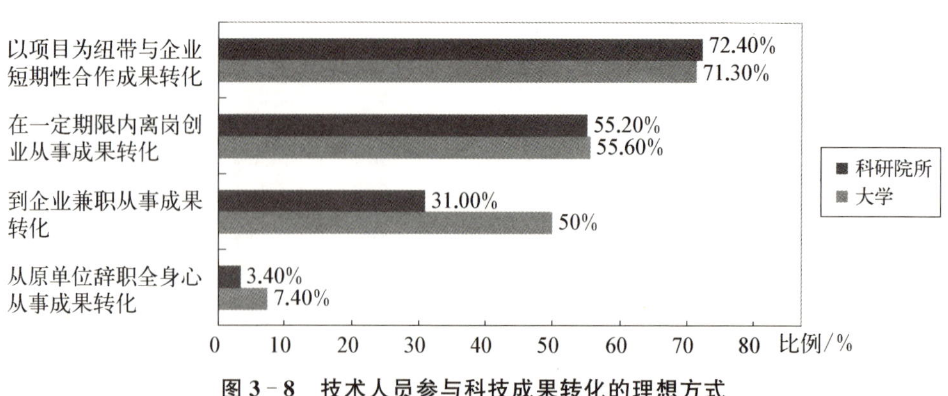

图 3-8　技术人员参与科技成果转化的理想方式

与此相应，科技人员认为单位在成果转化人才方面最需要提供的政策支持，是为优秀人才及其团队提供人才补贴、生活保障和事业支持，以保持科技成果转化人才队伍的稳定。同时，职称评定制度中更多地体现成果转化业绩，也是鼓励科研人员开展成果转化的重要激励手段(见图 3-9)。

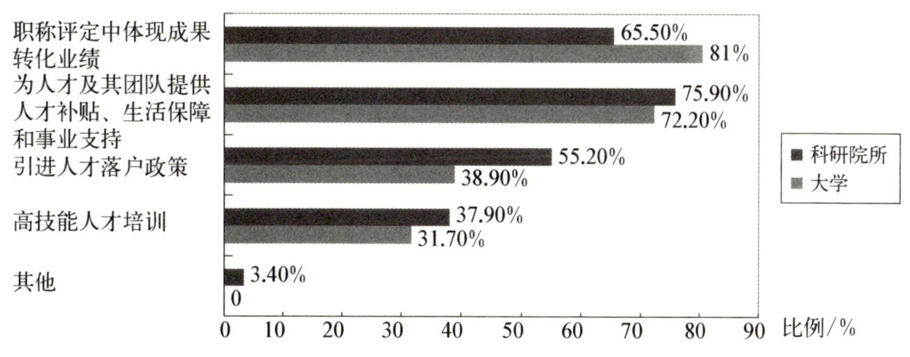

图 3-9　科研院所和大学的成果转化人才政策支持需求

三、成果转化中科技创新人才激励方式分析

经过改革开放 30 多年的探索和实践，我国对科技成果转化人才的激励方式已经有不少，形式也比较多样。但是在实施过程中也存在一些不可忽视的缺陷和不足之处，需要引起足够重视。

(一) 成果转化常用激励方式

1. 金融信贷激励

为确保科技成果顺利转化所需要的资金，充分运用信贷、利率、结算、金融市场融资等有效手段，增加信贷投入，保证科技开发贷款、技术研发、产品成果市场化运作贷款等，为成果转化人或单位更好完成成果转化提供良好的金融环境。

2. 税收激励

对成果转化人或单位的技术性收入和科研投入给予减免税收，激励成果转化人才和单位进行科技投入与设备更新，调动成果转化人才的积极性。

《重庆市促进科技成果转化股权和分红激励的若干规定》对被激励对象

的税收激励政策规定,除了相关支出按照税法规定进行扣除外,激励对象获得股权时,暂缓缴纳个人所得税,在股权转让后才依法缴纳个人所得税。另外,激励对象所获分红及股权转让收益缴纳个人所得税计算应纳税所得额时,按一定比例扣除了为科技成果的产生及转化所付出的成本。

3. 服务平台搭建激励

为科技成果转化人才及单位搭建服务平台,加强多方面的转化服务。如咨询、市场牵线搭桥、信息收集与传递、成果定价评估、成果交易、仲裁、人才培训等多种服务平台。

4. 知识产权激励

尊重和保护知识产权,保护科技人才和单位的权益;鼓励成果所有者有偿转让知识产权或以知识产权作价入股;确定知识产权归属和权益的分配,真正激发创新热情,吸引更多的创新投入。

广州市政府在《广州市科技创新促进条例》中规定:市财政资金支持的科技计划项目实施所产生的知识产权,除涉及国家安全、国家利益和重大社会公共利益外,由项目承担者依法取得,这是对知识产权法的重大突破。

为加快科技成果的转化,《重庆科技创新促进条例》和《青岛市科技创新促进条例》还规定:高等学校、科研机构承担政府科研项目所形成的职务科技成果,在一年内未实施转化的,在不变更职务科技成果可能性的前提下,科技成果完成人可以创办企业自行转化或者以技术入股在本市进行产业转化,并最高可享有该科技成果在企业中股权的70%。

5. 人事关系及职称激励

针对科技人才所从事的科技成果转化的阶段不同,工作性质不同,制定不同的职称评定标准,建立有针对性的适合的职称评定制度。

吉林省出台《促进科技成果转化股权和分红奖励的若干规定》,对科技人员创办科技型企业或自愿到企业、农村工作的,经批准,允许3年内保留原职务级别、编制、人事关系及工资福利待遇;鼓励高等院校、科研机构在评定职称、晋职晋级时,将科技人员从事知识产权创造、运用及实施的情况纳入考评范围,同等条件下予以优先考虑;职务发明人与原单位解除或者终止劳动关系或者人事关系后,除与原单位另有约定外,其从原单位获得的股权和分红奖励的权利不变；职务发明人逝世的，其获得的股权和分红奖励的权利由其继承人继承。

黑龙江省对在高校中以推广、开发为主的人才和以科研、教学为主的人才在专业技术职务任职资格评定时采取同样的评价标准，因而使从事成果转化和产业化的人才在职称评定方面处于劣势，导致这类人才匮乏。在《黑龙江省人民政府关于进一步发挥高层次人才作用促进科技成果转化落地的意见》中提出，将从事高新技术成果转化的专业技术人员职称评定工作纳入黑龙江省自然科学研究系列中高级专业技术职务任职资格评审范畴，由黑龙江省自然科学研究评审委员会对本地区在高新技术成果转化中作出贡献的工程技术人员、经营人员、管理人员以及中介服务组织工作人员的任职资格进行评审。

为了打通人才流动、使用、发挥作用中的体制机制障碍，鼓励高等院校、科研机构工作人员创新创业，2015 年 1 月，北京市政府出台了《加快推进高等学校科技成果转化和科技协同创新若干意见（试行）》（简称“京校十条”），提出“高等学校科技人员经所在学校同意，可在校际间或中关村示范区科技型企业兼职，从事兼职所获得的收入按有关规定进行分配；科技人员在兼职中进行的科技成果研发和转化工作，作为其职称评定的依据之一”。这一举措支持高等学校拥有科技成果的科技人员离岗创业，高等学校可在一定期限内保留其原有身份和职称。

6. 报酬、奖励激励

加强成果转化人才的成果转化报酬所得，保障从事科技研发的技术人员享有较高的生活待遇和福利保障，以解除他们的后顾之忧。根据不同的科技成果投入方式，明确规定成果完成人相应获得与之相当的股权、收益或奖励，让研发人员和成果持有人付出的劳动得到应有的回报，从而提高成果转化相关人的积极性。

根据《中华人民共和国促进科技成果转化法》（1996 年）第三十条规定，单位在科技成果实施转化成功投产后，应当连续 3～5 年从实施该科技成果新增留利中提取不低于 5％比例的收益，对完成该项科技成果及其转化作出重要贡献的人员给予奖励。《中华人民共和国专利法实施细则》规定，实施发明创造专利后，每年应当从实施该项发明或者实用新型专利的营业利润中提取不低于 2％或者从实施该项外观设计专利的营业利润中提取不低于

0.2%的收益,作为报酬给予发明人或者设计人,或者参照上述比例,给予发明人或者设计人一次性报酬;被授予专利权的单位许可其他单位或者个人实施其专利的,应当从收取的使用费中提取不低于10%的费用,作为报酬给予发明人或者设计人。科技部等7部委联合发布的《关于促进科技成果转化的若干规定》中规定,以技术转让方式将职务科研成果提供给他人实施的,应当从技术转让所取得的净收入中提取不低于20%比例的收益用于一次性奖励;自行实施转化或与他人合作实施转化的,科研机构或高等学校应在项目成功投产后,连续在3～5年内,从实施该科技成果的年净收入中提取不低于5%的收益用于奖励,或者参照此比例,给予一次性奖励;采用股份形式的企业实施转化的,也可以用不低于科技成果入股时作价金额20%的股份给予奖励,该持股人依据其所持股份分享收益。

7. 成果补助激励

《黑龙江省人民政府关于进一步发挥高层次人才作用促进科技成果转化落地的意见》中提出围绕黑龙江省十大重点产业中急需解决的重大、关键、共性技术问题,由企业提出技术需求,政府搭台,组织企业与高校、科研机构签订合作协议,积极支持企业购买科技成果,对购买省内外高校、科研机构科技成果的省内企业,给予其技术交易额10%、最高不超过50万元的补助;对承接高校、科研机构重大科技成果并在省内成功转化取得显著经济效益的企业,经过省直有关部门组织认定后,给予其项目投资额20%、最高不超过500万元的补助或贴息。

8. 股权激励

科技成果转化的股权激励包括作价入股、股权奖励、股权出售或者股票期权等方式。其中,科技成果(或技术)作价入股是股权激励的特殊形式。

作价入股,是指按科技成果评估或协商确定的价值再确定其在企业或项目中的股份比例。作价入股的规定,意在重点解决高等学校、科研机构科技人员利用职务科技成果创新创业和成果转化,以及职工个人拥有科技成果实施技术折股的问题。

股权奖励,是指企业无偿授予激励对象一定份额的股权或一定数量的股份。

股权出售,是指企业按不低于股权评估价值的价格,以协议方式将企业股权有偿出售给激励对象。

股票期权，是指企业授予激励对象在未来一定期限内以预先确定的行权价格购买本企业一定数量股份的权利。

实施股权激励的标的股权，可以通过企业公积金转增注册资本、向激励对象增发股权、股份公司向股东回购股权、企业投资人转让投资份额等方式取得。

对于股权奖励，《重庆市促进科技成果转化股权和分红激励的若干规定》(简称《规定》)对三种情形作了特别规定。一是高等学校和科研机构职务科技成果的转化，如果向企业作价入股，可将因该成果所获的不低于 20%但不高于 70%的股权，奖励有关科技人员；如果由职务科技成果完成人依法创办企业自行转化或以技术入股进行转化的，科技成果完成人最高可以享有该科技成果在企业中股权的 70%。二是企业以职务科技成果作价入股，允许和鼓励在实施该项投资时，将所获股权的一定比例奖励科技人员或团队。三是个人将合法拥有的科技成果投资入股，被投资的企业可以按照科技成果评估作价金额的 100%实施技术折股。

另外，《规定》对两类特殊主体作了特别的规定。一是上市公司。上市公司实施股权激励，目前有国务院国有资产监督管理委员会和财政部联合下发的《国有控股上市公司(境外)实施股权激励试行办法》和《关于规范国有控股上市公司实施股权激励制度有关问题的通知》(国资发分配[2008]171 号)、中国证券监督管理委员会下发的《上市公司股权激励管理办法》(证监公司字[2005]151 号)等规定。这些法律法规和规范性文件中另有规定的，从其规定。二是国有和国有控股企业。为了实现国有资产的保值和增值，《规定》专门对国有及国有控股企业用于股权奖励和股权出售的激励总额进行了限制，规定不得超过相关科技成果近三年产生的税后利润形成的净资产增值额的 35%，其中激励总额用于股权奖励的部分不得超过 50%。

9. 分红激励

分红激励，是指企业以科技成果采用作价入股、转让或许可、自行或与他人合作实施产业化等方式实施转化所获得的净收益为标的，采取收益分成的方式对激励对象进行激励的行为。

不同的科技成果转化方式，分红激励的比例可以不同。《重庆市促进科技成果转化股权和分红激励的若干规定》对于科技成果通过转让或许可而获得一次性收益的,可将净收益的 20%～70%一次性激励有关科技人员或团队。由本企业自行投资,或与他人合作,或以作价入股其他企业的方式实施科技成果转化的,自该成果转化开始盈利的年度起 3～5 年内,每年提取不超过该成果净收益 30%的比例用于分红激励。

(二) 成果转化人才激励中存在的问题

目前我国通过实施国家“千人计划”、“万人计划”以及各地出台的多项人才支持计划,在人才评价、人才激励和人才引进方面取得了很大进展。但在科技成果转化方面,还存在着激励不足、激励比例上限偏低、效果还没有得到充分发挥等问题,上海也存在类似问题。

1. 基本保障激励机制不足

科研机构为科研人员提供薪酬、福利、科研条件等基本保障不足,导致科技人员的收入普遍偏低,科技人员的需求层次偏低,使其难以通过科研工作获得体面的生活。目前,我国科研活动的开展以及人员酬金与补助高度依赖于竞争性项目经费,但科技经费管理却不允许随意支出,公益类科研机构由财政拨付的事业费约占其总收入的 30%～40%,科研人员竞争获得的各类科研项目经费占 60%～70%。各研究所还必须自行负担人员的公费医疗和离退休人员的工资福利,使得本来就不富裕的事业经费更显得捉襟见肘。由于收入和福利的基本保障不足,迫于生活压力,科技人员不得不忙于各类创收性业务和“跑项目、找经费”,而疏于研究,不仅影响了科技人员从事研究的积极性,更重要的是导致部分科技人员科研产出少,成果转化低。

2. 人才流动激励机制不顺

“人畅其流”,才能汇集各种智能资源,达成“人尽其才”。而现实的情况是,上海的高校和科研院所拥有大量的科研人才,却缺乏科技成果转化方面的应用型人才,而企业拥有一定的应用型人才却又缺少科研人才。由于体制与机制上的原因,产、学、研三方很难形成人才互换的机制,科研人员和企业的人才双向交流或兼职更是难以实现,从而造成校企信息交流不够,合作的平台欠缺,难以形成产、学、研的真正合作。人才流动不畅造成一定的科技人才割据、局部性人才积压或匮乏,从而造成成果转化效率低下的局面,影响科技成果转化进程。

3. 人才考评激励机制不完善

目前，对科研人员的考评机制单一化，科技人员发展受限制的同时，也大大阻碍了科研成果的有效转化。文章、专利、国家或省部级课题、国际合作课题、国际会议、课时等是主要指标，考核、晋升以及荣誉奖励都以这些所谓的“研究成果”为基础。现行的科技评估、大学和研究所评估制度也强化了这样的评价导向。在此评价机制下，产业化开发与成果转化工作在研究所和大学内很难在职称评定、职业发展及学术成就上获得承认，极大地制约了科技人员在工程技术、产业化研究等方面的投入。这种不合理的评价机制造成科技人员自身的科研价值导向偏离，不得不在考核晋升与“生存”之间挣扎，激励作用难以有效发挥。

4. 转化管理服务机制不畅

受国有科技资产管理制度的限制，目前将科技成果转化等同于一般国有资产进行管理，对职务发明权益严格限制，评估作价、交易退出等方面程序繁琐，导致目前存在于高校和研究院所的科技成果出现了大量留存、难以转化的问题。同时，缺乏完善的科技成果转化服务平台与中介机构，大量中介机构由于自身定位不清、服务能力较弱、诚信度差，特别是缺少专业的风险评估、技术评价、技术定价等中介机构，使科技成果无法顺利进入市场，转化为商品。

四、人才激励政策工具的组合运用分析及建议

金融信贷激励、税收激励、服务平台搭建激励、知识产权激励、人事关系及职称激励、报酬和奖励激励、成果补助激励、股权激励、分红激励等，都是成果转化过程中激励人才方面使用的政策工具。要想最大限度发挥它们的作用，必须把这些政策工具组合运用，形成结构合理、关系协调、运转灵活的人才激励政策工具群体。

（一）政策工具的含义

政策工具就是达成政策目标的手段。政策工具可分为三类：① 自愿性工具，其核心特征是它很少或几乎没有政府干预，它是在自愿的基础上完成预定任务的。② 强制性工具，也称直接工具，强制或直接作用于目标个人或

公司,在响应措施时只有很小的或没有自由裁量的余地。③ 混合性工具,兼具自愿性工具和强制性工具的特征,允许政府将最终决定权留给私人部门的同时,可以不同程度地介入非政府部门的决策形成过程。

政策工具选择主要发生在政策执行阶段,在政策执行中占据重要地位,重要性表现在三个方面:① 政策工具是实现政策目标的基本途径;② 政策执行本身就是政策工具选择的过程;③ 工具选择是政策成功与否的关键。

(二) 人才激励政策工具的组合运用分析

1. 人才激励政策工具组合运用的必要性

任何一种人才激励的政策工具都存在某种先天缺陷和使用特性的局限,人才激励政策的先天缺陷和局限会被人文社会环境中的消极因素所放大和强化,妨碍政策工具的使用和政策效用的发挥。强制性(行政手段、法律手段)虽然具有严肃规范、可操作性强的特点和优点,但缺乏刺激企业自觉从事科技成果转化、采用最新科技成果的动力;强制性手段在法规标准制定上的"一刀切",也很难考虑不同单位的经营风险性,缺乏经济性和灵活性,因此需要自愿性和混合性人才激励政策工具的辅助和支持。

每个人才激励政策工具有其最佳适用对象、范围、时机和条件,当这些不具备时或这些发生衰减时,人才激励政策工具的缺陷和局限就被放大和强化,出现政策工具力量衰减,功能削弱,效率降低等问题。为了摆脱单个政策工具先天缺陷、局限和后天的制约,摆脱"孤木难支,孤掌难鸣"的困境,需要辅助工具,需要政策工具组合,以完善政策工具内在品质和外部条件、背景。

人才激励政策工具组合,是指政策工具以一定性质、方式、比例和过程结合在一起,形成结构合理、关系协调、运转灵活的人才激励政策工具群体的过程。人才激励政策工具组合能弥补单个政策工具诸多缺陷和局限;政策工具组合所产生的新特性和新功能,能改善人才激励政策功能,扩大人才激励政策的适用范围。辅助工具在政策工具组合中有活化激活、润滑、防护、缓冲、服务保障等功能。政策工具组合不仅能够做到优势互补,将各种功能和优点集中起来,而且能够产生新特性和新功能;有时新特性和新功能比现有的功能和特性更为重要。一个政策工具需要其他政策工具支持配合,需要其他政策工具提供各种服务,在政策工具组合中充分发挥功能,能了解自身的缺点和使用特性的局限，知道自己缺什么、需要什么，然后要研究辅助工具特性和功能；同时要着重研究政策工具组合后的新特性和新功能对主导工具功能发挥有何影响；只有当诸如此类问题深刻理解后，才可能选择恰当的辅助性工具，有效地进行政策工具组合；否则会适得其反。研究和设计人才激励政策工具及其组合要在此指导思想下进行。

2. 各项人才激励政策工具的组合运用

在各省市较普遍采用的9种人才激励政策工具中，可分为3个层面：物质激励、精神激励、发展激励(见表3－22)。

表3－22　人才激励分类

激励类型	激励工具
物质激励	税收激励
	报酬奖励激励
	成果补助激励
	股权激励
	分红激励
精神激励	知识产权激励
	人事关系及职称激励
发展激励	金融信贷激励
	服务平台搭建激励

首先，应该增强物质激励的强度。改革开放以来，我国逐步提高了科研人员物质激励的水平。但是，从社会经济发展的现状来看，科研人员为社会所作的贡献相对较多，而社会给予的物质回报却相对较少。大多数科研人员刻苦研发的科研成果，要么无人问津，要么被市场所利用，科研人员自己得到的报酬同市场的高额利润相比仅仅是微小的一部分。因此，重视并加强针对科技人才的物质激励，是提高科技人才的积极性、创造性，促进科技成果转化的重要途径和必由之路。

其次，进一步丰富精神激励的形式。科技人员从事研究除了要建立在一定的物质基础上，更需要的是持久的动力，这种动力包括外在动力和内在动力。外在动力主要是物质上的需求，包括金钱或权力的驱使。内在动力则是更持久的动力,如精神激励,它包含科技人才自身坚强的毅力、同行的肯定、社会的鼓励以及自身价值的实现。从目前看,我国针对科技人才的精神激励形式还比较单一,而且获得难度很大。我国科技人才精神激励往往集中在颁发的奖项中,这些奖项等级较高,获得人数较少,很难激发基础科技人才的工作积极性。因此,创新精神激励机制、丰富精神激励的形式、扩大精神激励的覆盖面、建立多样化的精神激励体制,是当前人才激励政策需要着重解决的问题。

再次,着力突破发展激励的局限性。科技人才是一群具有较强创新能力,思维较活跃的特殊人力资源,他们工作不仅仅是为了生存,他们更加希望通过努力工作来实现自身价值并成就一番事业。因此,除了物质激励和精神激励之外,科技人才还比较关注发展空间的问题。当前,我国科技人才发展激励政策存在着许多局限,导致了许多科技人才相关问题的出现,如人才流动渠道不畅、院士老化问题严重、科技人才流失、科技人才选拔制度不科学等。因此,迫切需要突破这些局限性,比如加大对科技人才创业的金融信贷扶持,搭建助推科技人才创业的科技服务平台,为各类科技创业开展个性化服务,最大限度地降低科技人员创新创业的成本和门槛,为科技人员的成果转化和科技创业提供有力支撑。

(三) 完善上海市成果转化人才激励的建议

1. 不断加大激励力度,充分调动人才和团队的积极性

应进一步扩大股权激励试点范围、加大激励的力度,明确知识产权处置制度,允许和鼓励高校、科研机构通过较高比例的股权或分红奖励方式,将科技人员的未来收益与科技成果转化效果更加有效地结合起来,进一步提高科技成果持有单位和科研人员推动科技成果转化的积极性,尤其是充分调动技术负责人的积极性和研发团队的积极性。

2. 完善政策执行规范,保证成果转化激励政策能落到实处

出台相关可操作的规范性文件和激励细则,保障科技成果转化过程的透明性及合理性,并配备相应的工作人员为各利益相关方提供及时有效的政策指导,保证成果转化激励政策能落到实处。

同时,还要以法治思维激励成果转化,完善法律法规,为成果转化激励

政策提供法律依据，保护成果转化各方合法权益，对所涉及的国资管理问题，明确指出不许可的事项，给实施单位更大的成果转化自主权，并对从事成果转化的科研和管理人员在评价方面制定专门的有针对性的政策或法规。

3. 单位管理机制更灵活，给予成果转化人员发展空间

一旦科研人员有合适的科技成果转化项目，高校应采取灵活政策，比如项目期降低教学工作量、文章发表要求等，让科研人员能够有较多精力投入成果转化项目中去，为科技成果成功转化创造条件。在各类荣誉、计划、项目评审中，适当向科技转化类人才、企业倾斜，给予年轻骨干更多的发展空间，让勤奋工作的下一代科研精英看到希望。高校需要进一步重视科技成果转化工作，完善利益分配制度和职称评定制度，更大地激发科研人员参与科技成果转化的积极性。

此外，还要鼓励自主创业，对自主创业从事成果转化的小微企业给予资金、劳动关系保障、技能培训、经验知识等方面的支持，鼓励有创业愿望的科研人员勇敢迈出创业第一步。

上海科技人才创新创业文化软环境建设研究[①]

"创新驱动实质上是人才驱动",这是习近平总书记提出的关于实施创新驱动发展战略的重要论断。上海向具有全球影响力的科技创新中心进军,建设一支具有全球影响力的科技人才队伍,既是"第一资源、第一动力",也是"第一问题"。人才发展离不开硬件建设,更离不开软环境营造,因此加强科技人才创新创业文化软环境建设,对于上海实施创新驱动发展战略、加快具有全球影响力的科技创新中心建设进程意义重大。

一、创新创业文化软环境概述

(一) 创新创业文化概述

1. 创新创业文化的内涵

创新创业文化是指在广义的创新创业活动过程中,创新创业者普遍表现出来的思想意识、价值观念、基本态度、行为方式、创新精神等的总和。它表现为与创新创业有关的思想理念和精神状态;通过创新创业实践催生出来的新组织、新产品和新服务,是创新创业文化中起着价值载体作用的特质。创新创业文化是人类创造的多种文化特质所构成的一个复合体,它涉及物质、行为、制度和精神四个文化层面。

① 作者:张文杰;顾玲琍;杨耀武;王建平;李媛;田贵超

2. 创新创业文化的内容

1）以人为本的理念

创新创业文化的基本内容是以人为本，即对创新创业者的重视。经济发展是为了满足人的需要，这就要求对创新创业者必须充分尊重，既要尊重其个性，又要尊重其个人选择，还要尊重其情感、人生理想和生活价值，使个人愿望、自身价值与社会需求的统一得以充分实现，为创新创业者提供一个展示才华本领的广阔空间和平台。创新创业既要依靠个人奋斗，也要依靠团队力量，个人只有融入群体其能量方能得到充分释放。因此，创新创业成果往往与一个团队的共同努力息息相关，代表着一种人才聚集、相互依存、共同支撑而发挥作用的状态。通过精心培育和强化创业团队共同的价值理念，能够营造出和谐的人际关系和浓郁的文化氛围，使创新创业团队这个群体更加精诚团结、合作共事，创造最佳业绩。

2）倡导探索精神与创新精神

在创新创业过程中，不确定的因素很多并且无处不在，因此，勇于探索、敢冒风险的精神也就成为创新创业文化的重要内涵。尤其是在高新技术领域，创新创业的机遇与挑战并存，潜在的风险巨大，很多时候需要最有眼光、最具胆魄、最富冒险精神的战略投资家来运作。敢冒风险、勇于探索既然是创新创业文化的精髓，就要宽容失败，并同样成为创新创业文化的内涵。敢冒风险必然难免失败，愈是在高新技术领域，遭遇风险的概率愈人，失败的可能性也愈大。但冒险精神与创新精神正是创新创业文化所大力倡导的，墨守成规、逡巡不前、不想创业，反而压力更大。

3）构建竞争合作机制

倡导组织之间和组织内员工之间开展竞争，充分挖掘组织和个人的内在潜力，最大限度地发挥其创造力，使组织的发展壮大与员工的潜在能力及创造力共生共长。组织与组织、员工与员工，相互之间乐于合作善于合作，不视竞争对手为敌人，而是作为促进企业发展、加快产业升级进步的合作共赢伙伴[21]。从这个意义上说，应该也可以向竞争对手求助发展中遇到的技术、管理等问题，而竞争对手也会乐于提供帮助，共同破解难题，道理显而易见，因为他们清楚当自身遇到困难时同样会得到对方的支持。

4）培养进取心、事业心与意志力

强烈的事业心、进取心与坚韧的意志力是取得创新创业成功的基本条件。众多创新创业者虽然在市场经济环境下赢得了平等的市场主体地位，但市场经济环境中尚存在诸多不确定的因素，他们在创新创业过程中会碰到很多意料之外的挫折和困难，克服这些挫折和困难，必须有足够的事业心、进取心和意志力。创新创业者在成功中感受到自身的价值，在工作中体会到创造的快乐，因为创新创业本身就是追求理想实现抱负，创新创业也就成为他们的基本生活方式。

（二）创新创业文化的功能

1. 创新创业文化的导向功能

现实中，每个人的行动总是受其思想意识支配的，创新创业作为人们有目的、有意识的一种认识活动，也离不开价值观念、人生理想的引领，科学态度、科学理念的导航。首先，创新创业文化对于创新创业活动具有价值导向作用。创新创业者有各自努力的方向和目标，而创新创业文化能够正确引导社会创新创业活动，能够把现有的各种人才的聪明才智引导到努力实现的创新目标上来，并激发人的独立性和创造性；其次，创新创业精神体现人对科学的信仰、热爱和追求，倡导人破除迷信，坚持真理，遵循规律，实事求是。因此，科学态度、创新理念必将有助于增强人们投身创新创业的理性意识和热情，同时也能够引导和帮助人们形成正确的创新理念和工作方法。

2. 创新创业文化的激励功能

创新创业活动的关键是如何最大限度地发挥和利用科技人才的聪明才智，用他们的创新性成果服务或奉献于人类社会。怎样才能做到最大限度地激励或激发人的创造性，将人的潜能最大限度地激发出来，并能够发挥到极致，这就是创新创业文化的实质和核心。就是要让创造者通过自己的创造性活动和创新性成果，去充分实现人生理想、境界、目标和价值，让创新创业者将创新创业同自己的人生理想、境界、目标和价值紧密地联系在一起，从外在的“要我创新”变成内在的“我要创新”。创新创业文化能够激励创新创业者的积极性，调动人的潜能、唤起人的创造性和开发力。创新创业文化能够极大地鼓舞和激励从事创新创业活动的单位或个人，锲而不舍，百折不挠，顽强拼搏，排除万难，为实现创新的目标而努力拼搏。

3. 创新创业文化的凝聚功能

创新创业文化能够将现有的人才、智慧和资源紧紧凝聚在创新创业任务上，同时吸引创新创业人才以各种有效方式和途径，支持、参与具体的创新创业活动，奉献自己的聪明才智。创新创业作为人的创造性活动，是人的各种高级能力和活动方式有机协调和综合运用的过程，是创新创业者对创新对象及其涉及的知识和社会的多重关系进行独特的解读、组合、集成的过程，这需要人类所特有的强大的精神力量的介入与支撑。创新创业文化的职责就是尊重人的自由探索，尊重人的首创精神，鼓励和激励人通过创新努力实现个人价值，让其以个人成就展现自己；提倡团队合作，建立学习型组织，创造条件充分发挥科技人才的聪明才智和想象力，发挥他们的集体智慧和团队精神，真正让文化的力量深深熔铸在民族的生命力、创造力和凝聚力之中。

4. 创新创业文化的约束功能

创新创业文化能够使创新创业主体自觉接受文化中蕴含的共同价值观念、行为规范的约束，自觉地对有利于创新创业的事多做，不利于创新创业的事不做。一定程度上说，我国现阶段创新精神远未普及，科技界对社会开放程度不够，主动接受监督的意识薄弱，诚信文化也比较缺乏，科技管理体制也不够健全，科学工作者的社会责任、道德意识比较淡薄，自律意识不强。因此，强化构建创新创业文化中的道德规范，才能保证创新创业的实现。

（三）上海创新创业文化软环境建设的必要性

1. 创新创业文化软环境是提高上海科技竞争能力的重要因素

美国竞争战略之父迈克尔·波特曾经指出："基于文化的优势是最根本的、最难替代和模仿的、最持久的和最核心的竞争优势。"美国著名经济管理学家德鲁克也曾经说过："今天真正占主导地位的资源以及绝对具有决定意义的生产要素，既不是资本，也不是土地和劳动，是文化。[22]"因此，地理条件、交通环境、资源储备等都差不多的地域，经济发展的程度有的差距也很悬殊，其原因恐怕就不能用经济因素来解释了。众多研究资料也表明：中关村模式主要取决于深厚的研发基础和校园文化底蕴；深圳模式的成功在于它有众多的外来人口迁入，有着深厚的移民文化；温州模式在于温州人有着极强的发家致富的渴望以及持之以恒的创业精神;苏州的发展得益于外向型经济的创立和苏州的招商环境;硅谷的成功在于它特定的创新创业文化氛围和制度环境。每一个国家和地区经济社会快速发展,都得益于创新创业文化的支撑。因而,在地域经济社会发展过程中创新创业文化因素发挥着形成核心竞争力的重要作用。大量良好的软环境,是生产要素聚集的洼地、人才向往的高地、商务成本降低的盆地和经济效益提高的福地。哪里的软环境好,哪里就会聚集更多的生产要素,其经济活动就会出活力、出效益。因此,软环境就是生产力,优化软环境就是发展生产力。上海的经济发展一直是全国领先,大量的高端人才集聚,国际研发机构总部落户,恰恰都是看中了上海"海纳百川、大气谦和"的城市精神和集聚配置全球科技创新资源环境的感召力,在建设全球科技创新中心的进程中,创新创业文化软环境建设刻不容缓,是提高上海科技竞争实力的重要因素。

2. 创新创业文化软环境是加快全球科技创新中心建设的激励保障

在影响科技人才区域集聚的因素中,经济性并非是最为关键的唯一要素,人才集聚的行为不可避免地受到城市特定文化环境的影响。上海独特的海派文化在对传统吴越文化以及海外文化的兼容中,取他人之长而融于己,逐渐形成更加重视基础科学、科学方法和科学精神,具有纯科学倾向和自由探索精神的创新文化,对科技人才的流动和聚集发挥了积极的导引激励和重要保障作用。文化环境与相应的经济技术条件共同促使技术人才流动,形成科技人才的聚集。未来几年既是上海转型发展、攻坚突破的关键期,也是科技人才创新创业、价值实现的重要机遇期。因而,创新创业文化软环境在加快全球科技创新中心建设中有着促进科技人才创新创业的导向、集聚功能,发挥着不可替代的基础保障和激励激活作用。

二、上海科技人才创新创业文化软环境现状

(一) 上海科技人才创新创业文化软环境建设呈现新特点

1. 科技人才创新创业政策环境不断优化

近十余年来,上海针对人才引进、人才激励、人才培育和人才支持等环

节，先后出台了一系列科技人才政策，并逐步形成了层次清晰、定位明确的人才政策体系。

随着新战略需求对上海科技人才队伍建设的新要求，上海市科技人才政策体系日趋完备，从1985年上海市人民政府在全国各省市中较早颁布实施《上海市科学技术进步奖励规定》起，30年多来上海共制定实施20多项科技人才政策和配套实施细则、实施办法等，为人才发展营造了较好的政策环境。上海通过科技人才政策法规的建设，基本形成人才培养、人才使用、人才流动、人才引进、人才激励、人才评价、人才保障、人才安全各个环节的制度规范，明确了各类人才的权利义务以及人才管理使用单位的权力职责，构建了适合人才发展的良好法制环境，为实施人才强市战略提供了有力的制度保障，推动了科技人才工作的制度化、规范化。通过科技人才政策的建设，上海已经基本上确立了科技人才管理的制度框架，明确了党和政府各级组织在科技人才工作方面的职责，确立了国内高端人才、外国专家、留学归国人才等不同人才的引进、使用、考核、激励等机制，有力地推动了科技人才管理的科学化。

2. 科技人才保障包容服务氛围日渐浓厚

近年来，在坚持党管人才原则的大前提下，人才体制机制改革和政策创新不断推进，政府人才管理职能初步实现向创造良好发展环境和提供优质公共服务的新转变。上海以系统集成、重点聚焦和多方联动等多种方式，构筑科技人才引进、选拔、培养体系，在科技创新创业活动中造就了一大批创新型科技人才和创新团队。

1）科技人才引进有渠道

经过多年探索和实践，上海已经建立了灵活、畅通、多样化、立体式的引才模式和机制。主要包括："走出去"海外揽才；"请进来"引才留才；"借外力"合作聚才；利用中介机构引才；通过项目引才；实施重大人才工程引才等。

2）科技人才政策实施有保障

为保证科技人才政策的贯彻落实，上海还着力加强组织保障。2005年底，上海建立"海外人才工作联席会议制度"，整合市发改委、科委、教委、外资委、外办、公安局、劳动局、财政局、工商局等相关政府职能部门的力量。

2010年,上海设立海外高层次人才引进工作小组,协调上海“千人计划”的实施,同时设立上海市海外高层次人才引进工作专项办公室,作为工作小组的日常办事机构,负责海外高层次人才引进工作。上海推出“千人计划”网站,开设网上沙龙,网络服务的窗口,搭建网上互动平台。上海外国专家局建立了上海国际人才交流协会,先后建立了9个海外工作窗口,已初步建立起外国专家管理的框架体系。

3) 科技人才服务有载体

首先是构建人才服务体系,上海科技人才中心与杨浦、闵行、嘉定、浦东新区、徐汇等海外高层次人才集聚重点区的人才服务机构加强探讨合作,并与杨浦、闵行、嘉定建立了服务联动。至2013年11月,已汇集各类科技服务机构890家,包括重点实验室108家、工程技术中心276家、技术创新服务平台与专业技术服务平台85家、国家级检测中心34家、国家级技术转移示范机构15家等,提前完成“十二五”规划目标。其次是探索人才工作新机制,鼓励支持人才基地等试行新机制新办法,在人才投入、使用、激励、服务等方面,完善政策措施,构建创新平台,积累丰富的经验。第三是开辟人才管理改革试验区,提出了以浦东国际人才创新试验区为引领的改革示范,在吸引用好海外人才方面先行先试,促进了人才、科技、产业协同发展。

3. 科技人才驱动创新理念逐步深化

目前上海的科技人才队伍已经成为上海创新驱动、转型发展的重要组成部分和中坚力量。

从科技创新产出看,国际科技论文发表量、发明专利产出量和发明专利授权量等科技创新产出增长迅速,连续12年获得国家科技奖励总数占全国比重保持两位数,三次囊括国家科技奖励五大奖项。据2013年国家科技部与国家统计局联合发布的《全国科技进步统计监测报告》显示,上海综合科技进步水平指数连续5年排名全国榜首;2013年上海科学家在《科学》《自然》《细胞》等国际权威学术期刊上发表顶尖学术论文42篇,占全国总数的四分之一以上;另据国际竞争力中心亚太分中心发布的《2015亚太知识竞争力指数报告》显示,上海在33个亚太城市和地区中,位列第六,保持亚太地区第一梯队位置,一直是大陆地区知识竞争力最强的地区;《中国知识产权指数报告 2014》显示，上海知识产权综合实力位列全国第三位。这些数据均标志着上海科技创新综合实力实现了稳步提升。

从科研成果产出看，2008 年以来上海的国际专利申请量(PCT)虽有起伏，但是在全国各省市中一直位于前列，维持在全国前 4 名的位置。在嫦娥探月工程、载人航天工程、上海世博会等国家重大战略任务中，上海科技力量作出了突出贡献。据 2015 上海科技年鉴显示，2013 年上海机构科技人员作为第一作者发表国际论文 35 615 篇，比 2012 年增长 20.61%。10 年累计国际论文被引用篇数 89 264 篇，被引用1 052 959 次，分别较 2012 年增长 56.07%和 73.69%，国际论文被引用指标在全国居第二位。2004—2014 年中国高被引论文中被引次数最高的 10 篇论文中，有 2 篇出自上海。2013 年中国百篇最具影响国际学术论文中，6 篇出自上海。2014 年上海发明专利授权量 11 614 件，比 2010 年增长 69.13%，每万人口发明专利拥有量 23.7 件(按照常住人口 2 380 万计算)，全国排名居第二位。2015 年全市战略性新兴产业增加值为 3 746.02 亿元，相比 2012 年增长了 33.72%。

从创新创业成效看，上海的科技人才队伍有力地推进了上海创新驱动发展的步伐，创业成效显著，引起各方关注和肯定。在产业方面，科技人才在新能源、新材料、装备制造、生命医药、节能环保、农业安全等领域实现重大创新，在新技术、新产品研发上填补了不少国内空白，在推进上海市创新驱动发展的进程中扮演着重要角色。留学归国人员已经成为上海高科技研究和开发的一支生力军。至 2014 年，留学归国人员在沪创办企业有 4 800 余家，占全国比例达四分之一，总注册资金超过 7 亿美元，并且大部分具有自主知识产权。这些企业主要开发高科技产品，其中包括微电子、生物医药、信息技术、环境保护、高新材料等领域。留学人员企业一半以上集中在留学人员创业园中，形成了一个高层次、高技术、智力密集型的留学人员企业家群体，并涌现出一批留学人员高新技术企业，如展讯通信、联影医疗、药明康德等。

4. 科技人才创新创业生态环境更加良好

在加快发展具有全球影响力的创新中心战略大背景的推动下，上海各级政府和企业对科技创新的重视程度越来越高，支持和投入力度也不断增大，使科技创新创业环境得到了大幅度的改善。

1）科技人才发展条件进一步优化

科技人才开展创新活动的经费投入持续增长，2014年上海R&D经费内部支出776.78亿元，占全市生产总值的比例从2010年的2.8%增长到3.6%，超过中等发达国家平均水平。由创业投资、银行信贷、科技保险、多层次资本市场和公共信息平台、企业诚信平台组成的科技金融体系日趋完善。根据上海科技金融研究院发布的数据，上海科技金融环境综合环境指数从2010年的62.04上升到2013年的76.11，金融资本对创业支持的力度不断加强。

2）企业对科技人才的重视程度和吸引力进一步增加

企业是研究开发投入主体、技术创新活动主体和创新成果应用主体。2014年，全社会R&D投入占GDP比重为3.66%，企业R&D投入占全社会R&D投入比重达到63.4%。

3）创新创业服务体系建设日趋完善

上海已经初步形成“五位一体”(五位：研发与转化服务、政策法规支撑、科技金融、优先区域、协同创新，一体：创新主体)的创新体系。一是完善了创业苗圃、孵化器、加速器等科技企业服务体系。截至2014年，已建成科技创业苗圃71家，已培育苗圃项目5 654个；认定科技企业孵化器107家，孵化面积49万平方米，在孵企业4 654家，孵化资金总额超过25亿元；建成科技企业加速器13家，总面积51万平方米，累计引进企业251家。二是研发公共服务平台转型升级。上海研发公共服务平台通过引导全市各类优质科技服务资源的加盟集聚，以“科技114”服务热线、科技信息化共享平台和多层次的推广渠道为载体，使以企业为主的创新主体和创新资源要素之间充分互动对接、形成科技创新的协同效应。平台集聚共享了556家技术平台、科研基地等资源、汇集各类加盟机构1 100家，集聚7 788台(套)总价值97.08亿元的大型仪器设备，高层次科研人才3万余名，注册用户60.5万户；由科技创业苗圃、孵化器和加速器组成的创业孵化链逐渐完善，涌现出了创客车间、IC咖啡等一批新型创业组织。三是建立完善科技人才服务平台。健全科技人才管理和服务体系，整合资源，深化推进上海市高级科技人才联谊会平台建设。“千人专窗”主动服务，积极协助海外高层次引进人才尽快适应国内科技事业发展环境。科技系统人才工作联络员队伍建设不断加强，积极做好科技系统单位的人才服务工作。

（二）上海科技人才创新创业文化软环境建设存在的问题分析

1. 法规制度预见效果没有完全实现

1）科技成果转化效率尚未有效提升

加快实施创新驱动发展战略，加速上海科创中心建设的最关键一环是要加快推进科技创新成果的转移转化。科技创新成果必须转化才能形成生产力，才能驱动经济发展。当前上海科技成果转化的形势非常严峻。一方面，国家和各级政府对科技创新投入了大量的资金，已经达到GDP的2%，所产生的科技创新成果也逐年增多。但另一方面，由于极度缺乏科技成果转化所需要的精通科研、法律和商业的复合型专业人才，我国科研院所、高校、企业缺乏对知识产权质量和价值的管控能力，导致大量创新成果的商业价值被破坏和未被有效开发。

2）高新技术成果产出对经济社会的贡献度有待提高

以高新技术产业发展为例，2012年到2013年，上海高技术产业平均从业人员数从58.23万人增至58.41万人，而高技术产业产值则从6 824.99亿元降至6 631.03亿元，从业人员数量增加了，但产值反而下降了。高技术产品出口额占出口商品总额的比例也逐年下降，从2010年的46.53%降至2013年的43.43%，降低了约3个百分点。高技术产业产值占工业总产值的比例同样呈逐年下降态势，从2011年的21.8%降至2013年的20.7%。因此，高新技术成果产出对经济社会的贡献度有待提高。

3）各类科技人才集聚高潮尚未完全实现

海外人才集聚度依然很低。据统计，美国纽约三分之一以上人口、英国伦敦近40%人口、新加坡约40%人口、东京约3%人口来自国外。目前，上海来自境外的人口约为常住人口的0.9%，与上述城市差距较大，而一个真正意义上的国际大都市，其常住人口中外籍人口的比例应在10%以上。在海外高层次人才引进方面，我国仍存在着“绿卡”的申请门槛高、时间长，海外人才在沪办理签证手续不够便利等问题。

高端创新团队扶持力度依然较小。2012年至今国家创新人才推进计划确定的两批共153个重点领域创新团队中，上海共有6个团队入选，仅占4%。

领军人才和大师级人才不足。上海的国家级和地方级领军人才仅占1.2%,显示上海高层次科技创新人才队伍规模偏小,而且大师级科学家较少。上海科研机构的"高被引科学家"只有10人,仅占全国的约7.5%,与上海拥有的科技资源和经济发展实力不相匹配。

2. 改善科研工作环境投入后劲不足

1) 科技人才投入有待提升

上海对科技人才的直接投入与国外相比较为滞后,在目前的项目经费投入中,未充分体现人才智力劳动的价值。

2) 对青年科技人才关注度不够

在青年科技人才成长的过程中,往往由于年纪轻、资历浅,经验和成就积累不足,与资深的科技人才相比,获得科研经费较难,应该给予更多的关注。

3) 科技人才服务资源市场化行为不高

科技人才服务平台的功能没有很好地结合服务对象的实际需求,没有切实以科技人才、特别是青年科技人才的工作困惑和生活难点为出发点,服务内容不够细致、全面,体系不完善。

3. 求异创新激励机制有待健全完善

1) 科技成果转化激励机制有待促进

促进人才参与科技成果转化的政策力度和着力点有所欠缺。一方面,上海科技成果转化收益分配标准普遍比较低。成果完成人最多只能得到转让净收益的50%,相较于北京、武汉、成都、浙江等省市的标准,整体较低;另一方面,上海科技成果转化激励机制有待完善。促进科技成果转化的关键在于提高成果的可转化质量,加强成果转化服务,加强科技成果所有人与单位协商的筹码。至于收益分配中单位和个人的收入比例,应该交由市场决定。

2) 科技人才评价激励观念亟需完善

目前科技人才评价与发现机制只能从某个方面反映科研成果的质量,不一定能体现成果的真正价值。二是没有很好建立科技人才的科学分类,还远未做到对各类人才的分类科学评价,评价维度设计过于单一,特别是对专业性很强、比较前沿的、基础性的研究成果的质量反映尤为不敏感、不确切。

3）宽容失败的科研氛围尚未形成

宽容失败，既可以避免“成王败寇”的逻辑，避免创业创新人才去制造“硕果盈枝”的虚假繁荣，又有利于更好地总结教训，真正让失败成本转化为成功资本。但目前的科研项目考核机制以结果导向的目标考核为主要手段，使得科研人员感到较大的压力，尚未把“宽容失败就是鼓励创新”的观念融入上海经济社会发展实践，那些承担着探索性强、风险性高的科研项目的科研人员，缺乏体制和机制上的切实帮助和扶持。

4. 影响创新创业文化软环境建设的潜在因素

《中国区域创新能力报告 2013》显示，上海创新环境指标里的创业水平综合指标自 2010 年的第四位连年下滑，目前位列全国第十二位。上海具有建设国际金融、贸易和航运中心的良好条件，也具有建设全球科技创新中心的硬件环境，但创新创业文化软环境则仍然相对滞后，并成为促进上海改革创新的瓶颈短板。上海创新的文化困境到底是什么？文汇报《上海创新，要破除三大文化障碍》的报道，给出了专门解读。报道认为，上海地方文化中有利于创新的因素包括敢为天下先的精神、上海海派文化的开放性等。但上海作为一个国际大都市，在历史、环境变迁中更多形成的却是倾向于保守的白领文化、买办遗风和小资情调，这种文化形式相比较企业家精神是抑制创新的。

1）上海的白领文化

据统计，目前白领阶层在上海社会职业结构中已占到 50％以上，随着上海经济结构的转变和经济体制的转型，这一阶层的规模将呈增大趋势。以白领为主体的稳定的社会结构，人们共享的是注重保守、压制创新的白领文化，会形成文化的结构性锁定。白领追求稳定的收入以及安逸的生活状态，白领很少进行资本投资，他们获得收入、谋取社会地位的手段是工作技能的投资，一般情况下，他们不会选择需要承担风险的创新。从这个角度上讲，白领的格调是与创新无关的，甚至是反对创新的。

2）上海的买办遗风

历史上形成的上海文化具有开放性的特点，这种开放性使得上海能够海纳百川地接受外来文化,但同时也在心理上形成一种依靠,即比较倾向于不断地学习、模仿外来文化,利用现成的成果来达到目的,创新因此不足。这种历史遗留下来的文化形态对于上海创新起到的同样是一种抑制作用。目前,买办遗风形成的氛围仍然对很多人的行为方式产生影响,以至于他们更愿意成为外国或国内企业的被雇佣者,建立雇佣与被雇佣的关系,而不是创办自己的企业和品牌。

3）上海的小资情调

小资情调的人群一般属于经济上的中上层,这些人具有投资的资本和能力,也就是具有了在经济活动中创新的可能性。但是,这一人群在生活上更倾向消费而不是投资,并表现出保守和渴望稳定的心态。另外,在消费习惯上,也更喜欢高档的产品和国外的一些商品,并且为了规避消费活动中的"品质风险"而对某些产品形成了品牌忠诚度,这对支持上海的甚至是国内的自主创新品牌具有一定的消极效果。

4）中国的传统文化

中国传统文化的弊端与现代创新文化之间存在一定的冲突,这既表现在团队精神上,也表现在官本位价值观上,更表现在守旧、中庸、惧怕冒险上,上海也是如此。因此,中国科学院院士、同济大学教授汪品先呼吁直面科学创新的文化障碍,包括华夏文化虽有着历史上的辉煌,但在深层次存在着不利于科学创新的因素;近百年来中国经历的社会动荡和文化反复,对创新形成了新的障碍;而由此产生的当今文化中,也包含着许多急需改变的成分。另外,也有人指出,上海还存在注重实惠、讲究当前的弄堂文化,以及特殊的语言习惯等,一起形成了排斥创新、比较保守、安于现状的负面文化形态。

三、中外创新创业文化软环境建设经验与思考

(一) 创新创业文化软环境建设经验借鉴

1. 硅谷成功的文化密码

美国硅谷是世界上著名的高科技中心和最新科技成果的发源地。硅谷之所以能够如此神速发展,许多专家学者将其归纳为一所大学(斯坦福)、一

个主导产业集群和一个国防工业，这仅仅是硅谷发展的外部条件和表面现象。促使硅谷迅速发展的真正原因，是创新和在创新实践中所形成的独特创新文化和社会价值体系。如果说创新是硅谷的生命线，创新文化价值观则是其科技迅猛发展的思想火花和基础。

美国硅谷在多样化人才的自由流动和多元化的文化包容等方面表现突出。屡败屡战的精神在硅谷被视为是可贵的。关于硅谷创新创业文化，美国著名经济记者 John Micklethwait 和 Adrian Wooldridge 进行了高度的概括，归纳出硅谷文化的 10 条内核，其中重要的 4 条包括：① 宽容失败的理念。在硅谷，这里崇尚的是“It is OK to fail”（败又何妨），一种宽容的创新文化理念，他们视失败为最好的学习机会。可以说，硅谷不是建立在成功之上，而是建立在对失败宽容的基础上。② 容忍“背叛”的态度。“忠诚”在许多国家的企业中都被视为招聘或考核人的重要标准。可在硅谷，员工的流动和“背叛”不受任何限制和谴责，“跳槽”不仅没有什么关卡，而且还被视为是一种完全正常的职业行为。③ 精诚合作的团队精神。硅谷团队精神主要体现在以诚信为核心，“以人为本”追求共同目标的创业理念上。④ 嗜好冒险的行为。硅谷创新文化的基础是灵活的机制、甘冒风险的诚信价值观。“硅谷人”相信，失败是成功之母。抓住机遇，勇于冒险，机会将会永存。“硅谷人”的冒险还表现在生活中，他们喜欢蹦极、高空跳伞等刺激活动，以激活自己创新的力量和智慧。

2. 深圳速度的文化动力

清华大学启迪创新研究院发布的《中国城市创新创业环境排行榜》，围绕“政府支持”、“产业发展”、“人才环境”、“研发环境”、“金融支持”、“中介服务”、“市场环境”、“创新知名度”八项指标对中国大陆地区 173 个 GDP 过千亿的地级以上城市（不含直辖市）进行评价，深圳连续 3 年位列榜首。

深圳行行业业支持创新，方方面面服务创新，独特的社会文化氛围构成了深圳推动自主创新的强大合力。深圳市市长许勤说“深圳是全国最大的移民城市，市民来自四面八方。他们带着梦想，带着创新创业的冲动来到这里。他们深知，只有创新创业才能够生存。”深圳高新区以人为本，以技术创新为灵魂，努力营造产业生态、人文生态、环境生态协调发展的“三态合一”创新环境，树立“冒险不盲目、创新不封闭、激情不浮躁、成功不一时”的创业理念,倡导“敢于冒险、勇于创新、宽容失败、追求成功”的园区文化,与硅谷的创业文化如出一辙。2006 年出台的全国首家促进改革创新的地方性法规《深圳经济特区改革创新促进条例》,至今仍为人称道的一点就是“宽容失败”。政府有明确的“创新导向”、企业有内在的“创新动力”、市民有强烈的“创新激情”、社会有宽容的“创新氛围”,“敢于冒险,崇尚创新,追求成功,宽容失败”为主要特征的创新文化,已经内化为这座年轻都市的灵魂和最可宝贵的精神财富。

3. 瑞士制造的文化基因

世界经济论坛(WEF)发布的《2013—2014 年全球竞争力报告》显示,瑞士第五年蝉联榜首,成为全球最具竞争力的国家。报告说,良好的创新与机构环境对一个国家的竞争力来说越来越重要。

在《创新的国度——瑞士制造的成功基因》一书中,瑞士迅达集团董事长阿尔弗雷德·N·辛德勒总结道:企业家精神是瑞士成功的原动力,包括创意、胆识和远见,加上纪律、技能和毅力,以及愿意承担风险和渴望使梦想成真的意愿。书中认为,瑞士创新的关键因素在于瑞士人的自力更生、严明的纪律、对权力和时尚的怀疑,以及对国外思想和外籍人士的开放态度等。普林斯顿大学教授哈罗德·詹姆斯也认为开放性是瑞士模式的关键特征。由于政治迫害和贫困,许多最具创新力的人物迁居瑞士,这就形成了典型的国际品牌。作为一个多元化的小国,瑞士不得不培养对不同文化移民的理解。同时瑞士的对外开放也以走出去的形式展开,相当数量的瑞士企业家和商人在国外获得成功。还有一点就是政府的治理结构坚持较少管制(“少即是好”)原则。

4. 以色列奇迹的文化启示

以色列是世界高科技新兴企业密度最高、最繁荣兴盛的国家,其在纳斯达克上市的新兴企业总数,甚至超过日本、韩国、中国、印度四国的总和。主要的经济指标表明,以色列是当今世界最能集中体现创新和创业精神的国家。

《创业的国度——以色列经济奇迹的启示》一书作者,将支撑以色列强大的创新能力的一些深层次的东西,称为“以色列独有的一些因素”。作者高度重视文化因素对以色列创新精神和创业活动的强大支撑作用,包括各种学科、领域之间的大胆融合，良好的团队合作意识，相对独立又彼此联系，以小的形式存在、却有大的发展目标等。以色列文化强调对所谓“建设性失败”或“聪明的失败”的包容，认为只有经历了相当数量的失败，真正的创新才会出现。以色列没有等级制度，也是世界上唯一不论从政府的角度，还是从感情角度，都愿意增加移民的国家。以色列不仅给这些需要帮助的移民提供援助和避难所，还为他们凭着自己的勤劳和智慧进行创造提供支持。

（二）上海创新创业软环境应有的文化精神

1. 鼓励敢于冒险的冲动

好的创新创业文化环境，能让科技人才自觉地将科技创新同自己的人生理想、境界、目标和价值紧密相连，自愿地以科研成果奉献、创业实践等方式体现。但在创业过程中，不确定的因素很多并且无处不在，因此，勇于探索、敢冒风险的精神也就成为创新创业文化的重要内涵。杨澜、潘石屹在清华大学“2015 正青春”新闻发布会上鼓励年轻人在有理想支撑的时候，要敢于冒风险，想法应该是价值驱动的而不是功利驱动的；年轻人不管在什么样的处境下，勇敢是非常重要的，心里面的懦弱恐惧，实际上是最大的敌人。这些话正是对创新创业冲动的激发，是对敢于冒险的肯定和鼓励。硅谷文化、深圳速度，也无不以冒险精神作为创新创业环境建设的文化基因。

在高新技术领域，创新创业机遇与挑战并存，潜在的危险更加巨大，更需要最有眼光、最具胆魄、最富冒险精神的投资家与冒险家产生冲动、付诸行动。这时，就需要以相应的条件和极大鼓励来促发这些投资家与冒险家敢于冒险、勇于冒险，通过冒险实现创新发展、创业成功、收获价值。鼓励冒险，就要根绝中庸保守、惧怕失败的思想以及重结果轻过程、重整体轻个体的落后做法。要以“冒险投资”、扶持政策鼓励创新创业冒险行动，从而激发创新创业者的热情，引发更多有想法、有激情的科技人才产生冲动并进行尝试实践。上海要打造具有全球影响力的科技创新中心，必须建立和完善创新创业的冒险鼓励机制，更好地推促创新创业氛围良性发展。

2. 宽容勇于创新的失败

上海科创中心建设，首当其冲的就是抓创新、搞创业。如果想实现创新创业的巨大成功，就要把鼓励冒险和宽容失败当作孪生兄弟来对待。在硅谷、以色列、深圳的创新创业文化环境中,正是宽容失败,鼓励了那些创新创业者屡败屡战,最终取得莫大成就。就上海当前而言,与世界发达国家、城市相比,创新率还不高,创业成功率也不够理想。造成创新创业问题的原因有很多,如创新创业教育不够、扶持政策没有完全落地落实、创新创业文化环境仍需优化等,但其中宽容失败不够是重要原因之一。因此要大力宣扬"敢为天下先"的创新创业意识,鼓励创新、支持创业、激励奉献。

敢冒风险、勇于探索既然是创新创业文化的精髓,那么宽容失败、重新再来也应当是创新创业文化的主要内涵。敢冒风险,必然难免失败。在创新创业的圈子里,愈是在高新技术领域,遭遇风险的概率愈高,失败的可能性当然也就愈大。上海全球科技创新中心的功能定位为知识创造、技术创新和产业创新三者的有机结合,既然鼓励创造、创新,那就意味着应虑及风险、宽容失败。加大力量鼓励和培养创新创业观念,让想创新的人、能创业的人、敢闯敢拼的人去实践,让创新创业者在拼搏中实现自我价值,同时反过来推动管理、体制和科技创新。宽容勇于创新的失败,应该也本来就是上海创新创业软环境具备的文化精神。

3. 褒奖小有成就的初试

"不积跬步,无以至千里"、"万事开头难"这些自古以来的至理名言,都说明大的成功、成就,来自小的开始和初步的尝试。高新技术的研究、新型企业的创办,不会是一朝一夕和一蹴而就的,需要科技人员的刻苦研究、尝试实践,并且这会是一个不断推进、不断深入、不断反复、不断提升的过程。小有成就会孕育极大成功和巨大收获,故而对科技人才的创新创业而言,每前进一步都要鼓励,每一点成绩都该褒扬。

"凡遇失败、一票否决",这是以往评价人和事的基本原则和方法。但对于科技人才创新创业而言,这显然是一种文化扼杀。否决,中止了可能的继续失败,但同时也扼杀了创新的继续和成功的起源。特别是一些初级科技人才、初创新型企业,经不起不加分析和鼓励的一票否决。因此,处在科创中心建设浪尖的上海科技人才创新创业文化环境建设,应该支持创新、鼓励创业、服务创造,想创新之所想、帮创业之所需、解创新创业之所忧,建立支持、鼓励、褒奖为主的创新创业环境氛围,进一步形成引发创新创业冲动、激励创新创业热情的良好机制。

4. 凸显科道卓越的尊严

鼓励创新创业，就要尊重科学、尊重人才。传统的中庸之道，一些“有毒”文化影响甚深。比如，“木秀于林风必摧之”，“枪打出头鸟”，这些影响使高精尖人才不敢冒出来，创新创业成为“地下活动”，创新人才难成就大业；平均思想根深蒂固，使人不患寡患不均，造成科技人才择枝高飞，影响创新创业推进；平稳观念主导、守旧主义盛行，不敢冒险、不愿承受失败，创新成为异端，创业只能空谈。“我劝天公重抖擞，不拘一格降人才”，这句旧日古诗，放置上海科创中心建设的今天，就是对“科道”尊严的呐喊。抛却旧文化的禁锢，坚持敢于创新、勇于创业和宽容失败，是提倡敢为人先、敢冒风险的创新创业新文化运动，是上海创新创业文化软环境的彰显。

全新的创新创业时代，对构建创新创业文化提出新的要求，而这些新要求的实现，需要大批的创业者和企业家，需要大批的科研人员和高精尖专家。上海建设全球有影响力的科技创新中心，人才是最高层次要素，是核心要素。只有在全社会积极营造体现创新卓越、凸显科道尊严的创新创业环境，使干事业的创新创业者得到尊重，在经济上有利益、政治上有地位、社会上有影响，真正把尊重知识、尊重创新、尊重人才落到实处，才能更加有力地推进创新创业文化发展、繁荣、成熟。尊重科道、尊重人才的创新创业文化，应是上海放之四海皆高一筹的领先文化。

四、上海创新创业文化软环境建设着力点建议

(一) 凝练上海创新创业精神

文化软环境建设，重在过程，重在行动。走出文化困境，迈上文化道路，需要继承“两弹一星”元勋奋发图强、为国争光的创业精神，“公正、献身、创新、求实、协作”的“863 精神”，也需要挖掘、整理、提炼当代上海创新创业实践的精神取向，宣传和发扬上海优秀创新创业文化。

1. 培养优秀的创业者和企业家

必须着力培养和潜心打造一批素质优良，思想、文化、技术和管理水平高超，冒险精神、开拓意识很强的创业者和企业家队伍，同时，要在全社会积

极营造浓厚氛围,使真正干事业的创业者切实得到尊重。增强对高端创新团队的扶持力度,在上海市级层面出台针对团队建设的政策,并制定具有一定吸引力的资助办法,制定上海全市层面的科技创新创业团队建设办法和资助政策。

完善上海市杰出人才荣誉制度,探索实施委托社会机构开展上海杰出人才遴选工作,大力表彰在上海创新创业的杰出人才。着重扩大上海高层次科技创新人才队伍规模,注重培养领军人才和大师级人才。

2. 营造创新创业文化氛围

培育和发展创新创业文化,要有良好的创新创业环境作保障。有了宽松的创业氛围,创业者才能安心、舒心、放心地干事创业。大力加强科学技术普及,办好一批有影响的科普类场馆、网站、期刊和广播电视科技类节目,实施提升公民科学素养行动计划。大力弘扬科学精神、创新精神、创业精神,在全社会进一步形成鼓励创新、宽容失败的价值观和尊重创造、崇尚科学、崇尚科学家、崇尚科技创新的社会氛围。加强与世界著名文化机构的交流合作,引进、创办、参与大型国际文化活动,提升城市文化多样性和包容度。

3. 提高全民创新创业文化素质

硅谷、瑞士、以色列创新创业文化,再加上深圳速度,相形之下,上海虽不乏创新创业激情和成效,但成型的文化和精神还尚未精确形成,上海创新创业文化软环境似乎还没有发挥出它应有的巨大作用。因此,必须持续不断加强上海创新创业软环境建设,努力营造鼓励创新、支持创业、宽容失败、追求卓越为核心内涵的创新创业文化氛围,在大众创业、万众创新大时代的浪潮中,摒弃"以成败论英雄"的评价观,树立支持宽容的创业观,以增强科技人才创新创业的动力和底气。尤其是,创业者需要具备良好的认知能力和心理素养,如成功的信念、坚忍的毅力、积极的竞争精神、周密的工作作风、强烈的危机意识、优良的心理品质、广博的知识素养、健康的体魄以及旺盛的精力等。这些素质绝非与生俱来,而是通过创业者的长期不懈努力,不断学习和实践磨炼逐步提升的。

(二) 加强创新创业文化协同

在不协作就不能很好取得成就的时代,创新创业更加需要协同的元素和力量来实现思想者、设计者、推动者的初衷。高科技研究开发项目绝大多数都具有耗资大、规模大，研究对象复杂化、综合化等特点，多学科、多领域、多专业的分工协作、联合攻关都是创新创业的客观要求。上海科技创新中心建设中的创新创业问题，有高端性的、有综合性的、有全球性的、有专业性的，往往不是一个科研人员单打独斗、一个学科作为方法、甚至一个国家自力更生能够解决的，需要以友好的方式头脑风暴，更要以协作的方式共同推进。因此，文化协同，是创新创业的必然要求。

1. 建设创新创业文化软环境系统工程

创新创业文化软环境建设是系统工程，多元文化协同至关重要。要注重在以下几方面推动创新：一是重塑机关创新文化。重视用企业家精神改造公共部门，建设公共服务型政府，让企业成为创新主体，让市场在资源配置中起决定性作用；二是强化企业、园区创新创业文化。推进张江国家自主创新示范区文化创新工作。营造“鼓励成功，宽容失败”的创业文化氛围，培养“勇于创新、志在领先”的企业家精神；三是激活高校、院所创新创业文化。加强高校包容文化建设，建立正确导向的激励机制和评价机制，营造良好的创新创业教育文化氛围。加强现代院所制度建设，实施院所创新创业文化建设工程。四是倡导社会创新创业文化。增强科技工作者自身使命感和责任感，做创新创业文化引领者。发挥各类科技社团组织的重要作用。培养尊重劳动、尊重知识、尊重人才、尊重创造、注重开放、敢冒风险、宽容失败的社会文化氛围。

2. 创新创业文化软环境体系建设

目前，国内一些拥有科研成果的科研人员想办企业，但自己的成果却最多占35%的股份，不能形成对公司的控制权，而在美国等一些发达国家，科技成果或无形资产可占注册资本的50%或更多。这种对比一定程度上挫伤了科技人才创新创业的自尊和积极性，或顾虑重重，或转投他国注册公司。因此，建设并完善针对创新创业的法律法规体系，从加速科技成果产业化、促进技术创新的战略高度调动各方力量进行深入理论研究和实践探索，进一步优化创新创业软环境，是激发创新创业积极性、保护创新创业企业和个人合法权益的必需。

要鼓励发展市场化、专业化的研究开发、技术转移、检验检测认证、知识产权、科技咨询、科技金融、科学技术普及等专业科技服务和综合科技服务，加快发展技术交易、经纪、投融资服务、技术评估等一批专业化科技中介服务机构，打造具有国际竞争力的科技服务业集群。要完善政府购买科技服务政策，加强技术经纪人培育，促进技术经纪人队伍发展。

3. 构建创新创业文化软环境专业信息平台

改善创新创业文化环境，还要从构建专业信息平台，改善信息资源环境着手。当前，上海通过专业论坛、沙龙等交流形式不断促进科技经济信息流动和信息资源共享，包括已推动建设多年的孵化器工程，因科技信息的有效性、服务信息的专业性，实现了使某一行业的初创企业聚集放大的效应。但按照科创中心战略发展要求，目前的形式和手段显然不够，信息平台建设也还有需要努力改善的地方。如，进一步提高信息的丰富性、专业性，进一步提高企业获得信息的便利性、有效性，进一步体现创新创业信息的公开性、快捷性，从而在创新创业中更加有效整合相关领域专家资源和信息资源，推进创新创业进步成长。

此外，搭建优良融资平台，整合社会资源，建立投资机制，促进风险投资，是突破制约创新创业瓶颈的重要途径。特别是对缓解创新创业融资难、促进初创企业做大做强，具有重大的意义和作用。同时，引导大公司投资建立研发平台，不仅能使初创企业获得资金，而且还有大公司的技术资源、市场资源和人才资源的共享，有利于成就初创企业“巨人肩膀”式的成长发展。

（三）鼓励更加开放的多元存在

促进文化交流合作。扩大跨学科、跨区域、跨国界创新创业文化融合，做好创新创业文化“走出去”与“引进来”工作，加强创新创业文化窗口、阵地、载体、平台建设，以文化交流合作推进创新竞合发展，以文化国际竞争力提升创新国际竞争力。

1. 高度聚集科研机构

费尔德曼研究表明，创新活动具有在那种产业界研究与开发活动、大学研究活动和熟练劳动力富集的区域集聚的空间倾向性。硅谷内聚集了一大批著名大学和科研机构，与企业间建立了长期的合作关系，不仅是知识、技术、人才的重要供给者，还直接参与了知识的生产、传播和应用，为硅谷的创新发展提供了技术和人才支持，发挥了知识创新源的作用。

上海创建全球有影响力的科技创新中心，必须敞开胸怀，努力汇聚国内外高等院校、科研机构。一流科研机构和富含众多高级科技人才的企业集聚，不仅可以为上海提供雄厚的技术资源和人力资源，而且有助于技术成果质量提升，增强上海"科创中心"的全球竞争力和扩张力。

2. 大力引进高层次人才

上海科创中心战略的建立和实施，适逢全球金融结构的深度调整时期，不少国际知名大公司、大集团纷纷裁员，科技人才选择性流动，这对上海来说，无疑是吸引核心技术人员和创新团队的绝好时机。加速国外华籍科技人才回流，吸引更多外籍高端科技人才来上海创新创业，允许多国人才、多元文化的存在、交流，最终融化为上海的创新创业精神文化，必有助于上海在全球科技人力资源配置中取得先发优势，加快掌握科技前沿的关键和核心技术，加速建成全球有影响力的科技创新中心。

要着重吸引科技成果转化所需要的精通科研、法律和商业的复合型专业人才，特别在中国科研院所、高校、企业中加强引进对知识产权质量和价值具有管控能力的人才，有效开发大量创新成果的商业价值。

3. 完善人才流动机制

中国历史上的中国科学社曾有这样的办社宗旨：联络同志、研究学术，以共图中国科学之发达。这句话放在加快建设全球科创中心的上海，属穿越时空、共鸣箴言。上海真正要体现大气包容、海纳百川。不仅要汇聚国内五湖四海之才，更要吹响急需紧缺的海外高层次人才尤其是外籍人才专家来沪创新创业的集结号。降低入境条件、简化申办程序，为海外人才来上海创新创业提供居留便利，聚焦人才激励、流动、评价、培养等环节，实施更加积极、开放、有效的人才引进政策，真正实现习近平总书记提出的"来得了、待得住、用得好、流得动"的人才发展优良环境。

打破科技人员、特别是高素质科技人才不让轻易动、不敢随便动、不能任意动的限制和魔咒，制订完善科研人员兼职管理办法，允许并鼓励科研人员在职或离岗创业，是上海有力推进科创中心建设的又一重要推手。

（四）打造创新创业文化优良机制

针对当前创新创业文化发展不能满足社会经济发展要求，积极探索上海创新创业文化的优良机制，具有重要的现实意义。尤其是要注重完善创新创业法制保障、科研绩效制度改革、科技成果转化制度，从而发挥好创新创业文化的导向功能、激励功能、凝聚功能和约束功能。

1. 完善创新创业法治保障

落实依法治市各项举措，推进法治上海建设，把促进创新创业文化软环境发展工作纳入法治化轨道。研究促进创新创业人才发展的地方立法，运用法治思维和法治方式，不断优化人才集聚机制、培养机制、流动机制、评价机制、激励机制等。

依法维护科研人员创新创业合法权益。依法妥善处置科研人员在创新创业中的争议和矛盾，探索建立发展改革、财政、人力资源社会保障、科技、教育、国资等部门参加的工作沟通机制。严格知识产权保护，营造尊重劳动、尊重知识、尊重创造的良好社会氛围。

2. 改革科研绩效制度

加大科研工作绩效激励力度，是体现科技人才绩效的重要形式。同时，有力促进科技成果转化，也是科研人员创新创业的动力内源。给予科研院所更多的经费使用自主权，进一步完善绩效奖励、补偿、增加经费使用等自主权，能更好地激发科研人员的创新热情和创业冲动。引入科技成果市场化定价机制，提高科研人员成果转化收益比例，同样是激励科技人员离岗创业、竭力创新的极好法则。

鼓励各类企业以股权、期权、分红等激励方式，调动科研人员创新创业积极性，是激发科研人员创新创业热情的重要举措，也是营造积极创新创业文化软环境的又一要点。要探索实施企业股权激励和员工持股制度，推行科技创新型企业对重要科研人员和管理人员实施股权、期权激励，切实落实科研人员通过科技成果转化取得股权奖励时的税收优惠政策，更加有效、有力地推动科研人员创新创业的内发自愿和行动自觉。

3. 改革科技成果转化制度

总结科技成果转化制度改革经验，尽快将财政资金支持形成的，不涉及国防、国家安全、国家利益和重大社会公共利益的科技成果的使用权、处置权、收益权，下放给高校、科研院所。高校、科研院所可以签订协议的方式，进一步将其授予研发团队。单位主管部门和财政部门对科技成果在境内的使用、处置不再审批或备案。科技成果转移转化所得收益留归单位，纳入单位预算，不再上缴国库。高校、科研院所与研发团队可自主选择评估定价或协议定价方式，通过签订授权合同确定具体处置方式。

提高科研人员成果转化收益比例。科技成果转化所得收益，研发团队所得不低于70%。研发团队收益具体分配方案，由团队负责人与团队成员协商确定。科技成果转化所得收益用于人员激励部分，可一次性计入高校、科研院所当年工资总额，但不纳入绩效工资总额基数。

“落实上海人才新政若干措施问题研究”问卷分析报告①

2015年，上海围绕建设有全球影响力的科创中心22条意见颁布后，先后又从创新人才、众创空间、成果转化等各个方面，相继制定出台了9个配套政策，形成了22+9的政策体系。尤其是上海市委市政府7月出台的《关于深化人才工作体制机制改革促进人才创新创业的实施意见》(简称《人才新政20条》)受到了国内外的好评，大大激发了科技人员创新创业的热情。为推动《人才新政20条》落实落地，拟定有针对性、操作性的实施办法，调研组就人才新政中科技人员关注度比较高的兼职兼薪、离岗创业和绩效分配等热点问题，重点选取了上海企、事业单位、科研院所的专业技术人员进行了问卷调研，共发放问卷800份，回收739份，回收率为92.4%。现将问卷聚焦的问题分析如下。

一、调查对象的基本情况

1. 年龄结构

在被调查的700多名专业技术人员中，年龄结构如图3-10所示。45岁以下的青年占比达87.3%，尤其是35岁以下的青年占比61.6%。技术人才队伍年轻化程度较高。

① 作者：潘晓燕

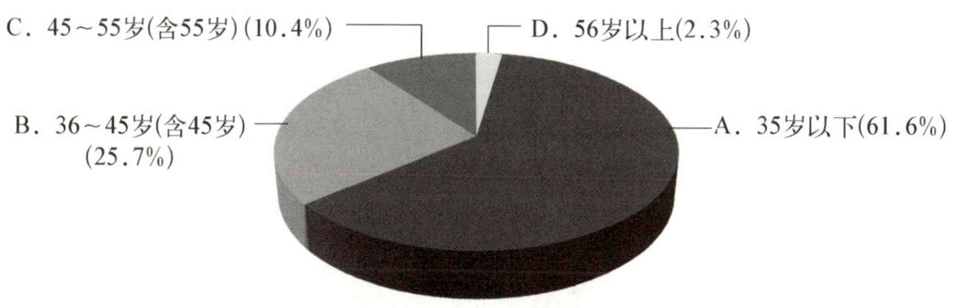

图 3-10　年龄结构

2. 职称结构

如表 3-23 所示,职称结构中,中级职称比重最多,初级职称占比居第二位,副高及以上职称占比居第三位。职称结构基本呈正态分布,结构合理。

表 3-23　职称结构

职称情况	未聘职称	初级职称	中级职称	副高及以上	其他
比例/%	12.3	24	41.9	20.6	1.2

3. 单位属性

如表 3-24 所示,单位属性中,绝大多数是国有大中型企业,占比在 78%以上,其中中央在沪企业人员占 40%。

表 3-24　单位属性

单位属性	上科院直属单位	上科院成员单位	国企及中央在沪单位	外企、民企及其他事业单位
所占比例/%	2.9	9.6	78	9.5

4. 业务种类

如图 3-11 所示,任职情况中,研发、技术转移转化的专业技术人员占比最高,达 27.3%,其次是兼任管理与技术岗位人员,占比 24.2%,第三是中层管理人员,占比 16.1%,基层管理人员占比 10.7%,人员结构的多元化使得意见建议的反馈有广泛的代表性。

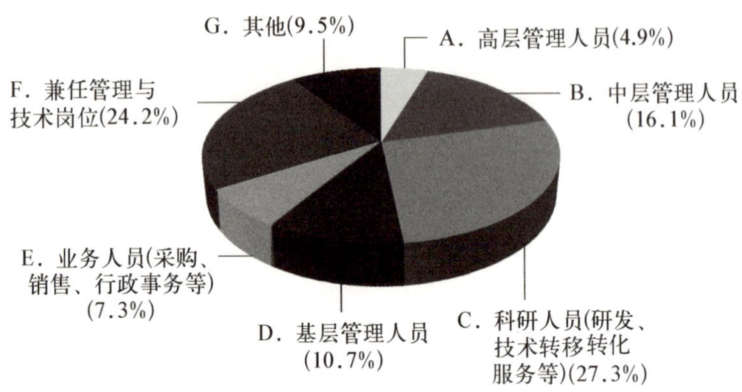

图 3-11 业务结构

二、人才计划的关注情况

近 20 年来，上海针对人才引进、人才激励、人才培育和人才支持等环节，先后出台了一批科技人才政策，并逐步形成了层次清晰、定位明确的人才政策体系。针对高层次人才，上海先后出台了加快实施海外专才科研资助计划(原浦江计划)、优秀科技带头人计划、上海“千人计划”、市领军人才配套专项计划、国家“千人计划”配套专项计划、“科学家工作室”培育计划等；针对青年科技人才，先后出台并着力实施了“青年英才扬帆计划”、博士后科研资助计划、“启明星”培育计划、“启明星”计划、“启明星跟踪”计划、“杰出青年基金”配套计划和资助“有目标、有激情、有能力、有准备”的创业人才的股权资助“雄鹰计划”和债权资助“雏鹰计划”即“雏鹰归巢计划”，在秉承公益性的前提下，尽量以市场化的方式设计资助模式等。

1. 人才支持计划的知晓情况

对以上这些人才项目的知晓情况如图 3-12 所示。首先上海“千人计划”知晓率最高，达 55.9%，其次是“优秀学科带头人计划”，占比 36%，第三是青年科技启明星计划，知晓率为 24%，第四是浦江人才计划，知晓率为 22.2%，知晓率最低的是雏鹰归巢计划，仅有 3.5%。也有 13%的人不知道任何人才支持计划。

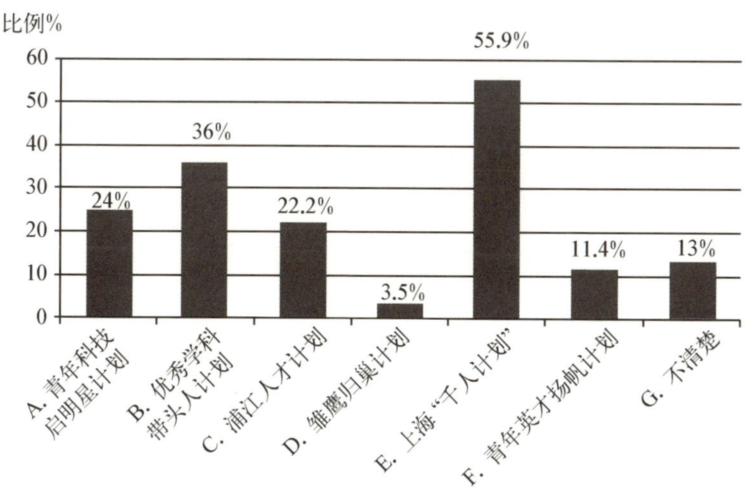

图 3－12　上海几大人才计划的知晓情况

2．不同年龄段人群对人才项目的了解

如表 3－25 所示，35 岁以下者对上海“千人计划”了解最多，36～45 岁的人群都对上海“优秀学科带头人计划”了解较多，46～55 岁人群对青年启明星计划也比较了解。知晓度最低的是青年雏鹰计划。各不同年龄群中对人才工程一无所知的人群比例很接近，都在 12％左右。

表 3－25　不同年龄段人群对人才项目的了解情况　　单位：％

	上海市“千人计划”	优秀学科带头人计划	浦江人才计划	青年科技启明星计划	青年科技人才扬帆计划	雏鹰归巢计划	不清楚有人才计划
35 岁以下	58.20	27.90	20.40	18	10.5	3.50	13
36～45 岁	52.10	43.7	30.50	25.8	12.6	3.7	13.7
46～55 岁	51.90	61	23.40	42.9	13	2.6	11.7
56 岁以上	52.90	52.90	23.50	23.5	11.8	5.9	11.8

3．不同年龄人群对《人才新政》的知晓度

如图 3－13 所示，对《人才新政》的知晓度基本与年龄成同方向变化，年龄越长的知晓度越高，年龄越小的知晓度越低。说明年龄、经历越长的人，越关心创新、创业的政策环境。

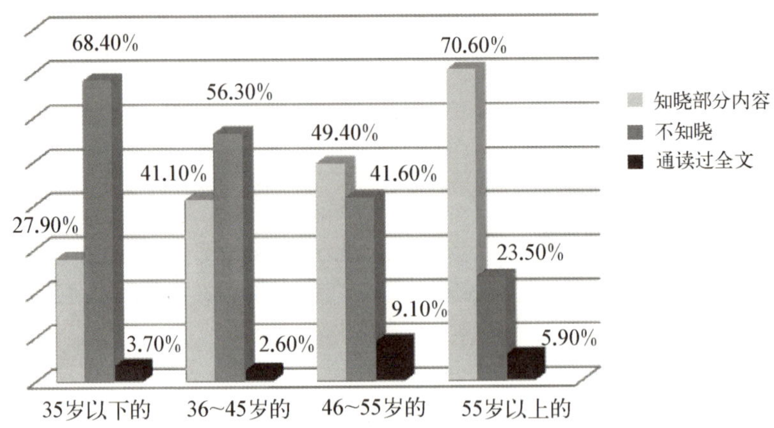

图 3-13　不同年龄人群对《人才新政》的知晓情况

4. 获取科技信息的多元渠道

现实中获取科技项目信息的途径具有多元性，最主要的渠道是互联网，占 62.1%；其次是单位科研管理部门，占 48.2%；第三是微信，占 14.7%。互联网技术的发展使传统的科技推送服务模式得到了提升。

三、离岗创业的基本情况

1. 离岗创业的意愿不高

如图 3-14 所示，在近期是否愿意离岗创业的问题中，近 60%的人都选

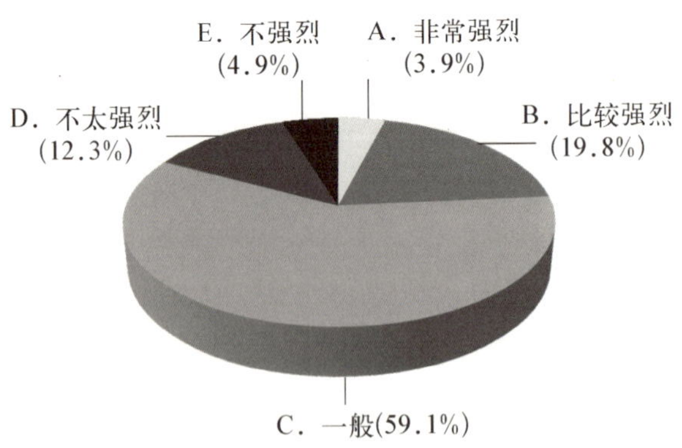

图 3-14　离岗创业的意愿情况

择了一般，比较强烈的占 19.8%，非常强烈的只占 3.9%，不强烈的占 4.9%，后两者占比都比较低，说明追求稳定的工作是绝大多数人的意愿。

2. 科研人员离岗创业顾虑的主要问题

主要问题及相应的选择结果占比情况如表 3 - 26 所示。

表 3 - 26　科研人员离岗创业顾虑的主要问题

排序	顾虑的主要问题	所占比例/%
1	科研人员的创业能力和企业经营经验不足	61.80
2	工资福利、社会保险和职业年金等待遇问题	44.90
3	离岗期间的科研成果归属和收益分配问题	30.40
4	离岗期间在本单位的原有岗位保留问题	30.00
5	职称评定和岗位等级晋升问题	20.80
6	兼有领导职位的科研人员离岗创业的约束问题	11.50
7	其他问题	2.40

3. 离岗创业与兼职的比例都很低

如图 3 - 15 所示，隶属于事业单位但在企业兼职的科研人员只占 2%，在事业单位离岗创业的占 1.2%。这种“双低”的情形说明人才流动和创业的积极性还不是很充分。

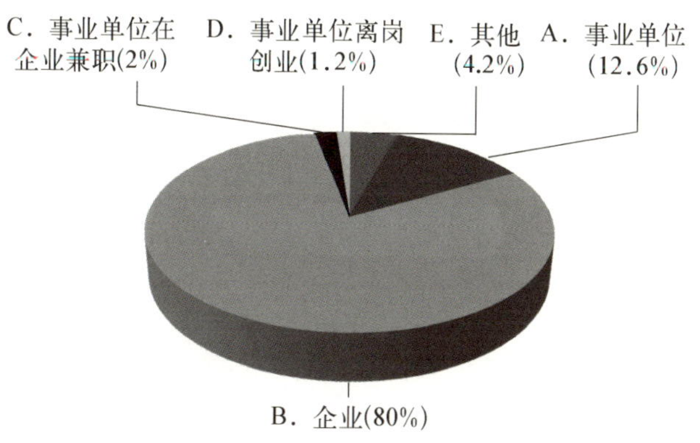

图 3 - 15　离岗创业与兼职的情况

4. 兼职兼薪和离岗创业的态度差距较大

如图 3－16 所示，占比最高的是愿意兼职兼薪，但不愿离岗创业(52.2%)，说明大家对劳有所得还是很重视，对于冒风险创业还是有一定的顾虑。其次是很愿意去离岗创业和做兼职兼薪的事(32.3%)，愿意为社会贡献自己的才干。

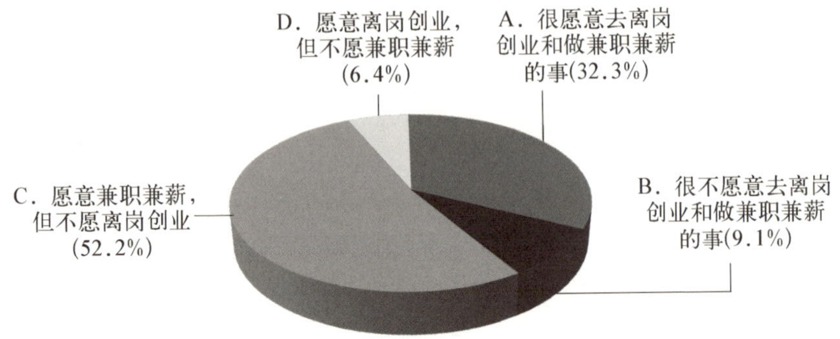

图 3－16　兼职兼薪和离岗创业的态度

5. 不同年龄对离岗创业关注的主要问题

如图 3－17 所示，科研人员的创业能力和企业经营经验不足是大家共同的看法，占比较高。

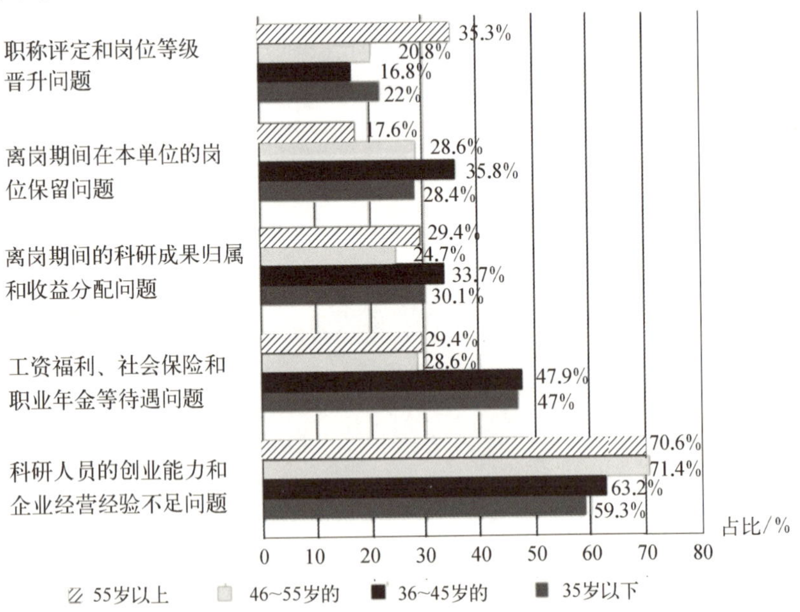

图 3－17　不同年龄对科研人员离岗创业关注的主要问题

四、兼职兼薪的基本情况

1. 到企业兼职的意愿

如图 3－18 所示，意愿一般的占比最高，超过半数（54.3%），比较强烈的占比居第二（32.1%），其余占比都比较低。相比离岗创业的意愿，愿意去企业兼职的人明显较多，说明广大科技人员是比较愿意为企业的创新献计献策，关键是要解决好兼职的薪酬待遇问题。

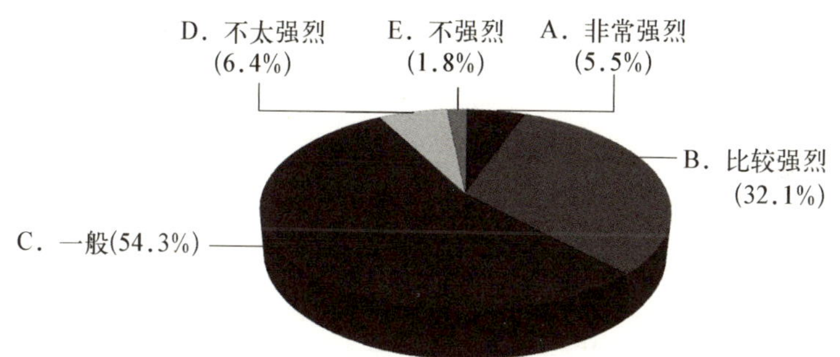

图 3－18　科研人员到企业兼职的意愿

2. 科研人员到企业兼职顾虑的主要问题

科研人员到企业兼职顾虑的主要问题如表 3－27 所示。

表 3－27　科研人员到企业兼职顾虑的主要问题

序号	科研人员到企业兼职顾虑的主要问题	所占比例/%
1	最关心的是兼职期间的报酬和成果归属问题	66.2
2	工资福利、社会保险和职业年金等待遇问题	45.9
3	职称评定和岗位等级晋升问题	28.6
4	兼任领导职务的科研人员身份限制问题	25.2
5	办理兼职的手续问题	24.9

3. 不同职称人群对当前科技人员到企业兼职的意愿

如图 3－19 所示，按照从副高职称、中级职称、初级职称到未聘职称的顺序，对到企业兼职的意愿在逐步递减，这四个人群选择“一般”的意愿是逐步递增的。

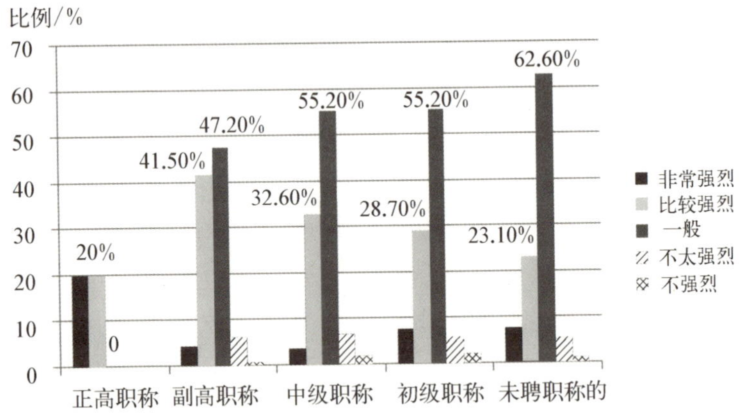

图 3-19　不同职称人群对当前科研人员到企业兼职的意愿

所有人群中对到企业兼职意愿最高的是有副高级职称的人，占比达 41.5%。

4. 科技人员离岗创业的孵化期内原有岗位处理意见

根据市人保局有关规定，单位同意科研人员离岗创业的，在创业孵化期(3～5 年)内保留人事关系。在此期间内，科研人员的原有岗位应如何处理？如图 3-20 所示，有 60.4%的人认为待离岗创业人员回归后视情况重新安排岗位，有 36.7% 的人认为应该保留原岗位。

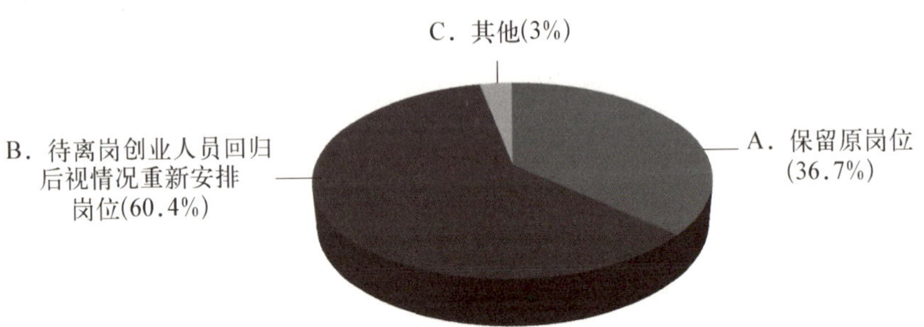

图 3-20　科研人员离岗创业的孵化期内原有岗位处理意见

5. 离岗创业人员在评聘和晋升职称时具体操作意见

根据市人保局有关规定，在创业孵化期内，离岗创业人员与原单位其他在岗人员同等享有参加专业技术职务评聘和岗位等级晋升的权利，并可不占原单位专业技术岗位结构比例。在评聘和晋升的具体操作中如何处理更为合适的意见如下：按照与其他在岗人员的相同条件进行，不设置专门名额(占 27.6%)；为离岗创业人员设置专门的条件，不设置专门名额(占

26.8%)；为离岗创业人员设置专门的条件，并设置专门名额(占 30.9%)；与原单位其他在岗人员同等条件，并设置专门名额(占 12.7%)。其中为离岗创业人员设置专门条件并设置专门名额的占比是最高的，说明有特事特办的理念。

6. 处级以下领导职务的科技人员离岗创业的处理观点

如图 3－21 所示，被调查对象的意见中适用科研人员离岗创业的规定，但仍应要求其辞去领导职务的占比居第一(48.4%)；适用科研人员离岗创业的规定占 26.1%；由单位对其离岗创业作出专门规定的占 23.1%；其他观点占 2.3%。

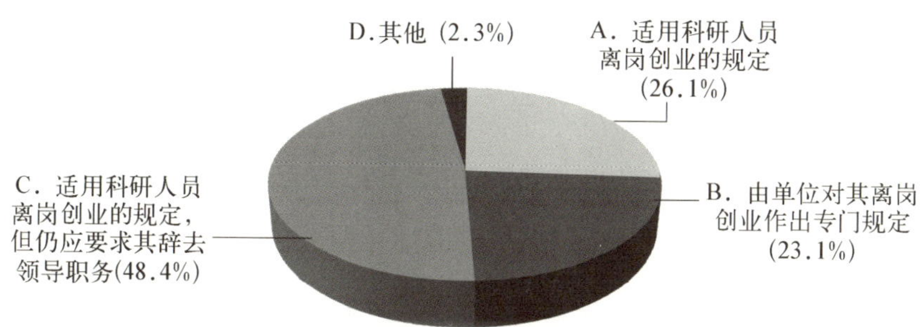

图 3－21　对处级以下领导职务的科技人员离岗创业的处理观点

7. 对离岗创业和兼职兼薪政策规定的评价

如图 3－22 所示，科研人员对当前离岗创业和兼职兼薪政策可行性的看法，认为一般的占比最高(57.5%)，认为可行性较强的只占 23.3%，说明目前政策实施的效果还不够好。

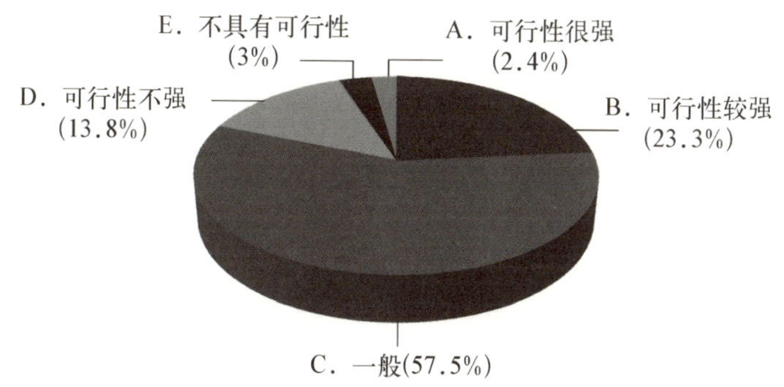

图 3－22　对离岗创业和兼职兼薪政策可行性的看法

五、绩效分配的基本情况

1. 影响科技人员从事科研积极性和创造性的主要因素

影响科技人员从事科研积极性和创造性的主要因素如表 3-28 所示。

表 3-28 影响科技人员从事科研积极性和创造性的主要因素

序　号	主　要　因　素	所占比例/%
1	收入分配和福利待遇问题	70.20
2	科研成果能为社会所用	45.7
3	职位及社会地位能提升	41
4	劳动得到领导及同行认可	24.1
5	工作的挑战性、新颖性增强	18.3
6	交流、培训的机会增多	16.4

2. 团队如何分配不低于 70%的转化收益分配观点

如图 3-23 所示，归属团队的收益在分配时，用于研究和转化骨干们的收益、团队负责人的收益及留归团队统筹的比例如何确定才更能激发大家从事科研的积极性，意见基本聚焦在三个方案，分别为 6∶3∶1(占 29.9%)；7∶2∶1(占 29.9%)；5∶3∶2(占 27.3%)。

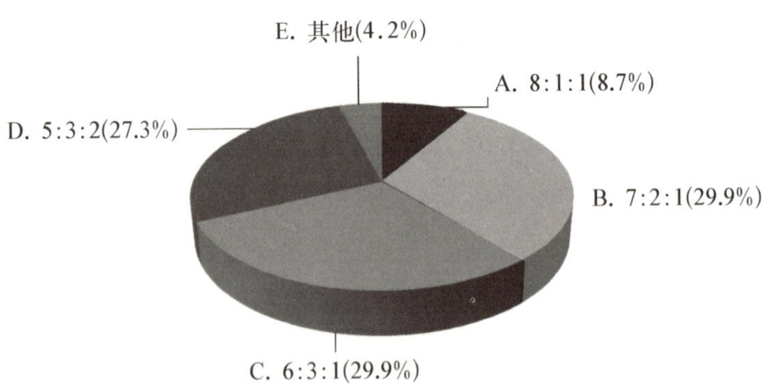

图 3-23 团队如何分配所得的收益

3. 有利于激发科研人员工作积极性的绩效分配办法

绩效分配管理办法应考虑的因素如表 3－29 所示。

表 3－29　绩效分配管理办法应考虑的因素

序　号	绩效分配管理办法应考虑的因素	所占比例/%
1	保证基本工资(70%)的前提下,按所在城市生活成本的变化确定绩效和奖金额度	42.6
2	通过建立工作业绩、工作能力和工作态度的绩效考核评价模型决定	31.8
3	按学历、能力、贡献大小及完成的工作质量确定收入报酬	14.8
4	按职称、职务及岗位重要程度事先约定收入区间	10.8

4. 专业技术人员对收入的期待

如图 3－24 所示,依据自己现在所在的岗位、从事的业务及能力,专业技术人员给出了税后年薪的期待。有 41.1%的人期待年收入能有 20 万～30 万元,说明大家对收入的期待还是比较客观理性的。

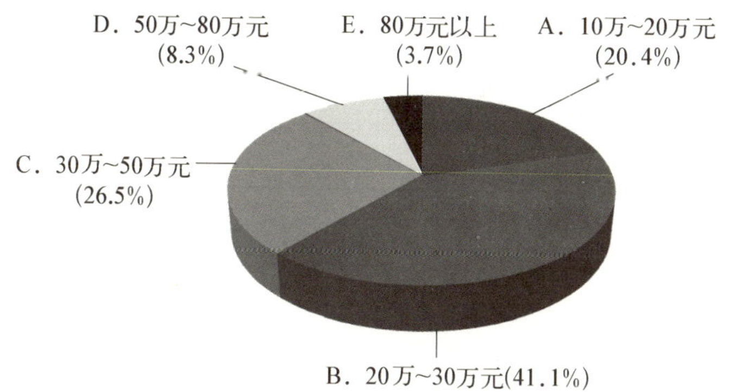

图 3－24　专业技术人员对收入的期待

5. 不同年龄段人群对收入期待的区别

如图 3－25 所示,年龄在 35 岁以下的人群,大多期待年可支配收入能有 20 万～30 万元,46～55 岁的人群则期待年可支配收入能有 30 万～50 万元,56 岁以上的人群对收入在以上各段之间的期待人数几乎均等。

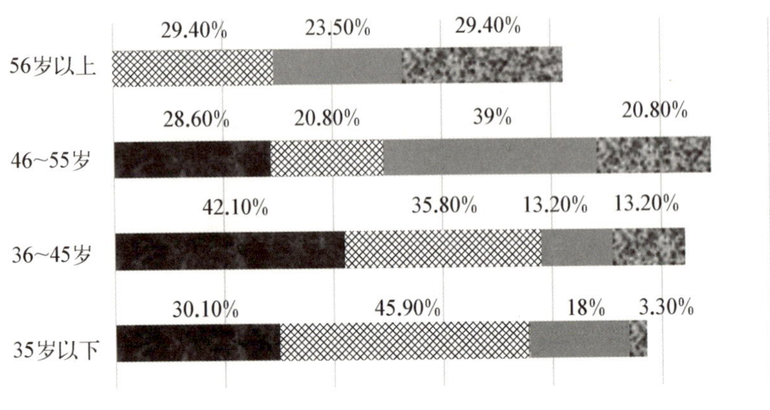

图 3-25　不同年龄段人群对收入的期待

6. 对研发人员劳动强度的认可度

对研发人员劳动强度的认可度如表 3-30 所示。

表 3-30　对专业技术人员收入待遇的看法

序　号	对科技人员收入排序的看法	所占比例/%
1	研发人员,收入待遇应该高于单位员工的平均收益,因为研发人员的工作科技含量高	63.2
2	技术转移转化服务人员	29.9
3	管理人员,因为他们的工作很操心	12.4
4	采购、销售人员,因为市场难做	5.6
5	其他人员	2.2

7. 对科研绩效分配管理办法的评价

如图 3-26 所示为目前的科研分配绩效管理办法对员工激励性的评价。居前三位的评价是:一般性的激励(44%);激励性不够(占比 23.8%);激励较强(占比 21.2%),看来激励力度和方式还需要创新。

政策引领人才聚集,人才铸就创新实力。科创中心建设的关键因素是科技人员积极性、主动性、创造性的发挥,人才新政的尽快落地实施,能极大地释放他们的活力。大胆实践、率先突破,破除制约人才发展的体制机制障碍和政策壁垒,解放和增强人才活力来激发、释放科技活力和创新活力,是

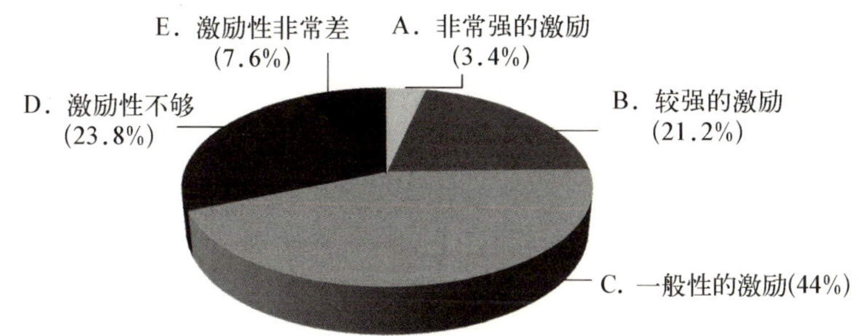

图 3－26　对目前的科研分配绩效管理办法的评价

推进上海科创中心建设、提升区域创新能力的重要环节。了解科技人员的需求、顾虑、期待，有利于制订针对性、操作性更强的管理办法。“一份部署，九份落实。”通过完善、落实人才制度使人才政策得以推广实施及提升，创新更具竞争力的人才集聚制度，完善有利于创新创业的人才发展政策体系，进一步优化人才创新创业综合环境，才能使上海成为国际一流创新人才汇聚之地、培养之地、事业发展之地、价值实现之地，真正实现“择天下英才而用之”。

第四部分

参考借鉴

国外推进人才队伍建设的政策措施及对上海的启示

高技术移民政策的国际评价及比较借鉴

全球最具影响力中国大陆及上海“高被引科学家”群体分析

韩国科技人才战略的三次转变及对上海的启示

国外推进人才队伍建设的政策措施及对上海的启示[①]

人才是现代经济的关键要素。当前无论是发达国家、新兴国家，还是发展中国家，均面临着经济发展与人才短缺的矛盾。这种人才短缺不仅表现在人才数量上的不足，更多地表现在人力资源在知识和技能方面与快速发展的经济和文化的不适应性。因此，各国均在制订积极的人才战略，采取适合于本国的人才发展政策，加强本国人才的国际竞争力。

一、国外推进科技人才队伍建设的政策和措施

当前，各国政府加强科技人才队伍建设的政策和措施可以概括为以下一些方面。

(一) 增加科教投入，强化教育和科研系统的人才培养功能

高质量和足够数量的科技人才是各国参与国际竞争的关键。为了培养出未来社会所需的各类人才，近年来各国纷纷加大教育和科研投入力度，对本国的教育、科研制度进行改革，以期从根本上保障人才的供应。

美国将其保持国际竞争力的希望寄托于教育，试图通过强化科学、技术、工程与数学(STEM)教育来培养出合格的人才。这也是20世纪80年代以来美国各届政府一直坚持的一项重要的人才发展战略。奥巴马上台后提

① 作者：王萍；顾承卫；姚恒美

出，高质量的教育是解决国家诸多挑战的关键，并承诺为每一个美国人从其呱呱坠地到长大成人提供世界一流教育的机会，以增强美国在21世纪的竞争优势。2009年9月，奥巴马在《美国创新战略：推动可持续增长和高质量就业》中提出，要在未来10年中投入2 000亿美元的资金帮助学生完成大学学业，改革教育系统，培养教师队伍，强化教师技能，教育下一代掌握21世纪的知识和技能，培养出具有世界水平的劳动力；2010年9月美国国家科学理事会(NSB)和总统科技顾问委员会(PCAST)分别向政府建言，从学校、教师、教育技术和标准等方面入手，加强STEM创新人才的培养。

2012年7月，奥巴马政府投资1亿美元启动了“国家STEM杰出教师队伍”计划。该计划从培养50名STEM教师开始，其目标是未来4年培养1万名STEM教师，未来10年培养10万名STEM教师。美国政府设立该计划的理念是通过这批杰出教师队伍，将知识和技能传播到全美的学校和教育者。

日本为了强化基础科学研究实力，多年来一直致力于大学、大学院的教育改革和科研机构的研究体制改革，致力于充满个性的大学、大学院和富于魅力的研究机构的建设，构建新的人才培养体系。在综合考虑教育、科研体系的人才培养功能的基础上，日本自2004年起，每年综合制订并执行一个“科学技术相关人才综合计划”，加强人才培养工作。“科学技术相关人才综合计划”有增进公民对科学技术的理解、充实理数教育，培养下一代科技人才、强化大学人才培养的功能，涵盖了人才培养和成长的整个过程，对于日本的人才培养具有重要作用。用于这一计划的预算逐年增加，从2004年的1 431亿日元增加到了2010年的1 933亿日元。

俄罗斯政府十分清楚科技与教育对国家经济社会发展的重要作用，近年来不断增加科技与教育投入。最近几年，俄罗斯为保障科学及教育项目的实施投入了1 800亿卢布(约60亿美元)，2010年用于教育领域的联邦预算比2006年提高了两倍，达4 000亿卢布(约130亿美元)，占联邦总预算的2.14%，占国家GDP总额的0.39%。2008年俄罗斯政府出台的《2009—2013年俄罗斯创新科研与教育人才》国家专项计划的目标是，5年内投入902.499亿卢布(约30亿美元)，加快科研与教育人才培养。

爱尔兰政府认为，坚持对教育和科研系统的投入是国家发展的一个必要手段。在过去的10年间，爱尔兰投入教育的经费每年以10%的速度增长。2000—2006年，其教育投入达29.6亿欧元。2007—2013年，科研投入也是以10%的速度在增长，到2008年R&D投入达26亿欧元，占GDP的比例达1.43%，虽然在欧盟国家中处于中下水平，但比其过去长期低于1%的水平提高了很多。2007—2013年的国家科研投入达82亿欧元，比上一个6年计划增加了3倍多。

（二）完善科研体制和人才体制，创建有利于科技人才释放潜能的环境和制度

良好的环境和完善的体制是能够让干事创业的科技人才充分活跃起来的充分条件。为了吸引、留住并用好人才，近年来各国都采取了许多措施，努力营造有利于人才创新、创业，有利于人才脱颖而出的成长环境。

如何建立高层次科技人才的就业和流动体制，体现重视能力和业绩的人才考核体系，一直是日本人才管理制度改革关注的问题。20世纪90年代以来，日本为了适应知识经济和市场经济并行发展的需求，将建立有利于人才成长和脱颖而出的机制作为其人才战略的首要举措，相继实施了一系列重要改革措施，引入了能力等级制度、实施了研究人员“任期制度”、引入了竞争性资金制度等，极大地改善了研究环境，充分体现了开放、公平、竞争和择优等原则。2008年，日本政府替代原有的《研究交流促进法》出台了《关于通过推进研究开发体系改革，强化研究开发能力、提高研究开发效率的法律》（简称《研究开发力强化法》），围绕人才战略从不同侧面对完善创新环境、提高研究开发效率作出了具体规定，要求国家科研机构（研究开发型独立行政法人）必须采取切实措施，制订具体计划，充分发挥年轻研究人员、女性研究人员、外国研究人员的作用，吸纳国际顶尖人才，促进人才的流动，实行按成果定报酬的工资制度等。研究开发型独立行政法人要针对上述措施制定具体的人才培养、使用和引进目标，促进研究机构向世界领先研究基地发展，并以此为平台吸引更多的世界顶尖研究人才。法律中还规定，顶尖研究人才的待遇要优于其他研究人员；对于独立行政法人聘用的符合一定条件的任期制研究人员，可以不将其作为行政改革削减人事费的对象等。

建设研究人员友好型科研体制,形成良好的人才培养和使用机制是近年来韩国人才战略中的一项重要内容。2008 年,韩国政府对国家研发事业体系做了改革,加强对各层次研发人员有针对性地培养和使用,在研发体系内实施了支持"一般研究人员"(职业早期、博士后)、"中坚研究人员"、"世界顶级人员"的各类项目,并废除或放宽了一些不利于研究人员发挥创造力的管理规章和制度。例如:为确保研究经费管理的透明性,采取废除或放宽事前规定,加强事后监督的管理模式;为确保课题参与人员研究经费管理的透明度,废除对硕士和博士生人员费进行统一管理的规定;为加强大学和研究机构的合作,允许研究人员在大学和研究机构之间兼职等。

2008 年,印度政府出台了一项法案,提出允许公共科学研究机构的科学家从他们的创新成果收入中获取至少 30%的利润。这项规定有利于刺激科学家的创新能动性,也有助于促进大学、科研机构研究人员的研究成果产业化,为国家创造经济效益。同时,还提升了公共科学研究机构对科技人员的吸引力。此外,为鼓励科学家创办企业,2008 年 5 月,印度政府还出台了一项政策,允许科学家、工程师和教授筹资创办企业,而且在他们创业期间,国家为其保留其在政府部门的工作职位。该政策规定,"中央公共服务行为条例"将不再对国家研究机构构成约束,允许大学、学术机构和实验室等国有研究机构的科学家开发其技术和知识成果,他们不仅可以在公司持股和控股,还可以担任董事会非执行主席或非常务经理职务。该政策还允许科学家到其他研究机构或企业兼职。另外,印度科学工业研究理事会于 2006 年 2 月还批准实施了《科技人员流动条例》,允许满足一定条件的科研人员从大学等研究机构进入企业或从企业进入研究机构从事一段时间的科研活动,原单位将为其保留职位和所有待遇。这一条例对于促进科技人才在科学工业研究理事会与企业及其他科研单位之间双向流动,充分发挥科研人员的创造性具有重要意义。

为了吸引欧洲最优秀的科研人员来英国从事科学研究,2009 年底,英国商业、创新与技能部推出了一项关注科研人员流动和职业发展的"国家行动计划",从公开招聘、社会福利、工作条件和技能培训 4 个方面,为欧盟伙伴国的人才进入英国工作提供了更多的优惠条件。

德国联邦政府也十分重视改善青年人才的就业条件,通过提高待遇和减少人才流动的障碍来留住人才，吸引人才。为了留住人才，德国政府允许校外科研机构在德国公共事业单位工资标准的基础上，每月为青年人才提高 560～820 欧元工资。对于海外人才和来自经济界的人才，科研机构有权进一步提高工资，青年人才在经济领域或其他领域的工作时间和获得技能都被承认。大学教师也被允许通过第三种经费（来自私人企业）增加收入。

（三）构筑多元化的产学研合作模式，培养创新人才

"产学研合作"是能够使"科学技术"和"经济发展"结合起来的有效方式。近年来发达国家产学研合作培养人才的方式正在沿纵深方向拓展，各种模式，如大学与企业合作培养，大学与研究机构合作培养，大学之间强强联手合作培养，大学、研究机构与企业合作培养等，在越来越多的国家得到了良好应用，为社会输送了大量创新人才。

在日本，1995 年出台的《科学技术基本法》和 1996 年制定的《科学技术基本计划》，促成了"产学合作与高校改革并轨"理念的形成。之后，日本政府通过一系列政府文件明确指出，高级专门人才的培养是产学研合作的重要任务之一。2009 年，文部科学省推出了"企业研究人员活用型基础研究推进事业"，旨在促进大学、研究开发型独立行政法人接受来自企业的优秀研究人才，将企业研究人员所具有的产业界的视点和知识见解融入基础研究中，促进基础研究的发展。同时推出的"高级研究人才活用促进事业"则是给博士带着"嫁妆"，将其送入企业，以促进民间企业研究开发活动的活性化和高度化。2010 年，文部科学省和经济产业省进一步在制订产学研联合科研预算时，提出了将产学研联合项目引入基础研究阶段的新思路，尝试通过各种具体计划来强化项目实施与人才培养相结合，解决引进国际人才、培育实践性科研领军人才以及充实重点科研院所的科研主力军等问题。

在英国，大学、产业界和政府联合培养高层次理工人才的项目和计划多种多样。譬如，在英国政府和企业支持下建立的英国剑桥大学和美国麻省理工学院联合成立 CMI 研究所，其宗旨是推动两国在教育研究方面的合作，促进成果转化，培养具有创新精神和创业能力的人才。

在澳大利亚，政府支持高质量的研究商业化训练，并以此确保未来的研究人员具有将创新成果市场化所必需的技能。目前政府实施了许多旨在促

进企业和研究机构之间联系的项目。如 2009 年 3 月,澳大利亚政府启动的“研究人员进企业计划”项目,支持来自大学和公共研究机构的研究人员进入企业,这一方面可以帮助研究人员发展和贯彻他们的新思想,实现商业潜能;另一方面也打破了企业和研究部门之间的文化障碍,加速了专业知识的传播,加速了企业对新思想和技术的采用,增强了企业的竞争力。

(四) 强化对青年研究人员的资助,促进青年人才快速成长

青年研究人员是潜在的未来创新人才,因此各国都十分重视对青年人才的培养,分别设立了博士、博士后培训计划和各种支持独立研究计划,促进青年人才高质量、快速成长。

以美国国立卫生研究院为例,早在 1937 年就形成了支持在校学生攻读博士学位和参加博士后培训的计划;1957 年又形成了学术生涯发展基金,用以引导和支持已完成职业和研究培训的青年科研人员进一步发展其学术生涯。目前,美国联邦各机构均设立了各自的青年人才培养资助项目。如美国国家科学基金会设立了“职业生涯初期发展计划”;国防部设立了“职业生涯初期科学家好工程师奖”;国立卫生研究院设立了“独立之路计划”,这些计划为青年科学家尽快成长为独立科学家提供了重要支持,并为美国培养了大量高层次人才。2009 年能源部也利用经济刺激计划拨款中的 8 500 万美元设立了“青年科学家资助计划”,资助 50 名青年科学家的早期职业生涯。2010 年国立卫生研究院又投入 6 000 万美元设立了“尽早独立奖”,帮助博士学位获得者跳过博士后培训阶段,尽快成为独立研究人员。

日本学术振兴会(JSPS,日本的基金分配机构之一)设立了资助博士、博士后以及从博士后向独立研究员过渡的各类计划。此外政府各省也都设有对青年研究人员职业早期生涯的资助计划。如学术振兴会的“特别研究员计划”专门资助优秀的青年人攻读博士学位;“青年研究 Start up”、“青年研究 A、B、S”、文部科学省的“青年对象型研究开发计划”、总务省的“青年尖端 IT 人才培养计划”等则属于支持青年研究人员独立或带领团队开展独立研究类的计划。

在欧洲,欧盟同样设立了一些资助和促进青年人发展的计划,如博士计划、科研启动期培训网络计划、启动资助计划(Stating Grant Scheme)等。这些计划主要是促进欧洲学子攻读博士学位;帮助处在科研生涯初期的研究

人员加入到成熟的科研团队中,促进其快速成长为独当一面的领军人才。

欧盟各成员国也分别设立了各自的促进青年研究人员成长的计划。在德国,有很多资金渠道资助博士、博士后和青年学者。德意志研究联合会(DFG)、夫琅和费协会、马普学会、亥姆霍兹联合会、莱布尼兹联合会等科研机构都设立有博士班,为德国社会输送了大量优秀人才。此外,这些机构也十分重视对处于职业生涯初期的青年研究人员的培养。DFG设立的"独立工作岗位计划"主要为青年人才提供独立担任项目负责人的机会;DFG的"特别研究领域计划"也给青年科学家提供了独立开展工作的可能性;"青年教授席位计划"则打破了德国传统的等级森严的晋升制度,为青年人才的快速成长提供了渠道。

为充分发挥科技和创新的力量,使澳大利亚成为具有国际竞争力的创新型国家,澳大利亚政府也十分重视对本国青年研究力量的培养。其研究培训计划(RTS)、澳大利亚研究生奖学金计划(APAs)、澳大利亚工业研究生奖学金计划(APA-I)等每年为澳大利亚培养大量的高学历人才。而且,在澳大利亚,青年学子们的研究训练经历也并没有随着学位的获得而告终,许多优秀的毕业生在其职业生涯的早期,也得到了政府的资助,使他们的研究经验得以巩固和拓宽。澳大利亚研究理事会主要为获得博士学位3年以内的研究人员提供博士后奖学金;发现项目计划(Discovery Projects Scheme)则主要资助处于职业生涯早期阶段的科学家。国家健康医学研究理事会为获得博士学位2年以上7年以下的研究人员提供职业发展奖学金,为从事博士后研究2年以内的研究人员提供训练奖学金;新研究人员基金(New Investigator Grant)则主要是为那些重新回到研究岗位或从海外归来的健康医学领域研究人员而设。

(五) 加强国际合作,在合作中吸引和培养人才

当前,许多国家都在加强人才引进政策的协调和人才跨国流动的合作,并在这种协调与合作中形成了共赢局面。"人才有国籍,服务无国界"已经成为全球性共识。在这种趋势下,加强国家合作,在合作中吸引和培养人才已经成为各国科技政策中一个重要内容。

日本以其雄厚的经济实力在亚太范围内,围绕人才培养和引进开展了

一些合作项目,如亚洲研究教育基地项目(Asian CORE Program)和亚非学术平台建设项目(AA Science Platform Program)。设立亚洲研究教育基地项目的目的是在亚洲建立世界级研究基地,面向未来培养中坚人才。设立亚非学术平台建设项目的目的是,以日本的研究机构为主,与亚洲和非洲的研究机构建立合作关系,共同构筑研究基地,在解决亚洲和非洲共同面临的一些地域性问题的同时,培养青年人才。另外,近年来日本一直在促进"亚洲研究圈"的创设,其中一项重要内容就是以亚洲作为一个整体共同应对人才的流失、共同培养人才。

2013 年韩国未来创造科学部提出,将把大田"国际科学商务地带"发展成世界基础科学研究枢纽,吸引世界 300 名著名科学家到韩国,培养 3 000 名研发人员,并提出挑战诺贝尔奖的目标。

南非政府认为,国际科技合作是人才培养与交流的重要载体,并积极开展国际科技合作,其合作伙伴涉及欧洲、美洲、亚洲、中东、非洲等。南非与发达国家科技合作,旨在让科技人员参与合作项目,提高本国研究人员的科研能力。对于与非洲的科技合作,南非则是通过南部非洲发展共同体(SADC)、发展新型伙伴关系计划(NEPAD)、非盟(AU)等,实施系列科研合作计划,为非洲培养人才。

(六) 实施移民政策、留学生政策和回归计划,吸引世界人才

加强对海外人才的吸引,是各国人才战略中的重要内容。发达国家利用卓越的经济和教育科研优势,通过移民政策和留学政策从国外吸引人才,既节省了成本,也解决了科技人才短缺的燃眉之急;而人才流出国也随着本国经济状况的好转纷纷设立各种"回归计划"吸引本国人才的回流。

多年来美国移民和签证政策为吸引全球人才发挥了重要的作用。据美国国家科学基金会统计,25%的外国留学生在学成后定居美国,被纳入美国国家人才库;在美国科学院的院士中,外来人士占 22%;在美籍诺贝尔奖获得者中,有 35%出生在国外。随着"9·11"之后移民政策的紧缩,近年来美国产业界、学术界的有识之士纷纷呼吁政府加快移民制度改革。他们认为,美国目前在工作移民审批方面的限制过于严苛,已成为阻碍优秀人才流向美国并在美国工作的最为严重的障碍之一。奥巴马上台后,提出了进行全

面的移民改革，实行了更为宽松的绿卡政策和 H－1B 签证计划，改变了自“9·11”以来美国日渐严格的移民政策，吸引了全球更多的优秀人才。2013 年 1 月奥巴马在拉斯韦加斯发表演说提出，在防止新的非法移民涌入的同时，移民政策应向理工科人才和在美投资创业者倾斜。在合乎资质要求的美国大学取得科学、技术、工程、数学硕士或博士学位的外国人才，只要找到工作，其获得绿卡的过程可加速；创建“创业签证”，允许能吸引美国投资或从美国消费者身上赚取收入的创业者在美建立或扩展他们的企业，并扩大投资移民签证项目。他还提出应取消雇主担保移民的国家限额、提高家庭担保移民的签证份额，并基本将异性与同性家庭一视同仁。

2009 年 5 月，欧盟理事会通过的“蓝卡”指令，旨在为欧盟境内寻求高资质职位的第三国公民进入欧盟并在欧盟定居提供便利条件。而 2009—2010 学年的“伊拉斯谟计划”则通过提供奖学金的方式为来自中国、印度、巴西、墨西哥、孟加拉国、美国、埃塞俄比亚、俄罗斯和印度尼西亚等国的 1 万名优秀学生和卓越学者提供了学习和从事研究的机会。

近年来，英国的高等教育机构吸引了大量的海外留学生。为了留住那些优秀学生，英国于 2007 年推出了国际毕业生计划(IGS)，为那些完成学业的海外留学生提供了 12 个月的居留权，以便他们在英国境内求职。

德国联邦政府也非常重视对海外人才的吸引，德意志学术交流中心(DAAD)和洪堡基金会在其中起了很重要的作用。德意志学术交流中心在全世界有 14 个办事处，负责国际交流和与德国海外人才的联络工作；洪堡基金会则专门设置了网络，向德国海外人才介绍德国对人才的需求情况，开展有关回国工作的咨询。针对德国在美国和加拿大地区的人才，德国研究基金会(DFG)、洪堡基金会和德意志学术交流中心共同发起成立了德国学术国际网络(GAIN)，通过不断组织聚会和开展各种活动向参与者介绍德国科研的新进展、新变化以及对海外人才的需求情况，鼓励和吸收这些人回国工作。

面临高龄少子化的困扰，日本除了通过“亚洲人财①资金构想”帮助来自亚洲的留学生在日本就业外，近年来也开始探讨通过移民制度吸引外国，特

① 此处用“人财”而非“人才”，可能是有将人才视为财富之意。

别是亚洲国家的高端人才。

为了吸引本国海外高层次人才回归，法国于 2009 年启动了“博士后回归计划”，2010 年第一批在“博士后回归计划”吸引下回国的人员共 25 名。此外，法国还于 2008 年设立了“优秀客座教授计划”，专门吸引国外高水平的科研人员及在国外的法国科学家在法国境内从事科研和教学工作。

2009 年，比利时科技部也启动了“回归比利时”计划，吸引在国外工作的比利时籍高层次人才回国工作，2009 年已有 98 名科研人员回归，计划的效果十分显著。

（七）出台政策，消除障碍，吸引青少年、女性投身科学事业

随着经济的发展，青少年对科技的兴趣逐渐减弱，导致许多发达国家学习理工科专业的学生的比例有所下降。同时，由于发达国家普遍面临着人口老龄化和出生率低等问题，致使科技后备人才状况普遍堪忧。近年来许多国家都在开发多样化的人才力量，力争吸引更多的青年人从事科学事业，同时，将女性、少数民族以及残疾人等纳入科技队伍当中。

美国为了确保其下一代创新人才的数量和质量，一方面，加强学生对科技的兴趣教育，另一方面则着力培养具有科学技能的教师队伍。2007 年颁布的《美国竞争法案》中，美国提出要加强从小学到研究生阶段的科学、技术、工程和数学教育，并培养未来竞争力所需的教师和科学技能，同时该法案还要求美国国家科学基金会加强对少数民族学生的资助。2009 年 11 月，奥巴马发表了题为“教育促创新”的演说，宣布在全美启动“教育促创新”行动计划，指出美国政府将与企业界、慈善家和各类基金会共同努力，提高美国的 STEM 教育水平，吸引更多的青年人从事科技相关职业。

欧盟一直致力于提高女性在科研工作中所占的比例，促进青年人从事科研职业。据预测，要达到欧盟提出的研发投入占 GDP 3%的目标，除了满足研究人员的正常更替外，欧盟还需要另外增加 60 万～70 万名研究人员。为消除雇佣青年人和女性研究人员的各种障碍，欧盟提出了 4 个目标：① 成员国、基金提供者、雇主通过运用“弹性安全原则”、定期评估、更大自主性、更好培训等为早期研究人员改善职业发展机会；② 成员国、基金提供者、雇主要有远见地为年老的和终止事业的研究人员提供更多的合同弹性、

行政安排和相关的国家法规，去奖励优秀业绩和允许非标准职业路径；③ 雇主和基金提供者应确保所有获得奖助金等公共基金的研究人员都能享有合适的社会保障；④ 成员国和公共研究机构在评选和基金团体中，应有合适的性别代表，要系统地采用一些政策，使男女两性都能从事科学研究，并取得合适的工作与生活的平衡，如发展双向职业政策等。

南非政府为了鼓励更多的青年人进入科学领域并从事相关工作，于2007年专门出台了“青年进入科学战略”，旨在通过提高中学生和理工科大学生对科学和技术的了解，吸引更多青年才俊从事科学、技术、工程相关事业。战略还提出到2010年，使500个有才能的来自弱势群体的青年人从事科技事业。

韩国政府2001年出台的《科学技术基本法》则为女性科学技术人才的培养提供了法律依据，并先后出台了第一个（2004—2008年）和第二个（2009—2013年）“女性科技人员培育、支持基本计划”，鼓励女性主攻理工科，培养高级女性科技人才。

（八）跨国公司在海外建立研发机构，直接招聘海外优秀人才

发达国家的大型跨国公司为了争夺世界精英，纷纷向发展中国家扩张并在海外建立研发机构，直接招聘优秀人才。英特尔中国研究中心、微软中国研究院，还有朗讯、IBM、摩托罗拉等在中国均设立研发机构，这些公司提供的条件十分优越，吸引了大批国内大学和研究机构的骨干，以人才本土化的形式成功地实现了对我国高层次人才的利用。有关统计表明，中国国内人才中最优秀人才的40%，优秀人才的45.7%，都流向了三资企业，尽管这些高技术人才未流出国门，但已主要为发达国家所用。

二、国外政策和措施对上海科技人才队伍建设的启示

综观世界各国推进科技人才队伍建设的政策与措施，不难看出，当今世界人才已经成为各国争夺的战略资源，在全球化背景下人才的全球流动已经成为势不可挡的潮流。作为中国改革开放桥头堡的上海，要建设成为具有较大影响力的全球科技创新中心，实现创新驱动、转型发展的战略目标，

必须依靠掌握尖端技术、具有国际化素养的科技人才队伍。借鉴国外的先进做法,根据上海多年来科技发展的经验,上海应当从以下几个方面加强科技人才队伍建设工作。

(一) 加大科技人才投入力度

要在保持较高水平科技投入的同时,持续稳定地加大科技人才投入力度。政府科技人才投入要扩大规模、优化结构,建立财政性科技人才投入稳定增长机制,逐步提高财政性科技人才投入比例。要创新机制,引导社会力量参与科技人才投入,通过税收减免、贴息等手段鼓励企业和社会组织投资科技人才发展,建立人才发展专项基金。要加大重大科技人才工程的投入力度,建立重大科技人才工程投入优先保证机制,为人才工程实施提供稳定持续的财政资金保障。

(二) 创新科技人才培养模式

提高人才培养的自觉性,遵循人才培养规律,探索具有上海特色的多元化人才培养模式。在继续深入发挥"导师制"人才培养模式作用的同时,着重探索"项目制"人才培养模式,依托重大工程培养科技人才。政府部门应通过制订科学支持计划,投资有价值的探索性研究,选拔和培养有洞察力、有创意的科技人才;分层次培养高科技领域中研发的创新型人才、工程建设中解决实际问题的工程型人才、生产制造中进行操作的技能型人才和各行各业胜任日常工作的实用型人才。

(三) 重点聚焦青年科技人才

在现有的基础上,应更加强化对青年研究人员的资助力度,完善对青年研究人员各阶段(博士后、从博士后到独立研究人员、处在职业初期的独立研究人员)的资助制度;完善针对青年研究人员的评价制度,更多地为青年人的"沉寂期"给予保护;完善青年科技人才公共服务平台,从住房交通、培训进修、科技资讯、精神文化生活等方面着手,尽可能地为青年研究人员解除后顾之忧,让他们潜心开展研究。

（四）引进和培养世界一流水平创新团队

学习北京生命科学研究所的经验、借鉴日本“世界顶级研究基地形成促进计划”的做法，建立若干能够与国际接轨的集聚高层次人才的平台，从而吸引一批国际学者和博士后在上海从事科研工作。设专项资金，面向全球引进一批在国际重大科技前沿领域具有一流创新能力、对上海产业发展影响重大、能带来重大经济效益和社会效益的创新科研团队。同时强化培养本地已有的优秀科研团队，结合世界水平创新基地的建设，培养促进本地一批重点领域优秀创新团队达到国际水平，特别是培养交叉研究创新团队、转化研究创新团队。

（五）建设开放的国际化研发基地

树立开放式创新理念，强化与世界创新中心区的人才、技术、资本的有效对接，加快建设多层次的国际合作体系，建立与国际接轨的运营模式，确保与全球影响力的创新中心保持同步直至超越引领。在节能环保、信息技术、生物产业、高端装备制造、新能源新材料、新能源汽车等领域，培育建设若干由世界一流科学家领衔的国际一流实验室，持续地产生对人类社会生产生活方式具有重大影响的原创技术，持续地引领新兴产业发展的潮流。

（六）实现人才流动制度的突破

先行先试，破除当前存在的一些政策障碍和制度障碍，如推动解决人才出入境、创新创业准入等方面的障碍，着力创造往来无障碍、创新创业无歧视的良好人才发展环境。扩大用人单位的自主权，扩大高层次人才出入境自主权，尊重科技人才创新自主权。发扬海派文化精髓，大力营造勇于创新、鼓励成功、宽容失败的社会氛围。着力完善人才发展机制，用好用活人才，建立更为灵活的人才管理机制，打通人才流动、使用、发挥作用中的体制机制障碍，最大限度支持和帮助科技人才创新创业。引进高层次人才在子女入学、配偶安置、住房、医疗、保险等方面按相关规定给予特定待遇。

（七）建立科技人才分类评价体系

要从科技人才的分类着手，制订科技人才分类、分类评价标准以及分类管理办法,参照国际化标准,率先建立科技人才分类评价机制。科技人才评价要破除一刀切的弊端,率先建立科技人才评价的动态机制,率先建立以重大产出为导向的科技人才评价机制,人才评价机制应该重视引导青年学者走向生产一线,应该最大限度释放科技人才活力。

高技术移民政策的国际评价及比较借鉴[①]

——美国《2012 全球创新政策指数报告》述评

当前，上海正处在贯彻落实国家创新驱动发展战略、积极推进“具有全球影响力的科技创新中心”建设的关键时期。实施符合国情的高技术移民政策，吸引和争夺境外高技术移民，既是上海深化科技创新开放合作、提升国际化水平、融入全球创新网络的重要着力点，也是建立和完善全球人才枢纽，优化人力资源结构，促进上海经济转型升级的重要支撑点。

高技术移民（high skilled migrant）是国际流动人口群体中具有较高教育程度及文化水准、受过相关产业训练、具备一定工作经验的群体，也是一国人力资源中相对活跃、创造力较强并具有国际化特征的人才群体[②]。美国是高技术移民输入国，高技术移民政策相对完善。2012 年美国总统大选，奥巴马与罗姆尼两位总统候选人在能源政策、技术贸易等问题上分歧严重，但在更加鼓励高技术移民政策上却基本一致。中国近年来日益重视海外高层次人才引进，有关高技术移民的政策也取得一定的成效，最近在关于中国绿卡制度改革上也有一定创新。但从总体上来看，中国高技术移民政策创新力度仍相对较小，缺乏大的突破，仍不适应人才强国的新形势新要求。因此，借鉴国外相关领域实践经验和理论成果，推动我国高技术移民政策的改革与发展，有效吸引海外高技术人才为我所用，是一个紧迫的现实问题。

---

① 作者：魏喜武；杨耀武；李宁

② 目前，高技术移民并未有统一的定义。在美国《2012 全球创新政策指数报告》中，高技术移民为狭义概念，其含义是相对于低等、中等技术移民而言的，指的是所有技术移民中层次能力较高的那部分技术移民。此处使用的高技术移民也是这个概念。

跟踪国外相关领域的研究成果,我们关注了由罗伯特·阿特金森(Robert D. Atkinson)、斯蒂芬·伊(Stephen J. Ezell)、卢克·斯图尔特(Luke A. Stewart)联合完成,由美国信息技术与创新基金会(ITIF)和美国考夫曼基金会于2012年3月联合发布的《2012全球创新政策指数报告》(以下简称《报告》)以及"推翻美国高技术移民的十大论点(Debunking the Top Ten Arguments Against High-Skilled Immigration)"的报告[23]。《报告》对55个国家和地区的高技术移民政策进行了评价,"推翻美国高技术移民的十大论点"报告则对美国是否面临科学、技术、工程和数学领域(STEM)人才的缺失以及是否需要扩大实施高技术移民计划进行了剖析。本书重点从评价指标、评价结果和中国排名、评价结论等方面,对《报告》中高技术移民政策评价情况进行述评,并列出ITIF提出的"推翻美国高技术移民的十大论点",以资借鉴。由于ITIF相关研究只是专家观点,仅供参考。

一、评价指标及结果

(一) 评价指标

为评价各个国家和地区在吸引外来高技术移民方面移民政策的有效性,《报告》使用了三个关键指标:高技术移民的选择率;高技术移民选择率与低技术移民选择率的比例;高技术移民占总人口的比例。具体指标及权重如表4-1所示。

表4-1 高技术移民政策评价指标及其权重

指　　标	指标权重/%
高技术移民的选择率	25
高技术移民选择率与低技术移民选择率的比例	25
高技术移民占总人口的比例	50

(二) 综合评价结果

各个国家和地区高技术移民政策情况评价结果如表4-2所示。评价结果显示，中国排名相对落后，为中低级。等级为“高级”的只有加拿大、中国台湾、中国香港、以色列和新加坡5个国家和地区，这表示它们在吸引大量外国人才方面拥有最成功的移民政策。排在“中高级”的包括澳大利亚、日本、拉脱维亚、马来西亚、新西兰、菲律宾、南非和美国。其余国家和地区排在“中低级”和“低级”。

表4－2　高技术移民政策评价国家和地区排名

高级	中高级	中低级	低级
加拿大	澳大利亚	阿根廷	保加利亚
中国台湾	日　本	奥地利	捷　克
中国香港	拉脱维亚	比利时	芬　兰
以色列	马来西亚	巴　西	希　腊
新加坡	新西兰	智　利	意大利
	菲律宾	**中　国**	立陶宛
	南　非	塞浦路斯	马耳他
	美　国	丹　麦	墨西哥
		爱沙尼亚	葡萄牙
		法　国	罗马尼亚
		德　国	斯洛伐克
		匈牙利	斯洛文尼亚
		冰　岛	西班牙
		爱尔兰	土耳其
		印　度	
		印度尼西亚	
		卢森堡	
		荷　兰	
		挪　威	
		秘　鲁	
		波　兰	
		俄罗斯	
		韩　国	

(续表)

高级	中高级	中低级	低级
		瑞　典	
		瑞　士	
		泰　国	
		英　国	
		越　南	

(三) 单项评价结果

1. 高技术移民的选择率

"选择率"是指高技术移民在移民总人口中的比重。许多国家和地区的移民选择系统都尽力确保在引入高学历外籍劳工时有较高的选择率[①]。《报告》使用的数据来源于达克尔(Docquier)等人提供的国际移民数据集。从表 4-3 可以看出,中国高技术移民的选择率为 48%,排在第 18 位。中国台湾高技术移民的选择率最高,为 78%;其次是菲律宾、日本、南非、中国香港、印度、加拿大。选择率最低的是土耳其,为 8.8%,其余选择率低于 20%的有葡萄牙、墨西哥、保加利亚、意大利。

2. 高技术移民选择率与低技术移民选择率的比例

根据表 4-4 关于高技术移民选择率与低技术移民选择率的比例的评价结果显示,中国的比例为 1.6%,排名第 26 位,位居中游。中国台湾的比例最高,其次是加拿大、日本、南非和菲律宾。在这项研究中,高技术移民选择率低于低技术移民选择率的国家包括保加利亚、捷克、芬兰、爱尔兰、意大利、希腊、立陶宛、卢森堡、马耳他、墨西哥、葡萄牙、罗马尼亚、斯洛伐克、斯洛文尼亚、西班牙和土耳其。

① 在吸引和选择高技术移民方面,多数国家和地区一般使用两种选择系统:雇主导向系统(employer-led system)或计点积分制(points-based system)。雇主导向系统,常被美国和欧洲国家包括挪威、西班牙和瑞典等采用,可以让雇主在不违反政府条例的条件下直接选择他们所需要的工人。计点积分制是另一种常见的系统,通过这种系统的评价,移民申请人得到个体特征要素的分值,如教育程度,工作经验和语言能力等方面的分值。《报告》中涉及的许多国家和地区,包括澳大利亚、丹麦、加拿大、中国香港、韩国、马来西亚、新西兰、新加坡以及英国,都使用了计点积分制选择系统。

表 4-3 高技术移民选择率

国家和地区	高技术移民选择率/%	国家和地区	高技术移民选择率/%
中国台湾	78.0	德国	39.5
菲律宾	67.1	波兰	39.5
日本	63.8	匈牙利	39.1
南非	62.6	比利时	39.0
中国香港	61.9	法国	38.6
印度	60.5	冰岛	38.6
加拿大	60.1	塞浦路斯	37.2
马来西亚	59.2	奥地利	34.9
以色列	57.6	捷克	33.1
新加坡	57.1	罗马尼亚	31.3
美国	55.4	爱尔兰	30.7
澳大利亚	54.6	立陶宛	29.1
韩国	54.1	卢森堡	28.1
拉脱维亚	51.2	芬兰	27.4
俄罗斯	51.1	斯洛文尼亚	26.1
阿根廷	48.2	马耳他	23.6
英国	48.2	希腊	22.3
中国	**48.0**	西班牙	21.6
智利	47.4	斯洛伐克	20.0
秘鲁	46.9	意大利	17.3
印度尼西亚	46.3	保加利亚	16.4
瑞典	46.2	墨西哥	14.4
新西兰	45.9	葡萄牙	12.0
泰国	44.6	土耳其	8.8
巴西	43.4	所有国家和地区	41.3
瑞士	43.3	亚太经合组织(APEC)21个成员国和地区	52.4
荷兰	41.4		
丹麦	40.8		
挪威	40.2	欧盟(EU)国家	32.4
爱沙尼亚	40.1	经济合作与发展组织(OECD)国家	37.4
越南	40.0		

表 4-4 高技术移民选择率与低技术移民选择率的比例

国家和地区	比例/%
中国台湾	11.1
加拿大	7.7
日本	6.3
南非	5.8
菲律宾	5.2
新西兰	4.2
以色列	3.9
澳大利亚	3.6
中国香港	3.6
马来西亚	3.4
秘鲁	3.3
新加坡	3.1
阿根廷	3.0
韩国	3.0
智利	2.8
印度	2.8
英国	2.8
美国	2.4
拉脱维亚	2.3
瑞典	2.3
俄罗斯	2.0
巴西	1.9
丹麦	1.7
德国	1.7
冰岛	1.7
中国	**1.6**
印度尼西亚	1.6
挪威	1.6
瑞士	1.5
泰国	1.5
越南	1.4
爱沙尼亚	1.3
荷兰	1.3
波兰	1.3
法国	1.2
匈牙利	1.2
奥地利	1.1
比利时	1.1
塞浦路斯	1.0
罗马尼亚	0.9
捷克	0.8
芬兰	0.8
爱尔兰	0.8
立陶宛	0.7
卢森堡	0.6
斯洛文尼亚	0.6
马耳他	0.5
斯洛伐克	0.5
希腊	0.4
西班牙	0.4
保加利亚	0.3
意大利	0.3
墨西哥	0.3
葡萄牙	0.2
土耳其	0.1
所有国家和地区	2.2
亚太经合组织(APEC)21 个成员国和地区	3.6
欧盟(EU)国家	1.0
经济合作与发展组织(OECD)国家	1.8

在某些对低等和中等技术人才选择率较高的国家和地区，有可能会在对高技术人才的竞争中失败。例如，土耳其拥有高技术移民的选择率最低(8.8%)，但低技术移民的选择率最高(79.1%)。同样，中国台湾拥有最大的高技术移民选择率(78.0%)，以及最低的低技术移民选择率(7.0%)。然而，尽管这些数据可以提供有益的见解，但也只能从一个方面反映一个国家和地区移民政策的有效性。例如，虽然日本的移民政策在选择高技术移民方面较为成功，但其整体上接纳外国出生的移民较少，因此，一般认为，日本缺乏对高技术移民的开放态度。

3. 高技术移民占总人口的百分比

表4－5显示了各个国家和地区高技术移民与总人口的百分比。中国香港、以色列、新加坡的这一百分比为最高，澳大利亚、加拿大、新西兰和瑞士也有很高的水平，这些国家和地区由于对高技术人才的涌入持开放态度而获益良多。越南、印度尼西亚、秘鲁等国排名靠后。中国的此项百分比为0.05%，远低于各个国家和地区平均值4.4%。中国的该项排名倒数第二，仅高于越南，需要引起重视。

表4－5　高技术移民占总人口的百分比

国家和地区	百分比/%	国家和地区	百分比/%
中国香港	24.02	爱尔兰	6.02
以色列	23.27	爱沙尼亚	5.45
新加坡	23.24	奥地利	5.44
加拿大	12.80	德国	5.17
澳大利亚	11.96	英国	5.01
新西兰	10.28	马来西亚	4.97
瑞士	10.05	俄罗斯	4.45
卢森堡	9.89	冰岛	4.36
拉脱维亚	7.68	荷兰	4.35
美国	7.48	法国	4.13
塞浦路斯	6.51	挪威	4.02
瑞典	6.51	丹麦	3.59

(续表)

国家和地区	百分比/%	国家和地区	百分比/%
比利时	3.55	斯洛伐克	0.48
西班牙	3.05	菲律宾	0.34
南非	2.32	印度	0.24
希腊	2.25	保加利亚	0.23
斯洛文尼亚	2.11	罗马尼亚	0.19
阿根廷	1.74	巴西	0.17
捷克	1.46	土耳其	0.17
匈牙利	1.45	墨西哥	0.10
中国台湾	1.33	**中国**	**0.05**
意大利	1.28	印度尼西亚	0.05
立陶宛	1.16	秘鲁	0.05
芬兰	1.15	越南	0.04
日本	1.08	所有国家和地区	4.4
葡萄牙	1.03	亚太经合组织(APEC)21个成员国和地区	5.5
智利	0.90		
马耳他	0.90		
波兰	0.87	欧盟(EU)国家	3.4
泰国	0.76	经济合作与发展组织(OECD)国家	4.7
韩国	0.60		

二、《报告》中的相关结论

通过对全球55个国家和地区高技术移民政策能力的评价,《报告》得到了以下两个有价值的结论。

(一) 高技术移民对促进本国或本地区经济增长至关重要

在日益全球化的知识型经济中,确保拥有一个大型的高技术人才库对全球创新生态系统的稳定及促进各个国家和地区经济增长至关重要。引入外来移民在增强本国或本地区知识储备和创造潜力方面具有重要作用，有助于从其他国家和地区引进新的观点及所需要的技能。这种“人才循环”(brain circulation)，使各个国家和地区可以从本国或本地区以外的不断扩大的知识技能库中受益，从而为本国或本地区以及其他各个国家和地区带来更多的创新与繁荣。

高技术移民在促进新企业发展、满足企业用人需求，促进经济增长方面发挥了关键作用。美国等国家从吸引外国高技术人才受益，尤其受益于由许多高技术移民创建的公司和工作岗位。部分研究者考察了美国的外来移民在创建新公司过程中的角色，并得出一致的结论：外来移民在这个过程中扮演关键角色。在过去的20年，美国高科技产业中由外来移民创建的新公司的比例由15%增加至26%。美国的一些州是更大的受益者。1995—2005年，在美国加利福尼亚州、新泽西州由外来移民成立的工程和技术公司占全部公司的比例接近40%。也有部分研究者对此意见不同，他们认为国外高技术工人压低了国内工人的工资，但戴维斯(Davies)的研究发现，外来移民对美国的失业率或收入分配并没有明显的影响。

（二）各个国家和地区应该制定开放的高技术移民政策

开放的移民政策在促进国家知识库的建设和提升创造能力方面发挥关键作用。开放的移民政策，可以满足人才对就业的需要，填补国家对人才不足的需求，并产生双向的知识流动。因此，政府应该欢迎各个国家和地区之间的正当竞争，并制定开放的高技术移民政策，以吸引具有国际流动性的高技术人才，尤其是在科学、技术、工程和数学(STEM)领域。

事实上，以美国为代表的一些国家已经实施了明确的战略以吸引具有国际流动性的高技术人才，他们因此获益。而另外一些国家(例如日本)由于对高技术移民开放度较低，因而没有从引入高技术移民的进程中受益。日本相对严格的移民法律和作为单一种族社会的悠久历史阻碍了大规模外国熟练劳工的输入，从而成为日本引进外国专家的壁垒。《报告》认为，如果日本在对高技术移民开放劳动力市场方面的体制改革失败，那么日本将在长期处于不利地位。

三、美国高技术移民政策十问

2015年4月,全球第二大科技智库——美国信息技术与创新基金会(ITIF)发布了“推翻美国高技术移民的十大论点”的报告,报告内容对高技术人才引进政策的贯彻落实,做好上海国际科技创新人才的引进工作具有一定的参考和借鉴价值,现摘译如下。

1. 数据显示美国STEM人才真的不存在短缺吗?

报告认为:这些数据经不起推敲,具有误导性,很多甚至是传闻性的证据。比如采用包括心理学和政治学专业的毕业生数据作为STEM专业学生毕业后不从事相关领域工作的依据,从而认为STEM领域有多余的劳动力。

2. 美国大学计算机科学专业毕业生数量能够满足未来十年STEM人才增长需求吗?

报告认为:首先,IT行业就业岗位增加的速度远高于其他行业,鉴于预计的就业增长水平和目前的毕业生状况,STEM人才缺失现象反而会更加严重;其次,计算机科学本科毕业生中,49%来自其他国家;最后,除了传统的IT行业,其他行业也需要懂计算机技术的人。

3. STEM学生毕业后真的用不到他们所学的技术吗?

报告认为:这一观点使用的毕业生就业数据包含了社会科学和心理学专业,这些专业不属于STEM领域。据统计,STEM领域的毕业生中只有19%从事和本专业不相关的工作,而所有毕业生的这一比率是27.5%。另外,这19%的STEM毕业生中,还有一部分人把他们的计算机技术应用到其他行业中。

4. 以前关于STEM人才短缺的预测目前没有成为现实吗?

报告认为:早前预测STEM人才缺失会导致依赖STEM工作者的制造业等贸易行业流失工作岗位,现在已经成为现实,制造业从2000年到2010年已流失了三分之一的工作岗位;STEM人才缺失还导致美国科技工作岗位增速缓慢以及研发效率变低的问题。

5. IT行业工资水平低吗?

报告认为:过去11年里,美国的平均工资在控制通货膨胀的因素下已经下跌了0.8%，然而计算机行业的工资增长依然超过了通货膨胀率；例如数据库管理员和计算机软件工程师的实际工资分别增长了10%和6%，而且计算机行业的工资比美国平均工资高出80%。

6. STEM领域的工资越高，就会有越来越多的大学生选择STEM相关专业吗？

报告认为：首先，STEM领域的工资水平已经很高了，激励和启发学生选择STEM相关专业的因素是令人兴奋的先进技术而不是工资水平；其次，教育系统会限制学生对工资激励的反应；另外，决定学生进入STEM相关专业的初始因素还有许多，包括智力和个性，以及高中生对STEM领域的接触程度等。

7. 美国企业没有高技术移民还能保持其全球范围内的高竞争力吗？

报告认为：目前美国已有高达6 780亿美元的贸易逆差，其中包括810亿美元的先进技术产品，但是美国没有足够的STEM劳动力生产商品和服务来平衡美国的贸易逆差。没有足够的高技术人才会使美国就业岗位减少、创新减少、经济增长放缓，从而丧失全球竞争力。

8. 高技术移民会取代本国的劳动力吗？

报告认为：首先，STEM行业的失业率很低；其次，企业引入的高技术移民会在当地消费，可以创造更多的就业岗位为其提供商品和服务；再次，如果美国将IT工作外包，将会失去支持IT工作的其他行业的岗位；最后，高技术移民通过创新还创造了很多就业机会，比如硅谷有44%的企业是移民创建的。

9. H-1B签证使外国企业进入美国市场参与竞争了吗？

报告认为：事实上，H-1B签证迫使许多外国企业离开，美国为此付出每年丢失50万个就业岗位的代价。H-1B签证是企业解决短期STEM人才缺失的权宜之计，它只会推动企业向海外发展。

10. 付给外来劳动者的工资会低于本国劳动者吗？

报告认为：相关学术研究发现，持H-1B签证劳动者的工资事实上比本地劳动者的平均工资高。通过查阅H-1B在各类IT行业中的工资数据发现，在多数IT行业，持H-1B签证劳动者的工资水平可以与本行业的平均工资媲美。另外，美国劳工部也会执行相关规则，反对企业给H-1B劳动者支付较低的工资。

总之,ITIF 认为美国面临的问题在于,能够振兴美国经济的那些高附加值的、基于创新的部门缺少使他们能够在全球范围内竞争的劳动力。这个问题的解决方案包括两方面:短期内是扩大高技术移民,包括 H－1B 签证发放;从长远来说是促进 STEM 方面的教育,尤其是高中和大学。另外,H－1B 计划也应该改革:首先是允许 H－1B 签证持有者的配偶也可以在美国就业;其次,需要对企业支付工资的公平性和 H－1B 签证的真实性进行更强的监督管理;最后,应提高 H－1B 签证持有者更换工作的便利性。

四、借鉴与启示

在人才竞争全球化加速发展的今天,高技术移民及其相关政策是我们必须重视的课题。开放、高效、安全的高技术移民政策对加快中国国际化、现代化进程,促进我国经济增长至关重要。面对新形势,我们应该顺应国际发展趋势,依据自身国情与实际,探索和完善既符合国际惯例,又具有中国特色的高技术移民政策,充分发挥高技术移民在推动经济发展和社会进步方面的积极作用。

(一) 提高政策开放度,扩大高技术移民群体规模

从移民政策制定和实施实践上看,我国各级政府先后出台了一系列相关政策法规,并取得了较大的成效。各类政策法规主要集中在两个方面:一是对外国人才的管理,如 1985 年发布的《外国人入境出境管理法》和《中国公民出境入境管理法》、1996 年发布的《外国人在中国就业管理规定》、2004 年发布的《外国人在中国永久居留审批管理办法》和《外国人签证和居留许可工作规范》以及于 2013 年 7 月 1 日施行的《中华人民共和国出境入境管理法》等;二是鼓励和吸引海外人才来华定居和工作,如 2000 年发布的《关于鼓励海外高层次留学人才回国工作的意见》、2002 年发布的《关于为外国籍高层次人才和投资者提供入境及居留便利的规定》、2007 年发布的《关于建立海外高层次留学人才回国工作绿色通道的意见》等。上述政策法规的发布实施,对吸引海外高层次人才来华服务起到了积极的促进作用。截至

2011年底，在华常住外国人接近60万人，其中持有《外国人永久居留证》的外国人4 752人，外籍高层次人才及家属1 735人。另外，共有来自194个国家和地区的292 611名各类来华留学人员，分布在全国31个省、自治区、直辖市的660所高等院校、科研机构以及其他教学机构①。

从目前中国高技术移民人口的相对数量和未来经济发展的潜在需求来看，高技术移民人口的规模仍有待扩大。《报告》研究结果显示，在中国，高技术移民人口占全部人口的比例仅为0.05%，排在各国家和地区的倒数第二位。目前中国的常住外国专家只有几十万，以全部55个国家和地区的平均值4.4%为标准，中国达到平均水平至少还需要引进6 000万左右的高技术移民。如仅仅考虑持有《外国人永久居留证》的外国人数量，存在的差距更加巨大。

这一结果与我国移民政策的开放度不高有关。我国的移民门槛高，工作许可较为严格，外国人才很难获得中国永久居留权，即使获得永久居留权，其在中国的工作、生活等活动也受到较为严格的管理，这或许是阻碍高技术人才引进的潜在因素。另一个问题是，外国人才的随行家人申请中国签证也相对不易。此外，还存在政府审批手续繁琐、相关移民法律不健全等问题。这些因素都在一定程度上影响和降低了中国移民政策的开放度。我国应充分认识到高技术移民群体为经济社会等各方面带来的潜在正面效益，重新审视和调整长期以来采取的从严管理外国人入境工作和排斥外国人获得中国永久居留权及入籍的一些政策，提高移民政策开放度，在评估安全风险的基础上适度放宽准入标准，推动技术移民立法研究与实践，简化申请审批程序，加快扩大高技术移民群体规模的进程。

（二）以市场调节机制为基础，优化技术移民结构

《报告》研究结果显示，中国高技术移民选择率与低技术移民选择率的比例为1.6，与排名靠前的国家和地区相比仍有较大的差距（中国台湾的比例为11.1），也低于55个国家和地区的平均值（2.2）。另外，从具体数值上看，中国高技术移民选择率为48%，该比例未超过全部技术移民的半数，相

① 资料来源：教育部网站 http://www.moe.gov.cn/

对偏低。这说明中国的技术移民结构有待于进一步的优化。

优化技术移民结构的一个方向是重点引进高技术移民，适当限制中级和低级技术移民，扩大高技术移民在全部移民人口中的比例。从引进人才的目的来看，我国引进外国人才主要是补充国内人才资源的不足，而不是替代现有人才资源，使一些行业和技术等级人力资源已经供过于求的情况更加严重。中国人力资源配置方面存在的一个基本问题是：一方面国内普通劳动力市场供大于求，而另一方面是高级专业人才相对紧缺，特别是在某些行业和技术等级存在较大人才缺口。可以看出，国内存在着对高技术移民的现实需求，而鼓励吸引高技术移民来华就业和服务，是解决上述问题的有效途径之一。因此，中国应该立足于本国人力资源市场现实情况，以市场调节机制为基础，以补充国内人才资源为原则，移民政策适度向高技术移民倾斜，优化技术移民结构。

优化技术移民结构的另一方向应是明确移民政策定位，加大外国籍高技术移民引进力度。从现行移民政策的关注重点来看，我们把具有中国籍(或原中国籍)的海外留学人才作为引进的重点对象，而对非中国籍的外国人才关注不足。目前针对海外人才推出的政策，其实施对象基本都是“留学人员”、“优秀留学回国人员”、“海外高层次留学人才”等，这类政策的指向其实就是出国留学的归国人才。这类海外留学归国人才由于与国内存在的天然联系而为政策制定者重点关注，并为我国经济的发展作出了较大贡献。但从长远来看，我国的高技术移民政策应以非中国籍的外国人才为引进重点。非中国籍的外国人才不仅在促进经济发展上具有重要作用，在促进不同文化的相互融合以及提升我国国际影响力方面也能够发挥非常重要的作用。我们应该进一步明确移民政策的定位，加大外国籍高技术移民引进力度，创造外国人才与本国人才同等竞争的环境，消除阻碍外国人才融入中国主流社会的障碍和歧视，提供使外国人才动心的待遇和生活工作氛围，帮助其实现“中国梦”。

(三) 借鉴国外研究成果，深化高技术移民政策研究

从国内理论研究情况来看，研究者们普遍认同技术移民政策的重要性，并从不同角度、不同层次提出完善我国技术移民制度的意见建议。李芳田

探讨了国际移民及其政策的影响因素，分析了国际移民及其政策与国际关系的互动，并在梳理和评价国际移民及其政策相关理论的基础上，构建了国际移民政策影响国际移民的理论解释框架[24]。汪怿探讨了全球背景下的技术移民制度问题，认为各国应在技术移民的制度及其管理上采取相应措施，以期赢得人才竞争的制高点[25]。刘国福认为，技术移民对于现代化建设不可或缺，中国需要把握技术移民的发展趋势，以一种新角度来看待技术移民，更多地思考技术移民对经济发展和社会进步带来的积极影响，并由此提出了中国技术移民政策构想[26]。曹善玉以海外回归人才为研究对象，对中国有关华人高技术新移民的政策进行了分析，认为在全球化背景下，应采取横向与纵向相结合的新移民政策以推动人才环流[27]。俞君研究了美国、欧洲、日本等国家和地区的移民政策特征及其变动原因，指出移民政策的变动对移民群起到了至关重要的作用，移民政策的制定和执行与当地政府执政党、当地居民、当地企业家、维权组织等利益集团密切相关[28]。

已有研究虽已取得了一定的进展，但由于相关文献数量较少，且内容远未展开，还不足以形成解决中国情境下高技术移民相关问题的理论支撑。另外，在研究内容上对一些亟待解决的现实问题关注不足，特别是对双重国籍、高技术移民立法等问题的研究基本上还是一个空白，鲜见这些方面的著作、论文和报告。因此，我国学界应该积极借鉴包括《报告》在内的国外先进研究成果和研究方法，深化高技术移民政策研究，提升国内相关领域政策研究水平，进一步以既紧贴中国国情，又具可操作性的理论成果，支撑技术移民政策创新及实践开拓。

全球最具影响力中国大陆及上海“高被引科学家”群体分析[①]

创新驱动实质上是人才驱动。习近平总书记指出，“科技兴则民族兴，科技强则国家强。”上海正在积极建设具有全球影响力的科技创新中心，集聚具有全球影响力的科技人才队伍对科创中心目标的实现至关重要。2014年6月，国际著名智库“汤森路透”基于全球SCI论文引用率的大数据分析，发布了《2014年全球最具影响力的科研精英》报告，受到国内外高度关注。报告显示，全球科研精英即“高被引科学家”共计3 215位，其中，在中国大陆任职的有111位，上海有10位。为深入了解中国大陆及上海“高被引科学家”的基本情况，特别是其国际化发展的趋势特征，上海科技政策研究所协同中国人事科学研究院以及汤森路透知识产权与科技事业部中国办公室有关领导专家成立联合研究组，重点开展了报告信息数据的进一步挖掘和统计分析。

一、3 215位全球高被引科学家情况分析

汤森路透是全球领先的专业信息服务提供商，《2014年全球最具影响力的科研精英》名录是其第二次发布高被引科学家榜单(2001年第一次发布)。汤森路透运用科学计量学方法，根据2002—2012年被SCI收录的全部自然科学和社会科学领域论文，以论文被引次数为指标进行排名，从自然科学、

① 作者：龚晨；田贵超；杨耀武

社会科学等 21 个学科领域中选出全球论文被引用次数最高（即发表的论文为所属领域前 1%的高引用论文）的学者。

“国际科学论文被引用数”是《国家中长期科学和技术发展规划纲要（2006—2020 年）》提出的重要发展指标，相对客观地反映了科研成果的国际关注度和影响力。基于汤森路透论文引用记录排名而建立的基本科学指标数据库（Essential Science Indicators，ESI）已成为世界范围内评价高校、学术机构、国家（地区）国际学术水平及影响力的重要指标工具之一。成为高被引科学家，即意味着该科研成果及其科学家在其所属学科具有全球关注度和影响力，尽管这一评价指标方法仍有一定局限性。

（一）高被引科学家国家（地区）分布情况

从全球入选的 3 215 位高被引论文作者所在国家（地区）的分布来看，入选人次总数排名前五位的国家分别是美国、英国、德国、中国（含港澳台）和日本。中国（含港澳台）在工程学、材料科学、化学、数学、物理学 5 个学科位居全球第二位，但较位居第一位的美国还有很大的差距（见图 4－1）。

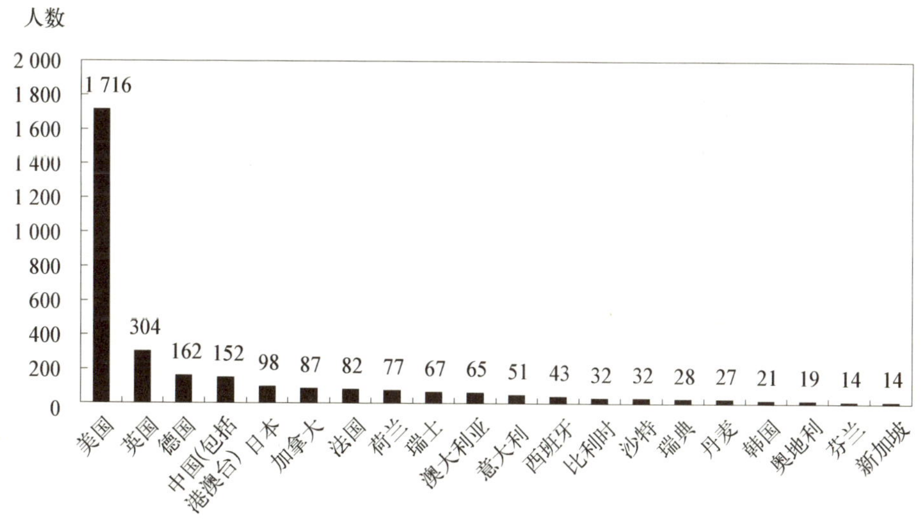

图 4－1　全球“高被引科学家”国家（地区）分布（前 20 位）

值得注意的是，在汤森路透 2001 年发布的高被引论文作者榜单中，中国大陆作者仅 7 人次入选，占比不及 1‰；而 2014 年发布的高被引科学家榜单中,中国大陆作者有124人次入选(实际111人,部分作者同时入选多个学科领域),占比为3.85%,这从一个侧面反映了最近十余年来我国科研实力的大幅提升[29]。

(二) 高被引科学家学科分布情况

从全球入选的3 215位高被引论文作者所属学科分布来看,绝大多数属于应用科学,其中以临床医学领域高被引科学家最多,共有402位,占全部高被引科学家的12.5%(见图4-2)。

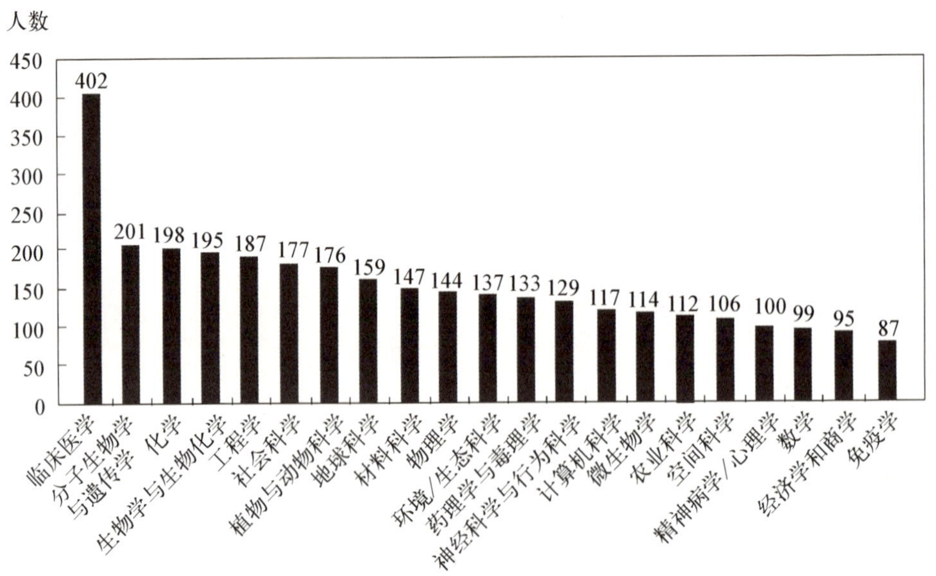

图4-2　全球高被引科学家学科分布(21个大学科领域)

在21个大学科领域中,有15个学科领域都有中国大陆科学家入选。其中,在化学领域和工程学领域,2014年中国大陆分别有24位高被引科学家入选,占全球该领域高被引科学家的12%左右。在材料科学领域入选该名录的中国大陆科学家也达到了24名,占全球材料科学领域高被引科学家的18%。

(三) 高被引科学家机构类型分布情况

3 215名全球高被引科学家来自不同类型研究机构,其中有2 200多位科学家来自大学(综合性大学、学院或研究生院)及其所属机构,占总数的70%以上。其次是专门的研究所,约占18%。此外,还有来自实验室、医疗机构、企业、政府机构的科学家,以及一些公益组织、基金会、研究协会等(由于数量很少,列为“其他”),如图4-3所示。

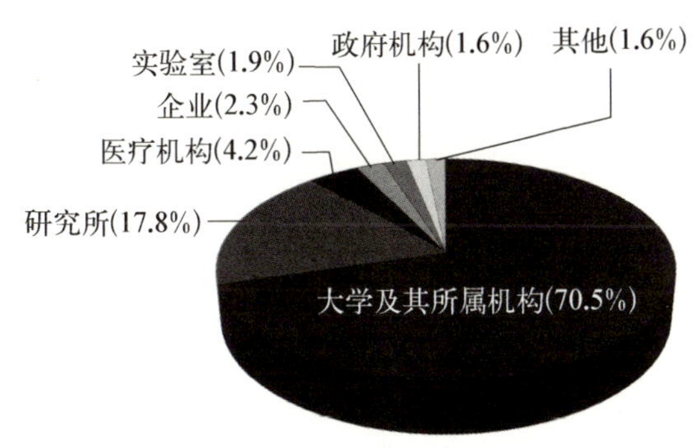

图4-3　全球高被引科学家机构类型分布

二、111位中国大陆全球高被引科学家情况分析

(一) 大多数高被引科学家具有博士学位并从事应用研究

研究组统计发现,111位中国大陆高被引科学家中有105位(约占94.6%)男性,6位(约占5.4%)女性。截至2014年颁发“中国引文桂冠奖”之时,108位数据可得的科学家的平均年龄为50.6岁。有7位最高学位是学士(约占6.3%),5位是硕士(约占4.5%),99位是博士(约占89.2%)。统计发现,103位高被引科学家(约占92.8%)主要从事应用科学研究,分布最多的学科是工程学、化学和材料科学,其次是物理学和数学,仅有8位(约占7.2%)主要从事基础科学研究。

(二) 大多数高被引科学家拥有丰富的海外学习工作经历

分析发现,111位中国大陆高被引科学家中有96人具有海外经历,占高被引科学家总数的86.5%。绝大多数高被引科学家的海外经历都在美国,其次是日本和德国。在111位高被引科学家中,有28位有国(境)外留学背

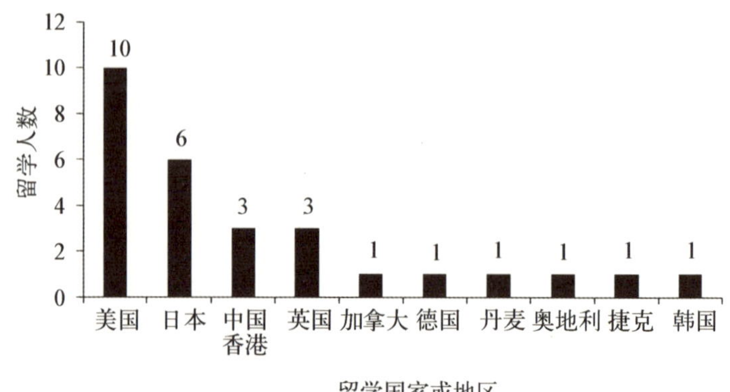

图 4-4　中国大陆高被引科学家留学国家或地区及人数

景，占总数的 25.2%(见图 4-4)，其中 27 人在国(境)外获得博士学位，这当中有 25 位是在中国大陆硕士毕业后赴国(境)外攻读博士。中国大陆高被引科学家初始留学年龄平均为 26.5 岁，留学总时长平均为 4.9 年。

在 111 位高被引科学家中，有 41 人先后在 17 个国家或地区有国(境)外访问经历，约占总数的 36.9%。平均访问时长约 30 个月。其中，赴美国访问的人数最多，共 18 人；其次是日本，14 人；德国 12 人；中国香港 6 人；加拿大 5 人；英国和法国各 4 人；新加坡、澳大利亚和挪威各 2 人；瑞典、荷兰、以色列、韩国、西班牙、巴西和苏联各 1 人(见图 4-5)。

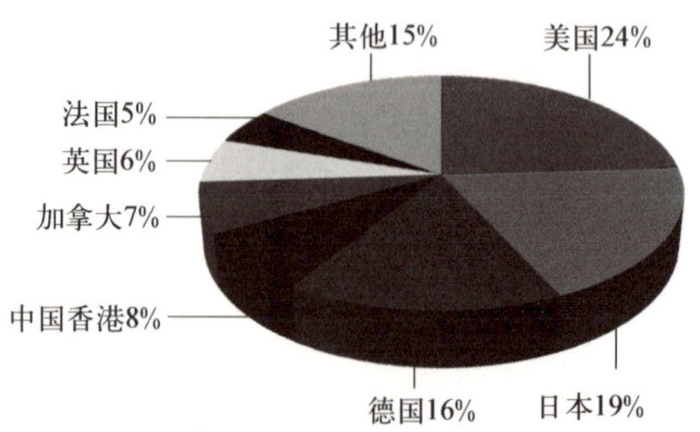

图 4-5　中国大陆高被引科学家访问国家或地区及人数比例

在 111 位高被引科学家中，有 57 人在国(境)外 15 个国家和地区有全职工作经历，约占总数的 51.4%。国(境)外全职工作的平均初始年龄为 32 岁，平均任职时长为 6.1 年(见图 4-6)。这 57 位高被引科学家均具有在国

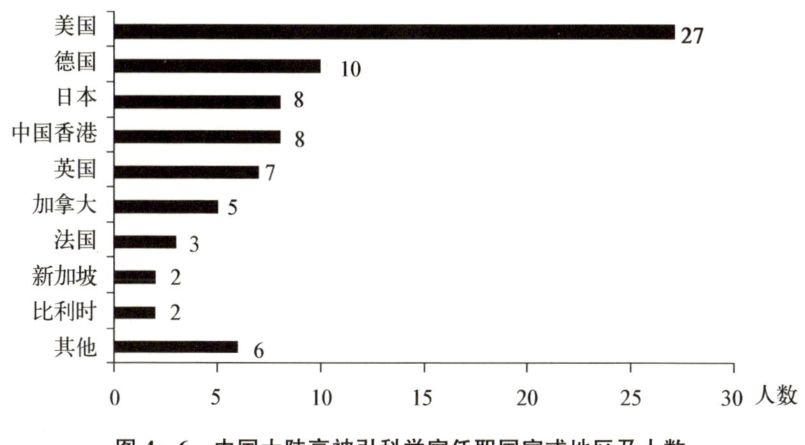

图 4－6　中国大陆高被引科学家任职国家或地区及人数

(境)外高校或科研机构的科研工作经历，其中 39 人有博士后工作经历，3 人在从事科研工作的同时还担任大学的行政职务。

在 111 位高被引科学家中，有 14 人曾获得过国(境)外资助，包括美国国家科学基金、英国皇家学会基金、英国国家工程与物理科学基金、洪堡基金会资助、瑞典国家自然科学基金等。有 28 人获得过国外奖励或荣誉，主要包括国际量子通信奖、第三世界科学院化学奖、欧洲物理学会菲涅尔奖、英国皇家化学会《化学会评论》新科学家奖等。有 65 人加入了国(境)外学术组织。

(三) 部分高被引科学家由各类引才计划引进

在 57 位具有国(境)外全职工作经历的高被引科学家中，29 人入选中国的人才引进计划，选择回国发展。国家级的引才计划共引进 10 人，分别是中组部的“国家千人计划”(7 人)和教育部的“长江学者奖励计划”(3 人)。单位引才计划共引进 20 人：中科院的“百人计划”引进 19 人，中科院化学所“引进国外杰出青年人才计划”引进 1 人。地方引才计划中共引进 2 人，上海市“东方学者计划”引进 1 人，湖南省“芙蓉学者计划”引进 1 人。有 3 人入选多个引才计划，其中有 1 人入选了 3 项引才计划——“国家千人计划”、“长江学者奖励计划”和“百人计划”(见图 4－7)。

(四) 多数高被引科学家获得过政府奖励

在 111 位高被引科学家中，有 84 人(约占 75.7%)获得了中国的荣誉或

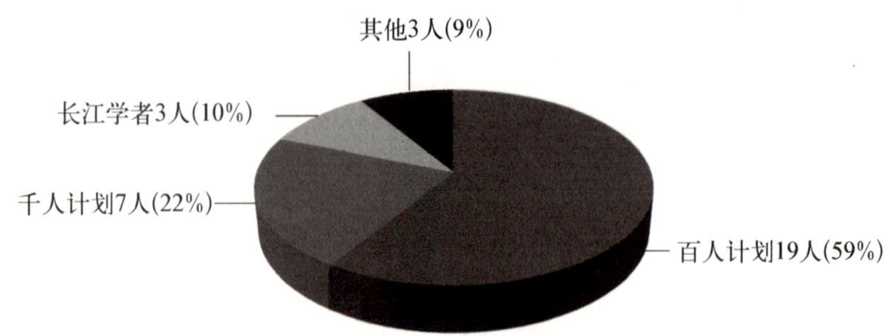

图 4-7　各类引才计划引进高被引科学家的比例

奖励,包括获得院士、国务院政府特殊津贴、国家杰出青年、长江学者、国家科技进步奖、中国青年科技奖、全国先进工作者等,以及入选新世纪优秀人才支持计划、新世纪百千万人才工程、万人计划等。

三、10 位上海全球高被引科学家情况分析

在 111 位中国大陆高被引科学家中,上海有 10 位科学家入选,在中国大陆 31 个省(直辖市、自治区)中排名第二位(见图 4-8)。

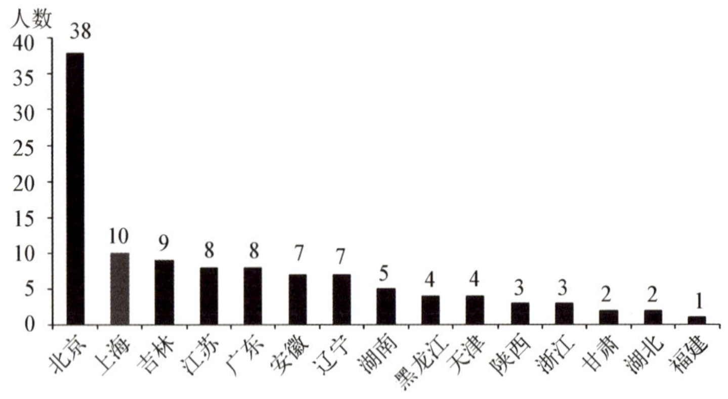

图 4-8　各省市自治区入选 2014 年高被引科学家人数

上海 10 位科学家全部是男性,年龄最小的 36 岁,年龄最大者 79 岁,平均年龄为 49.2 岁。这 10 位科学家均获得博士学位,目前任职上海交通大学 3 人、复旦大学 3 人、中科院 2 人、华东理工大学 1 人、上海财经大学 1 人。

除 1 位科学家未提供职称信息外，其余 9 位均获得高级职称，其中 5 人有行政领导职位。此外，共有 7 人获得了我国政府和机构颁布的各项荣誉或奖励，其中有 4 位是中科院院士，有 1 位是发展中国家科学院院士，有 4 位是国家杰出青年。

上海 10 位高被引科学家主要从事应用科学研究，均拥有丰富的海外工作经历。统计发现，上海 10 位高被引科学家中有 9 位从事应用科学研究，从事最多的学科是材料科学(4 位)，其次是工程学(2 位)。仅有 1 位主要从事基础科学研究。10 位上海高被引科学家中，3 位有海外留学背景，5 人具有博士后工作经历，7 位在国(境)外 6 个国家和地区有高校或科研机构全职工作经历，国(境)外全职工作的平均初始年龄为 27 岁，平均任职时长为 7.4 年。同时，有 8 人在国外学术组织担任学术职务。在 10 位上海高被引科学家中，6 人入选各类人才计划，其中 3 人入选教育部“长江学者奖励计划”，1 人入选中组部“青年拔尖人才计划”，1 人入选教育部“新世纪优秀人才支持计划”。此外，有 3 人入选上海市“东方学者计划”、“浦江计划”、“曙光计划”等，其中 2 名科学家同时入选多个人才计划。

四、对上海集聚“高被引科学家”等顶尖人才的建议

“高被引科学家”无疑是具有全球影响力的科研精英群体，也是上海加快向具有全球影响力的科技创新中心进军的引领力量和重要标志。上海要建设具有全球影响力的科技创新中心，必须集聚一批全球顶尖人才，其中就包括全球一流的科学家。

(一) 引进海外人才要聚焦全球顶尖人才

要坚持高端引进的主导思想，以更大的开放度和人才政策竞争力，在全球范围内，特别是发达国家中寻找和引进最急需的高端人才，瞄准全球顶尖大学、研究机构，运用多种灵活的引进手段，聚集全球顶尖人才，力求使上海的人才队伍向国际化、高端化发展。要将“高被引科学家”群体作为上海全球科创中心建设的重要人才发展指标，争取 2020 年拥有 20 人以上，2030 年拥有 50 人以上。

(二) 完善顶尖引才的评价指标

要确保大力引进的海外人才确属“高端”、“顶尖”人才，离不开科学全面的人才评价体系，因此人才评价指标的完善十分重要。应将“国际科学论文被引用数”或 SCI 论文引用率作为高端人才引进的评价依据之一，并在进一步加大各类海外高层次人才引进计划中深入推行。同时，也要将其作为国内科技人才评价的重要指标，引导科研论文从重“量”转为重“质”，提高本土人才的论文质量及其国际影响力。

(三) 为顶尖人才提供合适的发展平台

顶尖人才不仅要“引得进”，还要“留得住”、“用得好”。充分发挥人才在研发创新方面的引领作用，必须建立与顶尖人才的发展需求相匹配的事业发展平台。要加快推进世界一流大学、研究机构的建设，推进国际研究合作项目，加强国际人才研究交流合作，强化国际学术网络联系，将大数据方法运用到科技人才工作中，进一步推进人才工作科学化进程，以人才全球影响力提升城市全球影响力，支撑服务上海全球科技创新中心建设。

韩国科技人才战略的三次转变及对上海的启示[①]

当今世界，综合国力竞争日趋激烈，而综合国力竞争的核心就是人才竞争。想要在竞争中占据优势，就必须培养与吸引更多优秀人才。韩国政府在培养与支持科技人才方面走到了世界前列。从2005年开始，韩国政府每5年制订一次"科技人才培养与支持基本计划"，推进科技人才的培养与使用，到现在已经连续制订了3次。解读与比较韩国3次人才培养支持计划，分析其人才战略的转变趋势，对我国尤其是上海更好地培养与吸引科技人才具有一定的借鉴价值。

一、韩国第一次科学技术人才培养与支持基本计划（2006—2010年）

（一）制订背景

21世纪，知识经济成为国家经济发展的动力，科学技术人才成为国家竞争力的核心因素，越来越多的国家开始注重科技人才的培养。韩国由于其教育模式一直以应试教育为主，学生缺乏对理工科尤其是基础科学的兴趣，导致韩国缺少优秀的理工科人才，造成科技人才不足。为此，韩国政府于2004年3月颁布了《关于提高国家科学技术竞争力的理工科支援特别法》，从国家层面上建立了理工科人才培养和使用的协调管理及推进体系，完善了培养和任用

① 作者：李宁

科技人才的法律和制度基础[①]。2005 年 9 月,韩国科学技术部以此法为依据,制订了"理工科人才培养与支持基本计划(2006—2010 年)",即"第一次科学技术人才培养与支持基本计划"(以下简称"第一次科技人才计划"),实施期限为 5 年。也就是说,韩国政府从 2005 年开始系统地推进科技人才的培养。

(二) 主要内容

韩国"第一次科技人才计划"的愿景是培养科技人才,提高国家竞争力,实现科技人才强国。此次计划的主要内容共设五大领域、14 个重点项目,计划的中长期目标和重点推进领域如表 4-6 所示。可以看出,"第一次科技人才计划"的焦点是大学。

表 4-6 韩国"第一次科技人才计划"的目标及领域[②]

第一次科学技术人才培养与支持基本计划(2006—2010 年)	
中长期目标	(1) 提高理工科人才的资质,强化大学的特色 (2) 加强大学的研究能力,促进大学的国际化 (3) 增加理工类工作岗位,强化产学研连接体制 (4) 鼓舞科技人才士气,改善科技人才福利 (5) 强化理工科人才的活动和信息支持基础
重点推进领域	(1) 创新大学的运营模式:创新理工类大学的教育制度 (2) 提高大学的研究能力:培养核心研究人才 (3) 促进产学研连接:培养需求型人才 (4) 促进持续性应用:改善理工科人才的福利 (5) 构建综合支持基础:支持理工科人才的基础设施建设

"第一次科技人才计划"的预期目标具体包括以下几点:

(1) 全方位提高理工科人才的素质,使其毕业后的发展方向多元化;

(2) 扩大核心研究人才的培养基础;

(3) 提高科学技术活动的国际竞争力;

(4) 增强理工科人才的能力,振兴就业;

(5) 提高对科学技术的社会认识,形成优待科技人才的风气,鼓舞科技人才的士气。

---

① "十年决策——世界主要国家(地区)宏观科技政策研究"研究组. 十年决策——世界主要国家(地区)宏观科技政策研究[M]. 北京:科学出版社,2014.

② 资料来源:韩国科学技术部等(2005 年),韩国企划财政部等(2011 年),洪圣民(2015 年)。

二、韩国第二次科学技术人才培养与支持基本计划（2011—2015 年）

（一）制订背景

2010 年“第一次科技人才计划”收尾的时候，创意经济（Creativity-Based Economy）日益凸显，各发达国家都为培养引领未来产业的科技人才而作出巨大努力，因此韩国政府更加意识到创新型人才培养的必要性。2011 年 5 月，韩国国家科学技术委员会公布了由教育科学技术部制订的“第二次科学技术人才培养与支持基本计划（2011—2015 年）”（以下简称“第二次科技人才计划”），计划投资总额为 10.5 万亿韩元。

（二）主要内容

韩国“第二次科技人才计划”的愿景是通过培养创造性的科学技术人才，实现人才强国。此次计划的中长期目标和重点推进领域如表 4－7 所示。

表 4－7　韩国“第二次科技人才计划”的目标及领域①

第二次科学技术人才培养与支持基本计划（2011—2015 年）	
中长期目标	（1）构建创造性科技人才培养基础 （2）为研究人员提供良好的研究环境 （3）增加科技人才工作岗位，提高科技人才就业稳定性 （4）强化海外高级人才、女性人才、资深科学家等潜在人才的应用体制
重点推进领域	（1）小学、初中和高中学习阶段：提高学生对科学技术的理解程度，通过教育诱发学生对科学技术的兴趣 （2）大学（包含研究生院）阶段：强化教育的特色性与专业化水平，培养学生的实际能力，增强国际水平的研究力量 （3）政府出资的研究机构：将研究机构的各类资源融入教育领域，为研究人员提供良好稳定的研究环境 （4）企业：提高对企业研究人员需求的满足度，培育优秀研发型企业 （5）基础建设：促进潜在人才（海外人才、女性人才和资深科学家等）的使用，强化科技人才政策基础

① 资料来源：韩国科学技术部等（2005 年），韩国企划财政部等（2011 年），洪圣民（2015 年）。

“第二次科技人才计划”与第一次不同的是：采用国际指标来评价成效。此次计划的发展指标包括以下几点：

(1) 将青少年对科学的兴趣度从 55 位(OECD 的中级水平)提升到 30 位；

(2) 建设 8 个研究型大学(世界排名 200 名以内)；

(3) 以瑞士国际管理发展学院(以下简称“IMD”)的报告为依据，将高水平工程师供给水平提高到世界前 30 位；

(4) 将科技类工作岗位的比重从 18.6%提高到 25%(OECD)；

(5) 人才流失指数达到 5.0 水平(IMD，2010 年为 3.44)。

三、韩国第三次科学技术人才培养与支持基本计划(2016—2020 年)

(一) 制订背景

近年来韩国出生率持续走低，老龄化情况日趋严重；同时难以培养企业实际需要的、可直接进入产业的青年人才，导致青年失业率持续增加；上述问题使韩国处于国际竞争力弱化的危机状况。为了培养富有挑战精神的创新型和复合型科技人才，提高他们在人才市场的使用效率，以及营造良好的教育和研究生态环境，在综合考虑国内外环境变化与政策现状后，韩国未来创造科学部于 2015 年 11 月制订了“第三次科学技术人才培养与支持基本计划(2016—2020 年)”(以下简称“第三次科技人才计划”)。

(二) 主要内容

韩国“第三次科技人才计划”的愿景是基于全球化时代，培养具有挑战性的科学技术人才。此次计划的中长期目标和重点推进领域如表 4 - 8 所示。

在“第三次科技人才计划”的中长期目标中，韩国政府最重视的是“提高科学技术人才的就业与创业能力”这一条。提高科技人才的就业能力包含提高科学技术领域求职者(毕业生)的专业研究能力，加强学生毕业后学校与企业间的发展信息共享及就业支持功能；提高科技人才的创业能力包含提高科学技术类（研究生院）学生的创业核心能力，为准备创业者构建创业实战环境，强化在职科技人才的国际创业能力。

表 4－8　韩国“第三次科技人才计划”的目标及领域[①]

第三次科学技术人才培养与支持基本计划（2016—2020 年）	
中长期目标	（1）提高科学技术人才的就业与创业能力 （2）加强理工类大学的教育与研究竞争力 （3）注重科学技术人才的职业发展，扩大活动基础 （4）提高未来人才的创造性和创新能力 （5）使科学技术潜在人才使用最大化 （6）构建科学技术人才培养及支持基础
重点推进领域	（1）强化青年人才的就业能力，创造技术创业友好型教育环境 （2）提高理工科学生的能力，改革能适应未来产业需求的教育体制 （3）持续提高科学技术人才的专业性及融合性能力 （4）提高青少年对于数学与科学的兴趣，强化毕业后的发展方向教育，从小挖掘核心人才 （5）吸引海外优秀人才，提升女性、资深科学家的应用潜力 （6）构建科学技术人才支持体系

“第三次科技人才计划”的发展指标如图 4－9 所示，包括科技领域就业岗位不足率到 2020 年降低到 5.0％；大学教育经济社会要求符合度（IMD）提高到 35 位；对数学及科学的学习乐趣指数分别提高到 30 位和 15 位；成人和青少年对科学的理解度分别增加到 45 分和 40 分。

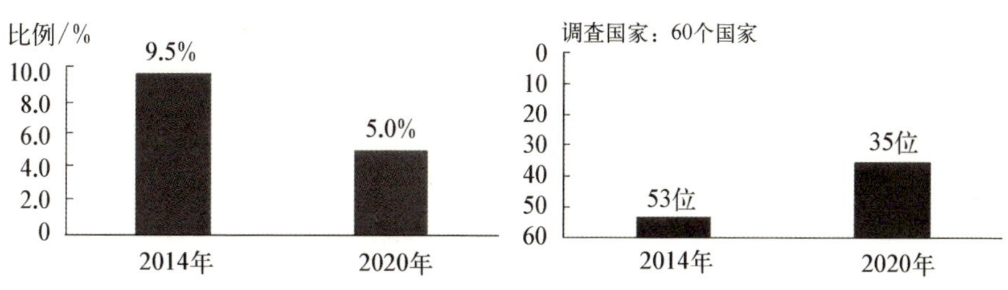

① 资料来源：韩国科学技术部等（2005 年），韩国企划财政部等（2011 年），洪圣民（2015 年）。

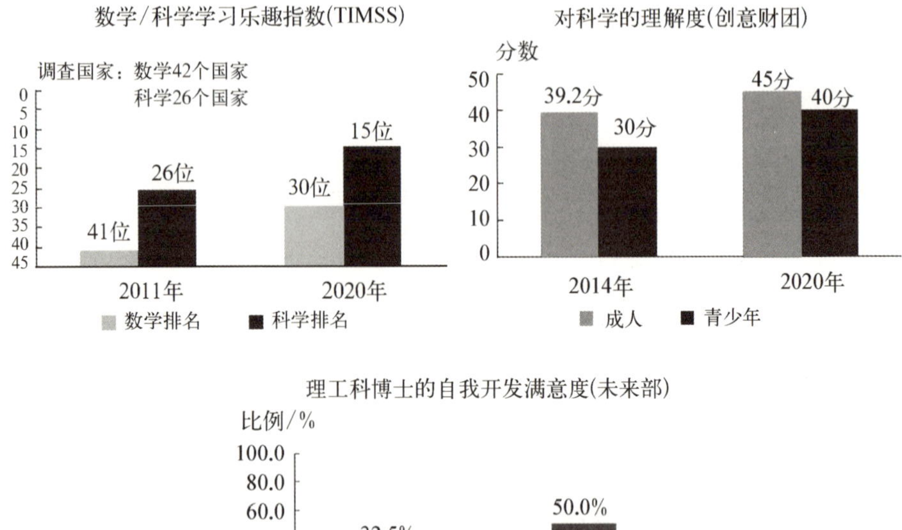

图 4-9　韩国“第三次科技人才计划”的发展指标①

四、韩国三次科学技术人才培养与支持基本计划比较分析及对上海的启示

通过对韩国三次科学技术人才培养与支持基本计划的主要内容进行分析可知,“第一次科技人才计划”的推进方向是：聚焦培养科技人才的教育机构——大学,以提高大学的能力与作用为中心集中推进大学支持计划;“第二次科技人才计划”的推进方向是：首先强调构建创造性人才培养基础以及研究人才工作岗位的重要性,其次努力推进囊括科技人才整个生命周期(涉及小学、初中和高中)的政策,最后为应对老龄化的社会问题促进潜在人才(女性人才等)的使用;“第三次科技人才计划”的推进方向：一是推进以研究人才为中心的综合战略,包括就业岗位、研究环境、开发能力、自我开发等多方位的政策;二是构建教育—研究开发—研发人才培养政策的综合系统;三

① 资料来源：有关部门(2015 年),第三次科学技术人才培育与支持基本计划初稿报告书(2015. 11)。

是为促进研究人才持续终身学习与优秀研究人才的发展，构建研发人才能力开发框架。

第二次和第三次科技人才计划在结构体系和政策方向等方面的区别如表 4－9所示，两者在人才的培养、分配和应用政策方面具有较大的不同。

表 4－9 第二次和第三次科技人才计划的区别

指 标	第二次科技人才计划	第三次科技人才计划
结构体系	研究主体中心体系（以科技人才为中心）	问题中心体系（以就业岗位和人才缺少等社会问题为中心）
推进方向	强调人才培养政策	强调人才培养、分配与应用政策的均衡
培养政策	加强专业知识	提高人才能力
分配政策	人才与就业岗位的连接	为人才创造就业岗位
应用政策	稳定的研究环境	挑战性发展环境

当前，上海正进入全面贯彻落实科技创新人才新政 20 条，加快实施“十三五”科技创新人才规划的新时期，韩国“科学技术人才培养与支持基本计划”的三次转变对此具有一定的启示和借鉴作用：一是针对经济和社会发展面临的问题优化人才培养模式，加强科技人才的专业研究能力，提升科技人才的就业与创业能力；二是引进和培养国际一流水平的科技人才，创建国际一流水平的研究基地，形成具有国际竞争力的科研力量；三是构建以科技人才为中心的综合支持体系，加强产学研的联系，创设良好的研究环境，提供更多的科研岗位，提高人才的自我满足感，促进人才终身学习；四是改革能满足未来产业需求的科技教育体制，推进贯穿科技人才整个生命周期的培养政策，真正将人才驱动创新战略规划落实落地。

附　录

上海科技人才相关统计数据说明

一、科技人才与科技人力资源

科技人才与科技人力资源的概念不完全一致，科技人才含有政治、道德等内涵，而科技人力资源则没有。但排除政治和道德的内涵，从统计的角度来分析，科技人才与科技人力资源的概念完全一致。

虽然科技人才比科技人力资源的含义更广，但在统计上可以统一。科技人才完全可以借助科技人力资源的统计内涵进行定义和分析，也可根据科技人力资源与科技活动人员、R&D 人员等指标的关系进行层次分析。总之，科技人力资源、科技活动人员和 R&D 人员基本上形成了涵盖与被涵盖的层次结构，完全可以作为一个有关科技人才的统计分析体系，满足国家科技人才问题分析、政策研究、战略制定和实施的需要。

目前，全球对科技人力资源的统计，也基本都遵循 1995 年 OECD 和欧盟发布的《科技人力资源手册》(即《堪培拉手册》)，这也是国际上第一个有关科技人力资源统计的规范。

科技人力资源统计指标主要包括：① 科技人力资源总量；② 科技活动人员；③ R&D 人员；④ 科技领域专家技术人员。但由于“科技人力资源”的统计涉及学科分类、职业分类与教育分类等多种标准,各个国家的标准不尽相同,统计体系不同,所以要真正统计科技人力资源总量数据并形成一个完整统计系列是一项极为艰难的工作,很少有国家做,所以也很难进行全面的国际比较。

二、科技统计有关科技人员的数据情况

目前,我国科技统计领域普遍统计的有关科技人员的数据指标主要有科技工作者、从事科技活动人员、R&D活动人员,详见表1~表3。

表1 上海科技工作者队伍规模变化情况

	2013年	2012年	2011年	2010年
科技工作者/万人	160.37	158.40	156.81	154.91

注:目前对非公企业科技工作者的全口径普查统计尚不完善,表中以全市科技工作者队伍情况为测算数据。

表2 从事科技活动人员情况(2013年)

	总量/人	科研机构①	普通高校②	规模以上工业企业③
上海	431 593	39 132	64 086	206 825
全国(2012年)	8 122 500	—	—	—
上海/全国(2012年)④	4.8% (约为1/21)	—	—	—

注:① 研究机构调查范围含国有县及以上机构,涉及地方和中央在沪机构,涉及自然科学技术、社会人文科学及科技信息文献类领域;② 普通高校统计调查范围涵盖理工农医类和人文社科类,部属和地方高校;③ 规模以上工业企业为年主营业务收入为2 000万元及以上的工业企业;④ 2012年上海科技活动人员统计局综合年报口径汇总为38.91万人,国家统计局尚未给出2013年全国科技活动人员数。

表3 R&D活动人员情况(2013年,折合全时人员)

	总量/人年	科研机构	普通高校	规模以上工业企业
上海	165 755	28 743	21 530	92 136
全国	3 533 000	—	—	—
上海/全国	4.7% (约为1/21)	—	—	—

注:表3中"科研机构"、"普通高校"、"规模以上工业企业"的说明与表2相同。

三、有关指标解释

(1) 科技工作者：主要是指在自然科学领域掌握相关专业的系统知识，从事科学技术的研究、开发、传播、推广、应用，以及专门从事科技工作管理等方面的人员（源自科协牵头完成的《全国科技工作者状况调查报告（2013年）》）。

(2) 从事科技活动人员：是指调查单位在报告年度直接从事科技活动，以及专门从事科技活动管理和为科技活动提供直接服务的人员。累计从事科技活动的实际工作时间占全年制度工作时间10%以下（不包括10%）的人员，不统计。其中，直接从事科技活动的人员包括在独立核算的科学研究与技术开发机构、高等学校、各类企业及其他事业单位内设的研究室、实验室、技术开发中心及中试车间（基地）等机构中从事科技活动的研究人员，工程技术人员，技术工人及其他人员；虽不在上述机构工作，但编入科技活动项目（课题）组的人员；科技信息与文献机构中的专业技术人员；从事论文设计的研究生等。专门从事科技活动管理和为科技活动提供直接服务的人员包括独立核算的科学研究与技术开发机构、科技信息和文献机构、高等学校、各类企业及其他事业单位主管科技工作的负责人；专门从事科技活动的计划、行政、人事、财务、物资供应、设备维护、图书资料管理等工作的各类人员，但不包括保卫、医疗保健人员、司机、食堂人员、茶炉工、水暖工、清洁工等为科技活动提供间接服务的人员。

(3) 研究与试验发展（R&D）人员：指报告期末从事研究与试验发展活动的人员，包括直接从事研究与试验发展课题活动的人员，以及研究院、所等从事科技行政管理、科技服务等的工作人员。

(4) 研究与试验发展（R&D）全时人员：是指本年度从事R&D活动的工作量在0.9年以上（含0.9年）的人员数。

(5) 研究与试验发展（R&D）非全时人员：是指本年度从事R&D活动的工作量在0.1～0.9年之间的人员数。工作量不到0.1年的不计在内。

(6) 研究与试验发展（R&D）人员折合全时工作量：是指本年度从事R&D活动的人员中的全时人员折合全时工作量与所有非全时人员工作量之

和,结果取整数。一个全时人员的折合全时工作量计为1,非全时人员按实际投入工作量进行累加。例如:有两个全时人员(他们的工作量分别为0.9年和1.0年)和三个非全时人员(他们的工作量分别为0.2年、0.3年和0.7年),则折合全时工作量=1+1+0.2+0.3+0.7=3(人年)(四舍五入)。

2015年上海重点科技人才政策表[①]

编号	政策名称	文号/颁布时间	颁发机构
1	关于加快建设具有全球影响力的科技创新中心的意见	2015年5月27日	中共上海市委、上海市人民政府
2	关于深化人才工作体制机制改革促进人才创新创业的实施意见	2015年7月6日	上海市人民政府
3	上海市居住证积分管理办法	沪府发[2015]31号	上海市人民政府
4	张江国家自主创新示范区推进具有全球影响力科技创新中心建设的总体行动计划(2015—2020年)	2015年7月31日	上海市张江高新技术产业开发区管理委员会
5	关于服务具有全球影响力的科技创新中心建设实施更加开放的海外人才引进政策的实施办法(试行)	2015年8月5日	上海市人力资源和社会保障局 上海市外国专家局 上海市公安局
6	上海市优秀科技创新人才培育计划管理办法	沪科[2015]461号 2015年9月30日	上海市科学技术委员会
7	关于完善本市科研人员双向流动的实施意见	沪人社专发[2015]40号 2015年10月10日	上海市人力资源和社会保障局 上海市教育委员会 上海市科学技术委员会
8	上海市鼓励外资研发中心发展的若干意见	沪府办发[2015]42号 2015年10月16日	上海市人民政府办公厅

① 作者:王敬英

（续表）

编号	政策名称	文号/颁布时间	颁发机构
9	关于加快推进中国（上海）自由贸易试验区和上海张江国家自主创新示范区联动发展的实施方案	沪府发［2015］64 号 2015 年 11 月 24 日	上海市人民政府
10	关于改革和完善本市高等院校、科研院所职务科技成果管理制度的若干意见	沪财教［2015］87 号 2015 年 12 月 7 日	上海市财政局 上海市教育委员会 上海市科学技术委员会 上海市人力资源和社会保障局
11	上海市促进人才发展专项资金管理办法（试行）	沪人社财［2015］716 号 2015 年 12 月 25 日	上海市人力资源和社会保障局 上海市财政局
12	上海市浦江人才计划管理办法	沪人社外发［2015］50 号 2015 年 12 月 31 日	上海市人力资源和社会保障局 上海市科学技术委员会
13	关于完善本市科技创新领域专业技术职称评聘工作的实施细则	沪人社专发［2016］2 号 2016 年 1 月 8 日	上海市人力资源和社会保障局
14	留学回国人员申办上海常住户口实施细则	沪人社外发［2015］49 号 2015 年 12 月 30 日	上海市人力资源和社会保障局
15	关于服务具有全球影响力的科技创新中心建设实施更加开放的国内人才引进政策的实施办法	沪人社力发［2015］41 号 2015 年 9 月 30 日	上海市人力资源和社会保障局 上海市科学技术委员会 上海市发展和改革委员会 上海市经济和信息化委员会
16	上海市海外人才居住证管理办法实施细则	沪人社力发［2015］41 号 2015 年 9 月 30 日	上海市人力资源和社会保障局 上海市科学技术委员会 上海市发展和改革委员会 上海市经济和信息化委员会

2015 年上海科技人才工作大事记[①]

1 月

1 月 7 日

上海青年科技创新创业嘉定孵化基地揭牌，嘉定青年服务上海建设全球科技创新中心议事会同时启动。

1 月 9 日

2014 年度国家科学技术奖励大会在京召开。上海共有 54 项牵头及合作完成的重大科技成果获国家科学技术奖。其中，国家自然科学奖 7 项，占全国 15%；国家技术发明奖 8 项，占全国 11%；国家科学技术进步奖 39 项，占全国 19%。在上海荣获国家科学技术奖项目的第一完成人中，50 岁以下第一完成人的比例为 45%，55 以下为 65%，最年轻的是 43 岁，中青年科技工作者已成为科技创新的中坚力量。

1 月 12 日

上海张江国家自主创新示范区第一批试点单位授牌暨人才网开通仪式举行。第一批确定的 55 个试点平台，分为人才服务平台、企业信用管理服务平台、知识产权服务平台等 8 个功能聚集区和特色产业基地。

1 月 14 日

市政府发展研究中心召开“未来 30 年上海科技创新与人才战略”专题研讨会。

1 月 16 日

中科院上海生命科学研究院研究员于翔获第 11 届“中国青年女科学家奖”，全国共有 10 位青年女科技工作者获奖。

1 月 20 日

由市委组织部等主办的“2015 上海市慰问高层次人才暨在沪外国专家新年音乐会”在上海大剧院举行。

---

① 作者：张晓青

2 月

2 月 3 日

2015 年上海人力资源和社会保障工作会议召开。会议提出，上海将创新人才政策和制度，探索在自由贸易试验区等国家级综合试点区及相关行业先行先试，同时积极争取人力资源社会保障部授权，在沪设立中国“绿卡”受理窗口。

3 月

3 月 18 日

中共中央政治局委员、上海市委书记韩正到浦东新区调研。韩正指出，当前最重要的并不是项目和钱，而是体制、环境和人才；不是去搞创新园区，而是通过创新模式，使科学的体制机制、法治环境、信用体系等在全市实现全覆盖。

4 月

4 月 23 日

人力资源和社会保障部与市政府在沪举行《共同推进上海市人力资源和社会保障事业改革与发展备忘录》（以下简称《备忘录》）签约仪式。《备忘录》围绕上海建设具有全球影响力的科技创新中心这一战略任务，立足大众创业、万众创新，提出两大方面 12 项合作内容。

4 月 29 日

上海市劳动模范和先进工作者表彰大会在世博中心举行，20 位来自上海科技系统的劳模和先进工作者受到表彰。

5 月

5 月 4 日

首届世界知识产权组织中国暑期学校（WSSCN）在华东政法大学开班。

5 月 14 日

中共中央政治局委员、上海市委书记韩正会见美国苹果公司首席执行官蒂姆·库克一行。韩正说，一座城市的发展要有源源不断的活力，就要给年轻人更大舞台、给创新创业者更多机会。

5月16—24日

2015年全国科技活动周暨上海科技节举行,主题是“万众创新——向具有全球影响力的科技创新中心进军”。全市共开展552项科技活动。开幕式上上海29位著名科学家走上红毯;院士和科学家代表分别为第13届“明日科技之星”、全国示范性劳模创新工作室、2014年度上海市科普示范街道(镇、乡)颁奖。

5月18日

上海市科学技术奖励大会举行。市领导韩正、杨雄、殷一璀、应勇、屠光绍、徐泽州、尹弘、方惠萍、周波出席。2014年度上海市科学技术奖共授奖287项(人),王卫东、徐文东、李儒新、胡金波、李金亮、惠利健、陈占胜、陈邦栋、陈晓东、张强10人获青年科技杰出贡献奖,26项成果获自然科学奖,26项成果获技术发明奖,222项成果获科技进步奖,加拿大籍专家穆罕默德·萨旺、美国籍专家陈红宇、法国籍专家麦吉乐获国际科技合作奖。

上海职工创新大会暨第六届上海职工科技节开幕式举行,会上表彰第十届上海市十大工人发明家和第五届上海市职工科技创新英才等。

5月21日

由团市委、闸北区政府及市人力资源社会保障局联合打造的上海青年梦想创业中心落户市青少年活动中心。由21家投资机构共同注资10亿元天使资金成立的上海青年梦创投资服务联盟将为青年创业助力。

5月25日

中国共产党上海市第十届委员会第八次全体会议在展览中心举行。全会深入贯彻落实习近平总书记系列重要讲话及对上海工作重要指示精神,紧紧抓住推进科技创新的重要历史机遇,牢牢把握世界科技进步大方向、全球产业变革大趋势、集聚人才大举措,努力在推进科技创新、实施创新驱动发展战略方面走在全国前头、走到世界前列,加快向具有全球影响力的科技创新中心进军。全会审议并通过中共上海市委《关于加快建设具有全球影响力的科技创新中心的意见》。

5月27日

由市科技党委发起、市科技系统各单位60多家志愿服务组织广泛参与的上海科技创新志愿服务联盟正式成立。

6月

6月15日

公安部推出支持上海科技创新中心建设的系列出入境政策措施，并将于7月1日起实施。新推出的出入境政策措施共有12项，将从加大海外高层次人才吸引力度、加大对创业初期人员孵化支持力度、促进国内人才流动、提高出入境专业化服务水平等方面，为上海科创中心建设提供最便捷的出入境环境、最优良的外籍人才居留待遇、最高效的出入境服务。

6月19日

中共中央政治局委员、上海市委书记韩正会见参加第36届世界头脑奥林匹克决赛的上海获奖队，向所有参与活动的学生表示热烈祝贺。韩正说，创新思维需要从小培养，重要的是积极参与，让更多孩子在创新创造中增长知识、获得快乐，为成长成才打下坚实基础。

科技部副部长侯建国来沪召开上海科学家、科研工作者代表座谈会。市科委主任寿子琪、副主任陈杰、马兴发以及来自上海高校、科研院所及企业的科研工作代表参加了会议。

7月

7月1日

公安部支持上海科创中心建设的系列出入境政策措施正式实施，上海公安部门出台的细则同步落地。“张江国家自主创新示范区出入境管理局办证服务点”和“张江国家自主创新示范区核心园出入境办证服务点”正式挂牌。

7月6日

上海市委市政府发布《关于深化人才工作体制机制改革促进人才创新创业的实施意见》(简称“人才20条”)，为更好地吸引人才、集聚人才、留住人才，为建设具有全球影响力的科技创新中心提供坚实的人才支撑和智力保障。新政将以上海自贸试验区、张江国家自主创新示范区为改革平台，发挥“双自联动”优势，创建人才改革试验区，推进人才政策先行先试。在建立更加灵活的人才管理机制方面，将聚焦人才激励、流动、评价、培养等环节，真正把权和利放到市场主体手中。

“浦东起航，创想未来——大学生雏鹰创训营”开营。37 名来自清华、北大的在读研究生将在中国商用飞机有限责任公司、药明康德新药开发有限公司、中国银联等浦东新区重点企业参与企业实训，培养创新创业的理念。

7 月 10 日

中国工程院院士金东寒出任上海大学校长。

7 月 13 日

科技部与市政府在沪举行 2015 年部市工作会商会议，专题研究进一步深化部市合作，推动上海加快建设具有全球影响力的科技创新中心。全国政协副主席、科技部部长万钢，市委副书记、市长杨雄出席并讲话。科技部与上海市将重点推进 7 方面工作：积极抢占全球科技制高点、培育更具活力的创新型经济、大力提升科技创新国际化水平、打造全球创新创业人才高地、深化区域间创新协同、营造良好创新生态环境、深化体制机制改革。

7 月 15 日

海内外新侨聚焦上海科创中心建设研讨会在中国浦东干部学院举行，上海园区新侨创新创业服务联盟正式成立。

8 月

8 月 5 日

浦东新区出台“促进人才创新创业 14 条”，以此为基础，浦东将创建最开放的国家级人才管理改革试验区。

8 月 12 日

市人力资源与社会保障局、市外国专家局、市公安局联合印发《关于服务具有全球影响力的科技创新中心建设实施更加开放的海外人才引进政策的实施办法(试行)》，海外人才有关业务受理工作进入实施阶段。

9 月

9 月 1 日

上海理工大学、上海工业自动化仪表研究院共同发起组建上海智能制造工程师学院。

9月20日

第九次中国公民科学素质抽样调查上海地区调查结果公布。结果显示,上海公民具备科学素质比例达 18.71%,位居全国第一,超过美国 20 世纪末的水平。

9月24日

上海交通大学校长张杰院士被美国核学会授予 2015 年度爱德华·泰勒奖,这是激光聚变领域的国际最高奖项。

9月30日

出台《上海市优秀科技创新人才培育计划管理办法》,为进一步加强科技人才队伍建设,更好实施人才强市战略,为上海建设具有全球影响力的科技创新中心提供更好人才支撑。建立包括优秀学术/技术带头人、浦江人才、青年科技启明星、青年科技英才扬帆计划在内的立体式、多层次梯度资助体系,推进国家和市级高层次人才计划实施。

10月

10月10日

市人力资源社会保障局等发布《关于完善本市科研人员双向流动的实施意见》,旨在鼓励和促进高等院校、科研院所与科技企业之间的人才流动,以达到促进科技成果转化,进一步提升科技创新能力的目的。

10月14日

2015 年上海市科普工作会议在科学会堂举行,市科委、市委宣传部分别通报了《进一步提升公民科学素质二年行动计划(2015—2017 年)》。副市长周波出席会议并讲话。

10月20日

科技部与市政府举行 2015 年科技创业者行动计划部市工作专题会商会议。科技部党组成员、副部长张来武,副市长、临港地区管委会主任周波出席。会议提出,要围绕大健康产业、环保产业、现代农业等与互联网+的融合创新,以第一、二、三产融合的理念,推进第六产业技术创新智库建设,实施“百万医师基层服务创业专项行动”,实施长江经济带创新创业(临港)引导工程,推动科技创业者行动在上海先行先试,不断发挥对长江经济带乃至全国的辐射带动作用。

10月21日

第14届上海市科技精英颁奖仪式在上海科学会堂举行。10名科技精英分别是复旦大学附属眼耳鼻喉科医院孙兴怀、上海长征医院肖建如、同济大学吴志强、中科院上海生命科学研究院植物生理生态研究所何祖华、上海交通大学医学院附属瑞金医院沈柏用、中科院上海技术物理研究所陆卫、中科院上海应用物理研究所赵振堂、中科院上海药物研究所耿美玉(女)、中科院上海生命科学研究院生物化学与细胞生物学研究所徐国良和中科院上海有机化学研究所唐勇。

10月27日

由科技部和市政府共同主办的“发现双创之星”走进上海大型主题活动启动。来自15个中央部委和上海市、杨浦区政府部门的相关领导发布和解读了最新的“双创”政策,并同十多位创客面对面交流,答疑解惑。

10月30日

市人力资源和社会保障局发布《关于服务具有全球影响力的科技创新中心建设,实施更加开放的国内人才引进政策的实施办法》。

第十届上海市自然科学牡丹奖授奖暨纪念20周年学术报告会在复旦大学举行。此届牡丹奖授予复旦大学雷震、曾璇,中科院上海硅酸盐研究所刘宣勇,中科院上海应用物理研究所樊春海,上海长海医院刘善荣,中科院上海光学精密机械研究所程亚6名科学家。

11月

11月4日

何梁何利基金2015年度颁奖大会在北京举行。上海6位科技工作者获奖,其中,中科院上海药物研究所任进、上海交通大学高峰、同济大学吕西林获科学与技术进步奖,中国航天科技集团公司第八研究院陈占胜、同济大学张亚雷获科学与技术创新奖的青年创新奖,中国石化上海石油化工研究院杨为民获科学与技术创新奖的产业创新奖。

11月8日

2015年上海科普教育创新奖颁奖典礼在沪举行,陈晓亚院士、薛永祺院士获科普杰出人物奖，邹世昌院士、汤庆娅和中国福利会国际和平妇幼保健院获科普贡献奖一等奖。

11 月 16 日

第八届“谈家桢生命科学奖”颁奖典礼在云南大学举行，上海 7 位科学家荣获该奖项。中科院上海生命科学研究院植物生理生态研究所赵国屏院士获“谈家桢生命科学奖”成就奖，中科院上海有机化学研究所刘文、中科院上海生命科学研究院营养科学研究所周斌、中科院上海药物研究所赵强、复旦大学附属华山医院钦伦秀、复旦大学生物医学研究院徐彦辉、同济大学生命科学与技术学院高绍荣获“谈家桢生命科学奖”创新奖。

上海科技馆理事长、上海科普教育发展基金会理事长左焕琛在加拿大蒙特利尔举行的国际科技中心协会（ASTC）年会上荣获 2015 年度“罗伊·L·谢弗行业前沿奖”之“杰出行业领袖奖”。

11 月 21 日

中科院上海药物研究所研究员丁健在发展中国家科学院第 26 届院士大会上被增选为发展中国家科学院院士。

11 月 22 日

第 14 届“上海 IT 青年十大新锐”评选揭晓。获奖者是移动互联网应用、云计算、物联网、软件、网络与系统安全、智能制造、信息服务等领域的杰出青年。

12 月

12 月 5 日

以“创新创业，梦圆上海”为主题的 2015 中国海归创业大会暨上海海归千人创业大会在徐汇滨江举行。会上，第四批上海“千人计划”专家接受颁证，上海海归千人科技创新中心宣告成立。

12 月 7 日

中科院、工程院公布院士增选结果。上海 7 人当选中科院院士，他们是上海交通大学景益鹏、陈国强，中科院上海有机化学研究所唐勇，中科院上海生命科学研究院张旭、徐国良，同济大学陈义汉、常青；6 人当选工程院院士，他们是复旦大学陈芬儿、华东理工大学钱锋、上海交通大学医学院附属瑞金医院宁光、第二军医大学孙颖浩、上海交通大学医学院附属第九人民医院张志愿、中国银联股份有限公司柴洪峰。上海交通大学瑞典籍教授安德森·林奎斯特当选为中科院外籍院士。

12 月 9 日

公安部与市政府签署共同推进上海具有全球影响力的科技创新中心建设合作备忘录,积极推进完善出入境配套政策措施,持续推动上海科技创新中心建设。

12 月 17 日

第六届"上海市青少年科技创新市长奖"颁奖,市委副书记、市长杨雄为 10 名"市长奖"获得者颁奖。

12 月 23 日

中共中央政治局委员、上海市委书记韩正会见 2015 年上海地区新增中科院院士和工程院院士代表。韩正说,科技是第一生产力,创新是引领发展的第一动力,事关我国面向未来的发展。上海要按照中央要求当好全国改革开放排头兵、创新发展先行者,必须始终围绕和服务国家战略,为国家实施创新驱动发展战略作出更大贡献。

12 月 25 日

市科协举办 2015 年度上海市院士专家工作站总结交流会。上海已建成院士专家工作站(含服务中心)185 家。

参考文献

[1] 陈恭.未来30年上海将如何推进科技创新中心建设[J].科学发展,2015,80:102-107.

[2] 李群,王文彬.金融危机背景下的国际人才引进[J].中国城市金融,2009,2:40-41.

[3] Tian, Amar M. Survival and growth of Silicon Valley high-tech businesses born in 2000[J]. Monthly Labor Review, 2011.

[4] 徐敏,彭德清.公派出国——上海高校助青年教师"抽穗拔节"[N].解放日报,2008-8-24.

[5] 王屏.上海留学生教育发展的现状及对策[J].化工高等教育,2008,6:5.

[6] 高子平.我国外籍人才引进与技术移民制度研究[M].上海:上海社会科学院出版社,2012.

[7] 刘波.上海留学生教育的实证研究[J].当代青年研究,2014,4:29.

[8] 刘栋.沪常住外国人已达17万,新政实施后更具吸引力[N].文汇报,2015-7-11.

[9] Andres S. The International Mobility of Talent: Types, Causes, and Development Impact[M]. New York: Oxford University Press, 2008.

[10] 戴永红.印度软件企业人才的国际化[J].南亚研究季刊,2006,3:19-20.

[11] 李涛.我国35个城市人力资本投资与城市竞争力实证研究[J].科研

管理,2005,1:60.

[12] 张涛,李丽君.国际人才基地运行机理探析——以天津市为例[J].科技管理研究,2012,10:140.

[13] George J B. Heaven's Door: Immigration Policy and The American Economy, Princeton [M]. New Jersey: Princeton University Press, 1999.

[14] Douglsa S M, Arango J, Hugo G. et al. Theories of international migration: a review and appraisal[J]. Population and Development Review, 1993, 19: 431-466.

[15] 王建平,李雪艳.我国创新型城市创新政策研究分析及启示[J].华东科技,2012,3:36.

[16] 林芮.2015"外籍人才眼中最具吸引力的中国城市":上海四连冠[N].中国日报,2016-4-16.

[17] 让人才在上海"名利双收"[OL]. http://www.stcsm.gov.cn/xwpt/kjdt/344172.htm. 2016-4-6.

[18] 刘祖华.人才政策创新如何深化突破——专家学者把脉人才管理改革试验区[J].人才资源开发,2013,8:12.

[19] 汪怿.引进海外高科技人才比较研究[M].上海:上海社会科学院出版社,2012.

[20] 吴瑞君,卿石松,陈丽梅.上海归国科技创新人才调查报告[J].科学发展,2015,4:82-87.

[21] 王延荣.构建中国特色的创业文化[J].河南社会科学,2003,6:171.

[22] 曹威麟,张丛林,袁国富.论中国创业文化的振兴与繁荣[J].江淮论坛,2002,10:44.

[23] Robert D, Stephen J A, Luke A E. Stewart: the global innovation policy index 2012[J]. Ssm Electronic Journal, 2012.

[24] 李芳田.国际移民及其政策研究[D].天津:南开大学,2009.

[25] 刘国福,王辉耀.技术移民立法与引进海外人才[M].北京:机械工业出版社,2012.

[26] 刘国福.中国技术移民政策构想[J].理论与改革,2011,2:72-76.

[27] 曹善玉.对有关华人高技术新移民政策的评述及建议[J].江西社会科学,2012,1:186-191.

[28] 俞君.国际移民政策特征及其变动原因浅析[J].中国外资,2012,3:182-183.

[29] 佘惠敏."中国引文桂冠奖"首次发布,111位中国科学家入选——谁是最具影响力的中国科学家[N].经济日报,2014-11-3.